国家自然科学基金面上项目(No. 51174106)
沈阳市科学技术计划项目(No. F13-165-9-00) 联合资助

深基坑开挖及支护工程理论与实践

Shenjikeng Kaiwa ji Zhihu Gongcheng Lilun yu Shijian

张维正　郝　哲　肖明儒　著

内 容 简 介

本书在深基坑开挖及支护工程的理论、机理、模拟、勘察、设计、施工、预测等方面开展了研究工作。内容包括:绪论、深基坑变形机理及时空效应分析、深基坑工程实践、深基坑引发环境地质灾害问题及沉降预测研究、深基坑开挖过程之三维有限元分析、深基坑支护结构变形影响因素分析、深基坑开挖过程之$FLAC^{3D}$分析、深基坑帷幕止水对开挖稳定性影响研究、深基坑支护及降水方案优化研究等。

本书是作者近年来的研究成果和工程实践总结,可供土木、交通、力学、地质等行业的科技工作者及相关专业的高校师生、研究生参考。

图书在版编目(CIP)数据

深基坑开挖及支护工程理论与实践/ 张维正,郝哲,肖明儒著.—北京:人民交通出版社,2014.3
ISBN 978-7-114-11252-2

Ⅰ.①深… Ⅱ.①张… ②郝… ③肖… Ⅲ.①深基坑—工程施工 ②深基坑支护 Ⅳ.①TU473.2 ②TU46

中国版本图书馆 CIP 数据核字(2014)第 042266 号

书　　名:深基坑开挖及支护工程理论与实践
著 作 者:张维正　郝　哲　肖明儒
责任编辑:赵瑞琴
出版发行:人民交通出版社
地　　址:(100011)北京市朝阳区安定门外外馆斜街 3 号
网　　址:http://www.ccpress.com.cn
销售电话:(010)59757973
总 经 销:人民交通出版社发行部
经　　销:各地新华书店
印　　刷:北京市密东印刷有限公司
开　　本:787 × 1092　1/16
印　　张:12.25
字　　数:300 千
版　　次:2014 年 3 月　第 1 版
印　　次:2014 年 3 月　第 1 次印刷
书　　号:ISBN 978-7-114-11252-2
定　　价:38.00 元

前　　言

深基坑开挖与支护是一个传统而又有时代特点的课题，同时又是一个综合性的岩土工程难题，包含土力学中典型的强度与稳定性问题，位移变形问题，土与支护结构相互作用问题以及环境岩土工程问题，体现很强的区域性和显著的个性，如果处理不好将给工程带来不可估量的损失。

深基坑工程量大、技术难度高、不可预见因素多，具有很强的经验性和实践性，这就要求我们对深基坑工程要有一个系统的认识，运用基本理论，结合工程经验，有的放矢处理好各个环节。目前，基坑分析仍沿用传统土压力理论和依赖经验对比，尚未形成完善统一的理论体系和计算方法。如何针对不同地质条件和深基坑的自身特点，开展深入的研究工作，运用科学的理论来指导设计和施工，保证其经济、有效、稳定，已成为建设工程的迫切要求。

本书正是针对当前深基坑开挖及支护工程中存在的问题，结合工程实践，在理论、机理、模拟、勘察、设计、施工、预测等诸方面开展全面研究工作，给予深基坑工程更高层次的科学指导。

全书体系如下：

绪论。对深基坑工程的历史发展进行回顾；对深基坑工程的内容、特点和支护类型等进行阐述；对深基坑开挖及支护、深基坑周边建筑物沉降预测、深基坑数值计算方法的研究现状进行综述；阐述本书的研究背景和研究内容。

深基坑变形机理及时空效应分析。阐述深基坑的变形特征；探讨深基坑的变形机理；制定建(构)筑物的变形控制标准；开展深基坑变形的时间和空间效应分析。

深基坑工程勘察、设计、施工和监测实践。以砂土地区的沈阳中铝大厦深基坑工程和软土地区的营口红运广场深基坑工程为例，对深基坑工程的勘察、设计、施工和监测过程进行阐述，为后续研究搭建现场平台。

深基坑引发环境地质灾害问题及沉降预测研究。剖析深基坑引发环境地质灾害的主要形式，地质灾害产生原因，不同基坑地质灾害特点、防治措施及对策等；建立深基坑周边沉降灾害预测的人工神经网络方法，对实测值和神经网络预测值进行比较分析。

深基坑开挖过程之三维有限元分析。利用 ADINA 软件，建立砂土地区深基坑开挖过程的三维有限元模型和求解方法，得出相应变形规律，并开展空间效应分析。

深基坑支护结构变形影响因素分析。开展深基坑支护结构变形影响因素的三维数值模拟分析；开展正交数值模拟实验，给出影响支护结构变形各因素的敏感性排序，得出其显著性规律。

深基坑开挖过程之 FLAC^{3D}分析。采用 FLAC^{3D}软件，对软土地区深基坑开挖全过程进行三维模拟，给出开挖不同阶段的应力和变形状态；剖析模拟监测点的位移变化特征；对基坑稳定性进行评价。

深基坑帷幕止水对开挖过程影响研究。采用 FLAC^{3D} 软件，模拟软土深基坑止水、开挖及支护过程，得出基坑止水帷幕施工后的孔压和流速分布规律，给出坑周水平变形和沉降位移的分布特征，证实软土地区采用止水帷幕＋双排桩＋锚索方案的可行性和合理性。

深基坑支护及降水方案优化研究。建立深基坑支护方案优选的模糊综合评判系统，并针对沈阳东大国际中心深基坑工程，开展基于模糊评判的支护结构优化，提出合理支护设计方案；对沈阳地铁 3 个车站深基坑进行降水方案的技术经济比较分析，提出降水优化设计方案。

结束语。对全书研究工作进行总结和展望。

本书是作者近年来在深基坑领域的工程实践和研究成果总结。全书内容较为丰富，涉及深基坑工程的诸多相关领域；研究对象是从生产实践中提出来的课题，具有重要现实意义；所建立的研究思路和方法对类似深基坑工程具有较大参考价值。本书可供土木、建筑、力学、地质等系统的广大科技工作者及相关专业的高校师生参考。

在此，对在工作中给予笔者大量帮助的张向东教授、于永江副教授、侯永莉教授级高工、田亚光工程师等表示感谢。本书在写作过程中，参考了大量相关书籍和文献，引用了许多单位及个人的研究成果与工程总结，由于资料来源广、头绪众多，可能难以一一予以注明和核查，请有关作者给予谅解，并致以诚挚的谢意。

本书的完成和出版得到了国家自然科学基金面上项目（No. 51174106）、沈阳市科技计划项目（No. F13-165-9-00）的资助和支持，在此表示衷心的感谢。

由于作者水平有限，书中错误在所难免，尤其书中内容多为作者自己的成果和观点，如有不妥之处，真诚期望同行专家及阅读本书的读者不吝赐教、提出宝贵的批评和建议。

著作者
2014. 2

目　录

第1章　绪　　论

1.1　基本概念

基坑:为进行建(构)筑物地下部分的施工,由地面向下开挖出的空间。

基坑工程:为保证基坑的开挖、主体地下结构的施工和周围环境的安全而采取的支护结构、降水和土方开挖与回填措施。

深基坑工程:开挖深度超过5m(含5m)的基坑土方开挖、支护、降水工程;开挖深度虽未超过5m,但地质条件、周围环境和地下管线复杂,或影响毗邻建筑(构筑)物安全的基坑土方开挖、支护、降水工程。

深基坑支护:为保证地下结构施工及基坑周边环境的安全,对深基坑侧壁及周边环境采用的支挡、加固与保护的措施。

1.2　深基坑工程概述

1.2.1　深基坑工程的历史发展

深基坑工程是基础工程和地下工程中的一个古老的传统课题。最早的放坡开挖和简易木桩围护可以追溯到远古时代。人类的土木工程活动促进了基坑工程的发展。1943年,Terzaghi和Peck提出了预估挖方稳定程度和支撑荷载大小的总应力法;1956年,Bjerrun和Eide给出了分析深基坑底板隆起的方法;20世纪60年代开始,在奥斯陆和墨西哥城软黏土深基坑中使用了仪器进行监测。随着大量高层、超高层建筑以及地下工程等的不断涌现,基坑的开挖深度和面积在逐渐加大,基坑围护与开挖技术的复杂程度也在不断提高,促使工程技术人员以新的眼光去审视基坑工程这一古老课题,使许多新理论和新技术得以出现和成熟。

深基坑工程在我国起步较晚,20世纪70年代以前的基坑深度较小,国内只有少数开挖深度达10m以上基坑工程;进入80年代,随着北京、深圳、上海、广州、天津等城市的大规模建设,高层、超高层建筑和市政设施及地铁的建设,基坑开挖深度不断地增大,复杂程度也不断提高,并积累了很多的设计和施工经验。进入90年代,许多地区已经开始编制深基坑支护设计与施工的有关技术规范和法规。近20年来,我国万幢高楼拔地而起(10层以上的建筑物已逾1亿平方米),其中高度逾百米者已有约200座。上海金茂大厦高达420m,深圳地王大厦高达325m,广州中天大厦高达322m,它们已跻身于世界百座超级巨厦之列;一些大城市,如北京、上海、广州、武汉、重庆、沈阳地铁工程相继全面展开;各大中城市大型市政地下设施也屡见不鲜。因此,深基坑工程的深度随之迅速增加,目前深度超过20m基坑已为数不少,一些工业基坑深度甚至超过30m。

众所周知,基坑工程是实用性、经验性极强的学科。近年来的工程实践既有大量成功的经验,也有失败的教训,更有一系列有待进一步解决的问题。目前,我国基坑越来越深,环保要求更加严格，这就需要工程技术人员以更加严谨的科学态度，在工程实践中不断总结、创新，提高技术水平，为我国基坑工程技术的发展作出贡献[1]。

深基坑的类型主要包括以下几种：

1）高层、超高层建筑深基坑

我国已建和在建高层、超高层建筑的基坑深度，已由6～8m发展到20m以上，如：福州新世纪大厦基坑达24m，天津津塔挖深23.5m，苏州东方之门最大挖深22m。基坑的平面尺寸也越来越大，如上海仲盛广场基坑开挖面积为5万m^2，天津市117大厦基坑面积为9.6万m^2，上海虹桥综合交通枢纽工程开挖面积达35万m^2等。

2）地铁站深基坑

北京、上海、广州、天津、青岛、南京、沈阳等均有地铁在建，这些地铁沿线地下车站百余座多采用明挖法施工。如：广州地铁2号线海珠广场站基坑最大深度达26.4m，上海地铁四号线董家渡修复基坑则深达41m。上海徐家汇地铁车站为亚洲最大地铁车站，开挖宽23m，长660m。

3）市政工程地下设施深基坑

近几年来各地兴建了许多大型市政地下设施，例如：上海人民广场地下车库和商场，建筑面积5万m^2；上海合流污水治理工程彭约浦泵站是目前世界最大的污水治理泵站，基坑深达26.45m；哈尔滨奋斗路地下街长300m，宽16m；屹立在黄浦江畔的亚洲第一电视塔"东方明珠"，基坑深12.5m，基底面积约为2700m^2；石家庄站前地下商场建筑面积4万平方米；北京王府井大型三层地下商业街长780m，宽40m与地铁四个车站及东安商场、东方广场的地下室分别相通。

4）工业深基坑

我国目前已有不少的规模较大的工业深基坑，例如：宝钢热扎厂铁皮坑深32m，上海世博500kV地下变电站挖深34m，浦东耀华皮尔金顿浮法玻璃溶窖坑，亚洲最高烟囱北仑港电厂240m的高烟囱深基坑等等。

这些深大基坑通常都位于密集城市中心，常常紧邻建筑物、交通干道、地铁隧道及地下管线等，施工场地紧张、施工条件复杂、工期紧迫。这导致深基坑工程的设计和施工难度越来越大，重大恶性基坑事故不断发生，工程建设的安全生产形势越来越严峻。

1.2.2 深基坑工程的内容

深基坑工程的内容包括：基坑工程勘察；支护结构的设计和施工；基坑土方的开挖和运输；控制地下水位；基坑土方开挖过程中的工程监测和环境保护等。深基坑工程是涉及土力学、基础工程、结构力学、工程结构、施工技术、监测技术等多学科的新兴学科，其理论性和实践性都很强。

深基坑的开挖工艺有两种：放坡开挖（无支护开挖）和在支护体系保护下开挖（有支护开挖）。前者简单且经济，在空旷地区或周围环境允许时能保证边坡稳定的条件下应优先选用。但事实上，在城市中心地带、建筑物稠密地区很难具备放坡开挖的条件。因为放坡开挖需要基坑平面以外有足够的空间供放坡之用。如在此空间内存在临近建（构）筑物基础、地下管线、运输道路等，都不允许放坡，此时就只能采用在支护结构保护下进行垂直开挖的施工方法。对支护结构的要求，一方面是创造条件便于基坑土方的开挖，但在建（构）

筑物稠密地区更重要的是保护周围的环境。采用支护结构,开挖基坑的费用要提高,一般情况下工期亦要延长。但在一定条件下支护结构是必须的,因此对支护结构应进行精心地设计和施工。

对地下水位较高的软土地区,支护结构一般都要求降水或挡水,在开挖基坑土方过程中坑外的地下水一般不会进入坑内。但基坑土方本身有较高的含水率,在软土地区往往呈饱和状态,在该类地区的深基坑工程一般都在坑内采取帷幕止水措施,以便基坑土方开挖和有利于保护环境。

本书研究的深基坑工程实例,都是采用在支护结构保护下的垂直开挖方法;支护方式以排桩+锚索的桩锚支护结构为主;控制地下水位措施有管井降水和帷幕止水。

1.2.3 深基坑工程的特点

深基坑工程具有许多特征,概括起来有以下几点:

(1)深基坑支护工程是临时工程,设计的安全储备相对可以小些。但又与地区性有关,不同区域地质条件其支护特点也不相同。

(2)深基坑工程是岩土工程、结构工程以及施工技术相互交叉的学科;是多种复杂因素交互影响的系统工程;是理论上待发展的综合性学科。

(3)深基坑工程造价高、工程量大,是各施工单位争夺的重点;又由于技术复杂、涉及范围广、影响因素多、事故频繁,是建筑工程中最具有挑战性的技术上的难点;同时也是降低工程造价,确保工程质量的重点。

(4)深基坑工程正向大深度、大面积方向发展,有的长度和宽度均超过百米,深度超过20余米,工程规模日益增大。

(5)地质埋藏条件和水文地质条件的复杂性、不均匀性,往往造成勘察所得的数据离散性很大,难以代表土层的总体情况并且精确度较低,给基坑支护工程的设计和施工增加了难度。

(6)在软土、高水位及其他复杂场地条件下开挖基坑,很容易产生土体滑移、基坑失稳、桩体变位、坑底隆起、支挡结构严重漏水、流土以致破损等病害,对周边建筑物、地下构筑物及管线的安全造成很大威胁。

(7)工程实践证明,要做好基坑工程必须关注整个开挖支护的全过程,它包括勘察、设计、施工和监测工作等整个系统,因而强调要精心做好每个环节的工作。

(8)随着旧城改造的推进,各城市的主要高层、超高层建筑大都集中在建筑密度大、人口密集、交通拥挤的狭小场地中,对基坑稳定和位移控制要求严格。

(9)深基坑工程包含挡土、支护、防水、降水、挖土等许多紧密联系的环节,其中的某一环节失效将会导致整个工程的失败。

(10)相邻场地的基坑施工,如打桩、降水、挖土等各项施工环节都会产生相互影响与制约,增加事故诱发因素。

(11)深基坑工程设计中应包括支护体系选型,围护结构的强度、变形计算,场内外土体稳定性、降水、挖土、监测等内容。应注意避免“工况”和计算内容可能出现的“漏项”,从而导致基坑失稳。

(12)深基坑施工过程中,尤其在软土地区施工时,应该认真研究并合理安排好挖土的方法以及支撑与挖土的配合,将会显著的减少基坑变形和支护事故的发生。

(13)深基坑支护工程由于是临时性工程,一般不愿投入较多资金,可是一旦出现事故处理十分困难,造成的经济损失和社会影响往往十分严重。

(14)深基坑支护工程施工周期长,从开挖到完成地面以下的全部隐蔽工程常需经历多次降雨、周边堆载、振动、施工失当等不利条件,其安全度的随机性较大,事故的发生往往具有突发性。

1.2.4 深基坑开挖及支护

1)深基坑开挖

深基坑工程是基坑开挖、支护结构施工以及地下水控制的系统工程,基坑开挖对周边环境的影响、甚至基坑工程的安全都非常重要。同样类型的基坑,采用相同的设计方法和支护结构,由于土方开挖的方法、顺序不同,支护结构的位移和对环境影响的程度存在较大差异。“及时支撑、先撑后挖、分层开挖、严禁超挖”,是大量深基坑工程设计与施工的实践经验总结,也是深基坑开挖应遵循的基本原则。在大面积深基坑工程中,基坑开挖过程的时空效应十分明显。土方开挖方式应结合基坑规模、开挖深度、平面形状以及支护设计方案综合确定[31]。

深基坑应分层进行土方开挖,分层位置应结合支护体系的特点,如多级放坡的分级位置、锚杆、土钉、内支撑或结构梁板的高程位置等确定,必要时还可在以上分层的基础上进一步细分。对于平面面积较大的基坑工程,土方开挖应分段、分块进行。

土方分块时应考虑主体结构分缝、后浇带位置、现场施工组织等因素,土方分块开挖宜间隔、对称进行,开挖到位的区块应及时进行支撑(锚杆)施工或形成垫层,减少基坑周边支护结构的无支撑暴露长度。

按照分块开挖的顺序不同,深基坑开挖的方式可分为:分段(块)退挖、岛式开挖和盆式开挖等几种,现场应根据支护布置形式确定合理的开挖方式。基坑开挖方式的不同对周边环境的影响也有所不同,岛式开挖更有利于控制基坑开挖过程中的中部土体的隆起变形,盆式开挖则能够利用周边的被动区留土在一定程度上减少支护结构的侧向变形。

土方开挖产生的渣土应及时外运出场至指定地点,不应在基坑开挖过程中在基坑周边留存大面积的填土堆载。确需进行坑外堆土时,应经过复核并对相应的支护体系进行加强后方可实施。土方开挖后,应及时跟进支撑或垫层的施工,控制无支撑暴露时间,有利于控制支护结构的变形和基坑内部的隆起变形,减少对周边环境的影响。

2)深基坑支护

深基坑支护结构的传统方法是板桩支撑系统或板桩锚拉系统。经过多年的探索与工程实践,目前我国基坑工程所采用的支护结构形式多样,按受力性能大致可分为五大类,即:悬臂式支护结构、重力式支护结构、锚喷(网)支护结构、单(多)支点混合支护结构及拱式支护结构,如图 1-1 所示。

其中,桩锚支护作为单(多)支点桩排组合支护结构形式之一,在辽宁省的沈阳、鞍山、大连等地区被广泛使用。

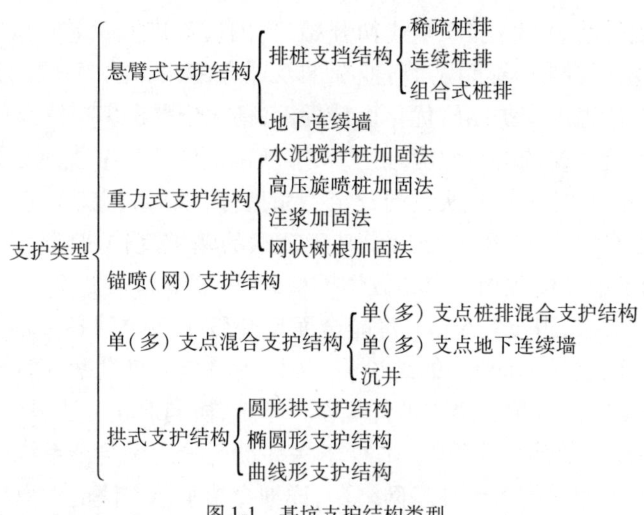

图1-1 基坑支护结构类型

3)深基坑地下水控制

地下水控制与深基坑工程的安全以及周边环境的保护都密切相关。在地下水位较高的地区,基坑降水(降压)配合排水是为了满足基坑工程安全和方便现场施工的需要,隔水是处于对环境保护的考虑,这些都将直接关系到基坑工程的成败。因此地下水控制是基坑工程的设计和施工必须要考虑的重要问题。

地下水控制主要有以下三种处理方式:降水、排水和隔水[31]。其中,降水是深基坑开挖过程中最为常见的地下水处理方式,目的在于降低地下水位、增加边坡稳定性、给基坑开挖创造便利条件;当基坑开挖到基底高程时,承压含水层覆土的重力不足以抵抗承压水头的顶托力时,需要降压以防止坑底突涌。降水系统的有效工作需要通畅的排水系统,但除了将坑内抽降的地下水及时排出外,排水系统还包括地表明水、开挖期间的大气降水等的及时排除。为避免降、排水造成地面沉降,影响周边建筑物、市政管线的正常使用,需要设置隔水(止水)帷幕,切断基坑内外的水力联系和补给,既避免坑外的水位下降,也能够有效减少坑内降水的水量。这三种地下水处理方式,作用不同,在基坑工程中常常需要组合使用,才能保护地下水处理的合理、可行、有效。

1.3 深基坑工程研究综述

1.3.1 深基坑开挖及支护特性研究

由于不同地质条件的影响,难以对深基坑开挖进行通用性的研究,需要因地制宜选取最优方案。深基坑开挖的研究涉及了许多方面的问题,一般可分为基坑本身的稳定性、应力应变问题、基坑支护结构的变形问题、基坑周围土体的位移及其对邻近建筑物和地下管线的影响等。对这些问题现今主要的研究方法有:工程经验总结、现场及室内试验研究、数值模拟计算等。

近几十年,国内外学者进行了大量基坑开挖性状的研究工作,并已取得了相当丰富的成果。Terzaghi 和 Peck 等人早在20世纪40年代就提出了预估挖方稳定程序和支撑荷载大小的总应力法;Bjenum 和 Eide 在20世纪50年代给出了分析深基坑底板隆起的方法;20世纪60年代开始在奥斯陆和墨西哥城软黏土深基坑中使用仪器进行监测;20世纪70年代产生了相应的指导开挖的法规。从20世纪80年代初开始,我国逐步进入深基坑设计与施工领域。20世纪90年代以后,我国编制了多部国家行业标准及地方的相关法规,国内许多专家也提出新的理论和方法。秦四清提出支护结构优化设计理论;杨光华提出多锚撑设计增量计算法;刘建航院士提出软土深基坑开挖的时空效应理论[7];廖瑛采用结构可靠度理论研究基坑支护结构的稳定可靠度问题,通过JC法计算实例的稳定可靠指标,得出了在多元失稳模式下基坑支护结构失稳的概率界限范围[8];周东等提出了基于搜索的基坑支护协同优化设计分析模型,给出了与方案、细部和子细部优化相对应的数学模型,并讨论了总系统优化与各子系统优化即全局寻优与局部寻优的关系,得出"必须求解能全面反映各子系统间各种耦合关系的总系统才能得到基坑支护系统的全局最优解"的结论[9];吴恒等将协同演化思想应用于基坑桩锚支护优化设计中,成功开发了深基坑桩锚支护优化设计系统,协同演化方法提供了模拟空间不断变化的演化机制,是一种高效的优化算法,适合于深基坑支护这一复杂系统的优化[10];孙海涛、吴限提出了深基坑变形预报的人工神经网络法,详细介绍了该方法的建模和应用实例,预报结果与实测值较为吻合,从而表明在深基坑工程中利用该方法进行变形预报是可行的[11];王元湘对上海、北京的四个地铁车站的监测结果进行分析,提出挡土结构在基坑开挖和回筑过程中发生的复杂反应与场地条件、挡土结构的刚度、施工方法、工程措施以及施工管理等关系密切[12]。

1.3.2 深基坑周边土体变形及沉降预测研究

在当前城市建设中,深基坑开挖已不是传统的只要保证坑壁稳定以满足地下建造的简单问题。深基坑开挖需要保证相邻建筑、城市排水管道、电缆、煤气管道的安全以及附近交通的正常运行等。实际上,深基坑开挖在小区域内是一项环境工程,因此对于基坑周围土体变形的监测与周边建筑物沉降的控制就成为一个不容忽视的问题。

建筑物的沉降预测即利用已有的沉降监测数据来预测后期沉降情况,无疑更加重要且更具实际意义。沉降预测的方法可分为理论计算法和基于实测数据的实测数据分析法[13]。

实测数据分析法不管沉降的作用机理如何复杂,其效果均通过沉降量表现出来。利用现场监测数据,通过建立数据模型可较好地预测后续开挖建筑物的沉降。在沉降预测控制技术中,实测数据分析法主要是采用各种非线性方法对现场观测结果进行预测。例如,对于建筑物沉降问题,人工神经网络预测方法可充分考虑各因素影响,随着训练数据数的增加而提高求解精度,适用于已积累大量基坑工程实测资料的地区建立预测模型,对实际工程有一定的指导意义[14][15]。

1.3.3 深基坑变形控制设计理念研究

按照龚晓南教授的观点[4],目前基坑工程的设计方法有两种:

(1)基坑工程稳定控制设计。当基坑周围空旷允许基坑周围土体产生较大变形时,基坑围护体系满足稳定性要求即可。

(2)基坑工程变形控制设计。当基坑紧邻市政道路、管线、周围建构筑物,不允许基坑周围地基土体产生较大的变形时,基坑围护设计应按变形控制设计。它不仅要求基坑围护体系满足稳定性要求,还要求基坑围护体系的变形小于某一控制值。按变形控制设计不是愈小愈好,也不易统一规定。对此,现有规范、规程、手册及设计软件均未能从理论高度加以区分。

在我国，最早提出基坑工程按变形控制设计理念的，见于1996年8月侯学渊、杨敏主编的《软土地基变形控制设计理论和工程实践》[6]。所谓变形控制设计是指在充分了解周边环境的前提下，综合考虑基坑深度、地质条件（含地下水条件）和环境条件、气象条件、场地红线条件的基础上，对基坑支护结构及可能影响的周边环境进行变形验（估）算，在支护结构体满足强度及稳定的前提下，控制位移在环境允许的范围内，合理确定其变形控制量，并进行支护方案的选择和优化，选择合理的变形控制技术（措施）。在方案实施过程中实行动态设计，以确保基坑变形对周围道路、地下管线、建（构筑）不会产生不良影响，不会影响其正常使用为目的。这一设计理念就叫基坑工程变形控制设计。

做好基坑工程的变形控制设计，应包括以下内容[44]：

（1）明确周边环境（建、构筑物、道路、地下管线）的位移变形量（包括变形速率）。

（2）做好基坑工程的概念设计，对支护方案进行比选，在正确选型基础上对支护结构进行优化设计（如对支护桩嵌固深度、刚度的调整 拉锚采用扩大头锚杆调整位置、调整预应力以控制变形等）。

（3）对支护结构和保护对象进行变形预测分析和估算，必要时调整、补充或优化设计。

（4）选择合理的止水帷幕，并控制施工质量，防止基坑发生大的涌砂事故，以控制基坑变形。

（5）设计合理的土方开挖方案以控制基坑的不正常变形。

（6）科学、全面监测、分析，随施工过程及反馈信息及时调整设计方案，实行动态设计，当变形过大时及时采取工程措施。

（7）有效的变形控制技术及应急措施。

本书的各部分研究工作均体现出变形控制设计的理念。

1.3.4　深基坑数值计算方法研究

1）深基坑支护计算方法

基坑支护设计计算方法大致可为三类[54]。第一类是常规设计方法；第二类称为弹性抗力法；第三类是数值计算方法。

常规设计方法是最常用的方法，其要点是在选择一定的支护入土深度以满足整体稳定、抗隆起和抗渗要求的前提下用经典土力学理论计算主动土压力和被动土压力（或对计算的土压力作某些经验修正），然后对重力式刚性挡墙验算其抗倾覆、抗滑移稳定性，安全系数沿用设计规范中对普通挡土墙的规定；或者计算柔性挡墙（悬臂式或有支锚结构）的内力，对墙身和支锚结构进行设计。这种方法对于普通挡土墙或开挖深度不深的钢板桩是比较成熟的。但对深基坑，特别是软土中的深基坑支护结构设计就难以考虑更为复杂的条件和难以分析支护结构的整体性状。例如支护结构与周围环境的相互影响，墙体变形对侧压力的影响，支锚结构设置过程中墙体结构内力和位移的变化，内侧坑底土加固或坑内、外降水对支护结构内力和位移的影响，压顶圈梁的作用与设计，复合式结构的受力分析等等。这些问题有时却成为控制支护结构性状的主要因素。

弹性抗力法针对常规方法中挡墙内侧被动土压力计算中的问题提出了改进。其概念是由于挡墙位移有控制要求，内侧不可能达到完全的被动状态，实际上仍处在弹性抗力阶段，因此，引用承受水平荷载桩的横向抗力的概念，将外侧主动土压力作为施加在墙体上的水平荷载，用弹性地基梁的方法计算挡墙的变位与内力。土对墙体的水平向支承用弹性抗力系数来模拟，支锚结构也用弹簧模拟。这种方法可以看作对常规方法的改进，它仍没有解决前一种方法的其余问题。计算与实际符合与否取决于基床系数的选取，通常用 m 法计算，即基床系数 k 随深度比例增长，比例系数为 m。

数值计算则提供了一种更为合理的设计计算方法，它可以从整体上分析支护结构及周围土体的应力与位移性状，而且可适用于动态模拟计算，不仅为事前设计与方案比较而且亦为信息反馈施工管理提供实时处理的手段。从原理上说，常规方法存在的问题在数值计算方法中都可不同程度的得到解决。

可以看出，常规设计方法仍然是目前支护结构设计的主要方法，但需对它存在的问题加以研究改进。同时，发展数值计算方法使之实用化、系统化，成为支护结构计算机辅助设计软件系统，供设计与施工管理采用。

数值计算方法也是本书研究所采用的主要方法。

2）数值计算方法分类

数值模拟方法不仅能模拟土体复杂的力学和结构特征，还能很方便地解决现场监测需要大量人力、物力而无法完成的、现有力学理论不能求解的复杂形体问题，并对岩土稳定性进行预测与预报。关于岩土工程的数值分析方法，很多学者都作过系统阐述，笔者仅作简单介绍。

岩土工程数值分析方法，主要分为三大类[50]，如图 1-2 所示。

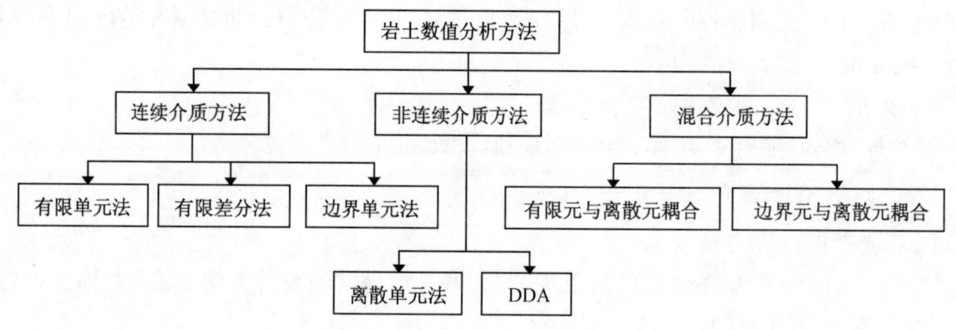

图 1-2　边坡工程数值分析方法

（1）连续介质数值分析方法。连续介质数值分析方法的理论基础是弹（塑）性力学。因此，在该类数值分析方法公式的推导过程中，需要满足基本方程和边界条件，只是在求解手段上，采用了不同于弹性力学的各种近似解法。这类数值分析方法包括有限差分法、有限单元法和边界单元法等，它适用于连续介质体的地下工程围岩与结构的应力分析和位移求解。

（2）非连续介质数值分析方法。非连续介质数值分析方法的理论基础是牛顿运动定律，它并不满足结构的位移连续条件，但是可以求出结构在平衡状态下的位移或者在不可能处于平衡状态时的破坏模式。此外，尽管结构不受位移连续的约束，但应满足给定的单元和交界面的本构定律。这类数值分析方法主要有离散单元法和不连续变形分析（DDA）。该数值分析方法可用于分析节理岩体可能发生的不连续变形，如洞室围岩附近岩块的分离与滑落等。

（3）混合介质数值分析方法。混合介质数值分析方法是连续和不连续分析方法的耦合。在地下结构的某些区域（如洞室附近），围岩体由于开挖影响而发生块体的分离而不连续，在另外区域（如远离洞室），则岩体一般仍相互联系而处于连续状态。因此，考虑两种不同力学介质的耦合分析很必要。目前常见的耦合方法有有限元与离散元的耦合、边界元与离散元的耦合等。混合介质吸取连续介质和非连续介质两种数值分析方法中的优点，在可能发生不连续变形的岩体，采用非连续介质方法模拟，而远离洞室的岩体一般仍处于连续状态，可采用连续介质模型分析。

3）常用数值分析软件评价

按照数值计算软件的适用范围来讲，可分为通用软件和专用软件两大类。大型通用数值分析软件多为国外开发，研发往往已有了数十年的历史，在国内自主开发的软件中比较少见。目前国内的软件多为专用数值计算软件，具有较强的针对性，一般既可用于分析，也可用于设计。表1-1中列出了笔者统计的目前较流行的一些数值分析软件的功能对比。

各种数值分析软件功能对比　　表1-1

软件名称	产地	性质	方法	前、后处理	能否处理大变形	是否非线性	计算维数	是否考虑时间因素影响	是否适应岩土大变形要求
ADINA	美国	通用	有限元	好	可以	可以	2D、3D	可以	不适应
FLAC	美国	专用	差分法	好	可以	可以	2D、3D	2D 可以	适应
ANSYS	美国	通用	有限元	好	可以	可以	2D、3D	可以	不适应
ABAQUS	美国	通用	有限元	一般	可以	可以	2D、3D	可以	不适应
NOLM	中国	专用	有限元	一般	不能	可以	2D	不可以	不适应
ALGOR	美国	通用	有限元	好	可以	可以	2D、3D	不可以	不适应
FINAL	美国	通用	有限元	好	可以	可以	2D、3D	可以	适应
MSC. Marc	美国	通用	有限元	好	不能	可以	2D、3D	可以	不适应
SAP	美国	通用	有限元	好	可以	可以	2D、3D	可以	不适应
2σ,3σ	日本	专用	有限元	好	可以	可以	2D、3D	3D 可以	适应
GeoFBA	中国	专用	有限元	好	可以	可以	2D	不可以	不适应
NACP	中国	专用	有限元	不好	不能	可以	2D	可以	适应
EXAMINE	加拿大	专用	边界元	好	不能	不能	2D	不可以	适应
BMP－84	中国	专用	边界元	不好	不能	可以	2D	不可以	适应
UDEC	美国	专用	离散元	一般	可以	可以	2D	不可以	适应
3DEC	美国	专用	离散元	好	可以	可以	3D	不可以	适应

4）数值计算方法选择

如上所述，目前常用数值计算方法包括：有限单元法、有限差分法、边界元法、离散元法等。有限元法及有限差分法能够较好地模拟材料在连续状态下的特性，是目前岩土工程分析中应用最为广泛的两种方法。

其中，有限单元法是最常用的，它在处理介质问题、复杂的非线性问题以及模拟分部开挖与施工过程等方面，相对于其他方法都有较为明显的优点。一般的，用有限元计算时的位移通常较实测的结果要小，有时甚至差一两个数量级，究其原因主要是在计算中忽略了非线性的大变形和沿弱面的不连续变形。

相比有限元法，差分法将问题的基本方程和边界条件以简单、直观的差分形式来表达，专门求解岩土力学非线性大变形问题,可得到较满意的位移解,更适于在大变形工程实际中应用。

本书在开展基坑开挖及支护问题的数值计算时,根据分析岩土地层及支护结构变形特点的不同,分别采用有限元法和有限差分法进行分析。**砂土地区地质条件较好,基坑变形较小,宜用有限元法分析;而软土地区地质条件较差,基坑变形较大,宜用有限差分法分析。**

1.4 本书的研究内容

1.4.1 研究背景

随着城市建设的发展,地下空间开发与利用越来越受到人们的重视,其进一步开发必然对基坑工程的设计与施工技术提出更高的要求。深基坑开挖与支护是基础和地下工程的一个古老的传统课题,同时又是一个综合性的岩土工程难题,既涉及土力学中典型的强度与稳定性问题,又包含了基坑支护结构方案优选和变形问题,如果处理不好对工程所带来的损失不可估量。

目前,在基坑工程的设计与施工方面存在如下几方面问题:

(1)支护结构设计计算与实际受力不符。目前基坑支护设计计算仍基于极限平衡理论,但实际受力并不是那么简单。

(2)土体及支护结构参数选择存在很大误差。

(3)空间效应考虑不周。基坑周边向坑内位移规律是中间大两边小,边坡失稳常常在长边居中位置发生,具有显著的空间变形特征。但传统支护设计仅按平面应变模型考虑,不能给出坑边的位移变化,分析也偏于保守,且无法体现基坑的角部效应。

(4)未考虑每步开挖或支护对以后各步的影响,未认识到基坑开挖是一个在时间和空间上不断变化的过程。

可见,基坑工程问题是典型的三维动态问题,它的几何模型和受力特征与平面应变条件并不相符,理正或其他二维软件给出的分析结论存在很大程度的近似性;基坑及其周边岩土体的稳定性不仅与最终状态相关,还与过程相关,改变工程工艺和施工顺序可能使不稳定的基坑工程变为稳定的,深入研究基坑工程的稳定特征必须将其按动态的空间体考虑。

本书以沈阳中铝科技大厦深基坑、营口红运广场深基坑、沈阳东大国际中心深基坑、沈阳地铁车站深基坑等为工程背景,综合考虑深基坑研究中存在的问题,采用大型非线性有限元软件 ADINA 和有限差分软件 FLAC 对基坑工程进行三维动态模拟;采用人工神经网络方法,开展深基坑周边建筑物沉降的预测分析;采用三维模拟和正交试验方法开展深基坑支护结构变形影响因素分析;采用模糊综合评判法和技术经济对比法进行支护结构或降水方案优化分析。

1.4.2 研究内容

主要研究内容包括:

(1)深基坑工程历史发展及现状综述。

(2)深基坑变形机理及时空效应分析。

(3)深基坑工程勘察、设计、施工和监测实践。

(4)深基坑引发地质灾害问题及沉降预测研究。

(5)深基坑开挖过程之三维有限元分析。

(6)深基坑支护结构变形影响因素分析。

(7)深基坑开挖过程之 $FLAC^{3D}$ 分析。

(8)深基坑帷幕止水对开挖稳定性影响研究。

(9)深基坑支护及降水方案优化研究。

1.4.3 研究方法

采用理论分析、工程勘察、数值模拟、现场监测、模糊评判、优化设计、非线性预测等多种研究方法。在研究中注意多种方法的协调作用和综合分析。

1.4.4 研究意义

由于深基坑工程受很多地上、地下可变因素的干扰,尤其近几年许多深基坑施工多是在城市中心地带,周围建筑物密集,环境条件限制较为严格,因此在深基坑支护工程中许多粗略的定性分析控制手段也逐渐要求被精确的定量分析手段所取代。通过在深基坑工程中进行系统而全面的研究工作,及时反馈相关数据,可实现信息化施工,达到保证工程质量和安全的目的;同时,可在一定程度上避免设计不当所导致的重大经济损失,达到提高工程经济效益的目的。因此,对深基坑开挖及支护工程开展深入研究是必要的,意义是深远的。

第 2 章　深基坑变形机理及时空效应分析

2.1　深基坑的变形现象

深基坑开挖变形主要包括三个部分:墙体变形、基坑底部隆起、墙后地表沉降。研究证明,这三个方面是相互关联的,其中以墙后地表沉降对环境的影响最大,也是研究的重点。

2.1.1　墙体变形

1)墙体水平变形

当基坑开挖较浅还未设支撑时,不论对柔性墙体(如水泥土搅拌桩墙、旋喷桩桩墙等),还是刚性墙体(如钢板桩、地下连续墙等),均表现为墙顶位移最大,向坑底方向水平位移呈三角形分布,见图 2-1a)。随着基坑开挖深度的增加,刚性墙体继续表现为向坑底方向呈三角形分布或平行刚体位移,而一般柔性墙体则表现为墙顶位移不变或逐渐向基坑外移动,墙体腹部向基坑内凸出,见图 2-1b)。

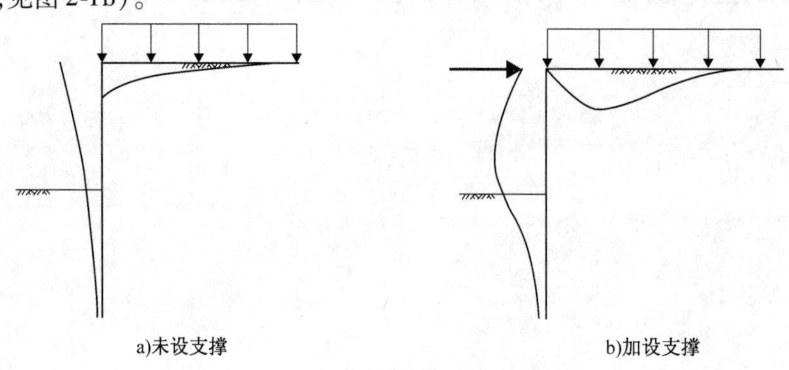

图 2-1　墙体变形特征

2)墙体竖向变形

在实际工程中,墙体的竖向变形量测往往被忽视。事实上由于基坑开挖土体自重应力的释放,致使墙体一般在土体的带动下有所上升,这给基坑稳定、地表沉降和墙体自身的稳定都带来了一定的危害,特别是在软土基坑中尤其如此。

在采用灌注桩或地下连续墙支护时,如果围护墙施工时清孔不净桩底有沉渣,则基坑开挖阶段围护墙体有可能向下沉降,地面也会下沉。

2.1.2　坑底土体隆起(回弹)

基坑开挖时,由于解除了土体的自重应力,坑底土将产生回弹。同时,开挖将导致坑内外的压力差不断增大,坑底土体产生负孔隙水压力,从而进一步导致坑底土体软化、吸水膨胀,使坑底进一步隆起。该现象在软黏土地基中开挖时更为明显。

应当说明,隆起和回弹是两个不同的概念,发生的机理不同[2]。基坑回弹也称弹性隆起,是指挖土以后因卸荷发生的弹性变形,土体还处在弹性阶段;而隆起一般指塑性隆起,是在压力差的作用下,土体发生塑性变形,形成了破坏机制而出现的竖向变形(图 2-2)。基坑的回弹是不可避免的；过大隆起是必须加以避免，也是可以避免的，一般采用加大桩板插入深度的办法来减小隆起变形。回弹变形是可以用解析方法计算的；而隆起变形是不能用解析的方法计算的。有些基坑工程发生了隆起，则向上的竖向变形中自然也包括了回弹变形；回弹变形的数量级一般是比较小的。

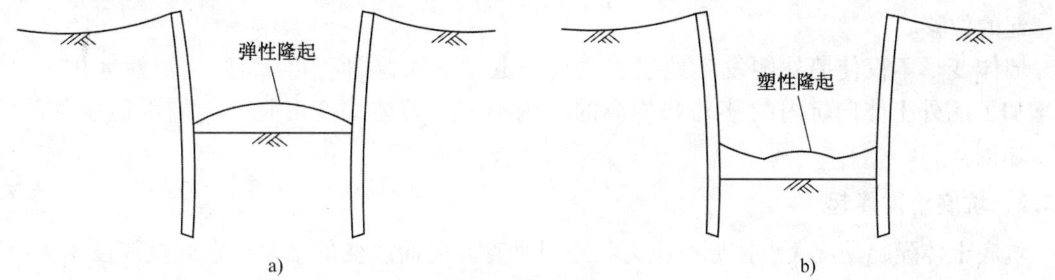

图 2-2　坑底的隆起变形

基坑较窄时，底部隆起始终为中间大两侧小；基坑较宽时，若开挖深度不大，坑底为弹性隆起，隆起量为中间大两侧小，若开挖深度较大，底部出现塑性隆起，隆起量为中间小两侧大。

2.1.3　墙后地表沉降

软土基坑开挖将引起墙后相当范围内地层以及地表产生沉降，它是基坑工程对环境的主要危害之一。通过分析实际工程墙体变形规律，可得出两个具有代表性的地表变形，如图 2-3 所示。当地下连续墙贯入到土体深度不大且土体为软土情况下，墙体顶部位移较大，紧邻墙后土体随之发生较大沉降如图 2-3a）；当地下连续墙贯入到土体中的长度较大且贯入到硬地层中，墙体变形与两端固定的结构杆件变形类似，即墙体中部变形最大，这导致墙后土体距离墙体一定范围内沉降呈现先增大再减小趋于平缓的趋势如图 2-3b）。

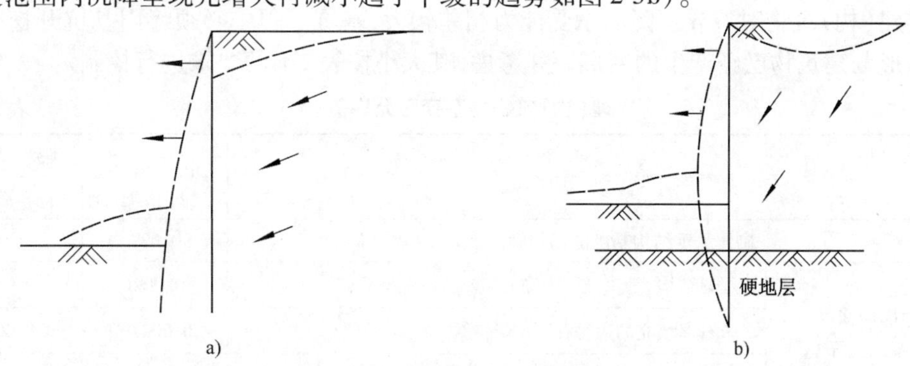

图 2-3　地表的沉降曲线形式

研究地表沉降最重要的是有效地估算沉降的分布形式、沉降的范围和最大值等。有很多学者在这方面做了大量的工作，得出了一些有益的结论。但不同的学者的结论相互之间差别很大，还有待进一步的研究。

2.2　基坑的变形机理

2.2.1　墙体变形

基坑开挖时，围护墙内侧卸去原有土压力，而基坑外侧受主动土压力作用，坑底墙体内侧受全部或部分被动土压力作用,不平衡土压力使墙体产生变形和位移。围护墙的变形和位移又使墙体主动土压力区和被动土压力区的土体发生位移,墙外侧主动土压力区的土体向坑内移动,使墙背后土体水平应力减小,剪力增大,出现塑性区;而在开挖面以下的被动土压力区土体向坑内移动,使坑底土体水平向应力加大,导致坑底土体剪应力增大而发生水平向挤压和向上隆起的位移。

墙体变形不仅使墙外侧发生地层损失而引起地表沉降,而且使墙外侧塑性区扩大,因而增加了墙外土体向坑内的移动和相应的坑内隆起。墙体的变形是引起周围地层移动的重要原因。

2.2.2 坑底土体隆起

坑底土体隆起是坑底土体原有应力状态因垂直卸荷而改变的结果。在开挖深度不大时,坑底土体在卸荷后发生垂直向隆起,当围护墙底为清孔良好的原状土或注浆加固土时,围护墙在土体作用下也被抬高,坑底隆起量为中间大两侧小,这种隆起基本不会导致两侧围护墙体的侧向变形。随着开挖深度不断加大,坑内外土面高差不断加大,到达一定程度时,将导致基坑坑底产生塑性隆起,同时在基坑周围产生较大的塑性区,并引起地表沉降。

2.2.3 墙后地表沉降

当开挖深度较大且土质软弱时,由于坑内外地基土体的压力差,基坑周围土体塑性区范围较大,土体的塑性流动也比较大,土体从围护墙外围向坑内和坑底移动,由此使围护墙后地表产生地层沉降。这是地表沉降的主要原因。

2.3 建(构)筑物变形的控制标准

各类建(构)筑物对差异沉降的承受能力相差较大,基坑工程中必须将因基坑开挖所引起的附加变形与建筑物已经产生的变形一并考虑,其大小按表 2-1 的要求进行控制。

建(构)筑物地基变形允许值 表 2-1

变形特征		地基土类别	
		中、低压缩性土	高压缩性土
砌体承重结构基础的局部倾斜		0.002	0.003
工业与民用建筑相邻桩基的沉降差	框架结构	$0.002l$	$0.003l$
	砖石墙填充的边排柱	$0.0007l$	$0.001l$
	当基础不均匀沉降时不产生附加应力的结构	$0.005l$	$0.005l$
单层排架结构(柱距为 6m)柱基的沉降量(mm)		(120)	200
桥式吊车轨面的倾斜(按不调整轨道考虑)	纵向	0.004	
	横向	0.003	
多层和高层建筑基础的倾斜	$H_g \leq 24$	0.004	
	$24 < H_g \leq 60$	0.003	
	$60 < H_g \leq 100$	0.002	
	$H_g > 100$	0.0015	

续上表

变 形 特 征		地基土类别	
		中、低压缩性土	高压缩性土
高耸结构基础的倾斜	$H_g \leqslant 20$	0.008	
	$20 < H_g \leqslant 50$	0.006	
	$50 < H_g \leqslant 100$	0.005	
	$100 < H_g \leqslant 150$	0.004	
	$150 < H_g \leqslant 200$	0.003	
	$200 < H_g \leqslant 250$	0.002	
高耸结构基础的沉降量(mm)	$H_g \leqslant 100$	(200)	400
	$100 < H_g \leqslant 200$		300
	$200 < H_g \leqslant 250$		200

注:①有括号者仅适用于中压缩性土。

② l 为相邻柱基的间距(mm),H_g 为自室外地面起算的建筑物高度(m)。

③倾斜指基础倾斜方向两端点的沉降差与其距离的比值。

④局部倾斜指砌体承重结构沿纵向 6 ~ 10m 内基础两点的沉降差与其距离的比值。

2.4　基坑变形的时空效应分析

2.4.1　基坑变形的时间效应分析

土的变形与时间有关的性质称为黏性。土的黏弹塑性理论属于流变学范畴。目前黏弹塑性本构关系主要有黏弹性、弹—黏塑性、黏弹—黏塑性本构关系等。其中以黏弹性假设,如 Kelvin - Voigt 模型、Burgers 模型、Poynting - Thomson 模型、标准的 Maxwell 谱模型等较为简单并接近实际。下面对 Kelvin - Voigt 模型、时变参数拟合公式法进行介绍。

1) Kelvin - Voigt 模型

Kelvin - Voigt 模型又称广义 Kelvin 模型,是一种线性黏弹性体模型,由一个弹簧与一个凯尔文模型串联而成,如图 2-4 所示。其应力应变关系如下:

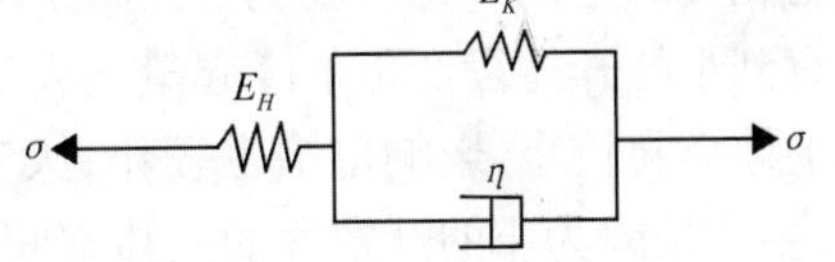

图 2-4　Kelvin - Voigt 模型

总应变:

$$\varepsilon = \varepsilon_1 + \varepsilon_2 \tag{2-1}$$

其中:

$$\varepsilon_1 = \frac{\sigma}{E_H} \tag{2-2}$$

$$\varepsilon_2 = \frac{\sigma}{E_K} - \frac{\eta}{E_K}\dot{\varepsilon}_2 \tag{2-3}$$

式中:ε_1 ——瞬时弹性应变;

ε_2 ——凯尔文应变;

E_H ——土骨架的瞬时剪切模量;

E_K ——Kelvin 模型的剪切模量;

η ——Kelvin 模型的黏滞系数。

其流变的本构关系为：

$$\frac{\eta}{E_K}\dot{\varepsilon} + \varepsilon = \frac{\eta\dot{\sigma}}{E_H . E_K} + \frac{E_H + E_K}{E_H . E_K}\sigma \tag{2-4}$$

该模型不能反映第Ⅱ、Ⅲ阶段蠕变，也没有永久残余应变，因而制约了其应用。

2）时变参数拟合公式法

据研究，如考虑土体应力应变关系的高度非线性，也可以抛开具体的模型，直接用公式来对土体参数进行拟合。该法引入时变参数的概念，将经典 D－P 模型中的凝聚力和内摩擦角 2 个参数在计算过程中随时间而改变，从而考虑土体流变特性。

若将 M－C 模型（或 D－P 模型）中 c 和 ϕ 变为时间的函数，可得到一个含时变参数的流变模型。它可由实验得出，可拟合得到 c 和 ϕ 的表达式如下：

$$c(t) = c_{\infty} + (c_0 - c_{\infty})\exp(-\beta[(\gamma + \alpha)t]^{1-\alpha}) \tag{2-5}$$

$$\phi(t) = \phi_{\infty} + (\phi_0 - \phi_{\infty})\exp(-\beta[(\gamma + \alpha)t]^{1-\alpha}) \tag{2-6}$$

式中：c_0、ϕ_0 ——分别为瞬时黏聚分量和摩擦角；

c_{∞}、ϕ_{∞} ——分别为长期黏聚分量和摩擦角；

α、β、γ ——参数，且 $0<\alpha<1$，$\beta>0$，$\gamma>0$，可以通过试验拟合曲线确定。

该法抛开了具体的流变模型，采用万能拟合公式对实验数据进行拟合，可以考虑土的流变特性，是一种具有通用性的实用计算方法。

2.4.2 基坑变形的空间效应分析

1）空间效应概述

由于基坑开挖会引起基坑周围地层和坑内土体的移动，表明基坑开挖是一个与周围土体密切相关的空间问题。基坑土体的空间作用，早在 20 世纪 30、40 年代已被重视，Terzaghi 等就注意到小的开挖段产生的隆起量比大的开挖段要小的事实。研究表明，小的基坑开挖段其坑底土体隆起较小，影响范围也较小；大基坑开挖段其坑底土体隆起量较大而且影响范围也较大，主要是因为小的开挖段的土体空间作用强于大的开挖段的土体空间作用。可见，土体的空间作用对于基坑周围地层位移与坑底土体隆起的影响是显著的。

2）空间效应规律

（1）基坑土体的空间作用主要取决于基坑的形状、深度、大小等。基坑尺寸越小，其三维空间效应越显著，限制坑底隆起和围护结构位移作用的能力越强。

（2）深基坑坑壁中央的土压力和位移值均大于两坑壁一定范围的土压力和位移值，这是因为在深基坑两端壁处存在显著的空间效应，抑制了其邻近区域的土压力和位移的发展。目前，深基坑支护问题常忽略其空间效应带来的影响，而把其视为一个 2 维的平面问题，较多地借助传统的朗肯或库伦土压力理论进行支护系统的设计，因而偏于安全。

（3）坑底隆起量随开挖宽度的增大而增大，但到一定宽度后隆起量基本上不再变化，呈环形分布，而且二者之间基本近似于双曲线关系收敛变化。

（4）深基坑开挖不断进行的过程，不但是基坑尺寸和土压力都不断变化的过程，而且二者相互作用、相互影响。开挖施工改变基坑尺寸、深度从而影响位移及其分布，最终引起土压力的变化。

2.4.3　基坑变形的时空效应分析

1)考虑时空效应的主动土压力计算

随着基坑的不断开挖,基坑的几何空间要素逐步发生改变,而土体材料又具有蠕变特性即土体的应力、应变关系受时间因素的影响,因此可以说基坑工程具有显著的时空效应。土的固结、基坑降水及土的长期强度衰减、膨胀等均与时间有关,加上降水环境的复杂化更使时空效应复杂化。由此可知,基坑的空间尺寸、土体特性、环境要素三者均与时间相关,计算土压力时应该考虑基坑施工过程中的时间和空间因素。

(1)考虑开挖深度的主动土压力。围护结构的侧向变形及分布与深基坑的开挖深度、围护结构的刚度、支撑系统刚度、土质、地质状况、地面超载等因素有关。当土体产生侧向位移时,其挤压或偏离会造成静止土压力的应力松弛或增长,直到土体达到主动或被动土压力平衡状态。张燕凯用一个反映开挖深度的函数作为表示土体侧向移动的函数,得出考虑开挖深度的土压力计算公式如下[95]:

$$\sigma_h = \sigma_0 + \sin\left(\frac{\pi h}{2H}\right)(\sigma_H - \sigma_0) \tag{2-7}$$

式中:σ_0——初始应力;

h——当前开挖深度;

H——深基坑的最终深度;

σ_H——高程为 H 处的土压力。

该计算公式较合理地反映了基坑开挖时的土压力分布情况,但只对某些土质适用,选用时应注意其适用范围。

(2)考虑开挖基坑平面尺寸的主动土压力。杨雪强等[51]引入了深基坑空间效应影响系数(K)的概念,即基坑的不同长度或宽度处的主动土压力与其对应高度处最大主动土压力(一般在中间段的为最大)的比值。利用空间效应影响系数对开挖面上不同长度和宽度时的支护结构上的主动土压力进行了研究,得出在两坑壁端部的 b 范围内是深基坑空间效应的主要影响区域;在剩余中间坑壁段($B-2b$)(其中 B 为坑壁长或宽)范围内的中间坑壁段是空间效应的次要影响区域,随坑壁长或宽与坑深(H)的比值 B/H 的增大而减小。当 $B/H \geqslant 5$ 时,可不考虑深基坑空间效应对坑壁段($B-2b$)的影响。杨雪强基于对无黏性土的研究,提出了深基坑空间效应影响系数及其规律。因此该规律对无黏性土适用,对于其他土可通过试验判断其适用性。

根据以上研究成果可知,深基坑空间效应影响系数变化规律如图 2-5 所示。作用在支护结构上的主动土压力的空间效应系数的变化规律为:在主要影响区域(b)内,长与宽方向的深基坑空间效应影响系数变化规律相近,且 K 与 b 之间呈 3 次函数关系;在次要影响区域($B-2b$)内,可认为 K 为定值。据此,本书提出深基坑空间效应影响系数计算公式如下:

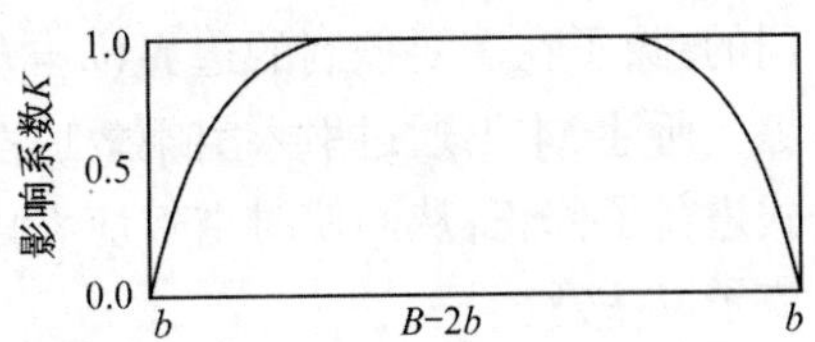

图 2-5　空间效应影响系数 K 的变化规律

$$K=\begin{cases}k_1\chi^3+k_2\chi^2+k_3\chi+k_4 & (\chi<B)\\ 1 & (b\leqslant\chi\leqslant b-B)\\ k_1(B-\chi)^3+k_2(B-\chi)^2+k_3(B-\chi)+k_4 & (\chi>B-b)\end{cases} \tag{2-8}$$

式中：χ——计算点至基坑壁端部的距离；

k_1、k_2、k_3、k_4——系数；

B——坑壁长或宽；

b——空间效应的主要影响区域，其计算方法如下：

$$b=H\frac{\tan\phi}{\sin\beta_{cr}} \tag{2-9}$$

其中：β_{cr}——破裂土体的临界破裂角。

因此，通过引入深基坑空间效应影响系数，考虑开挖平面尺寸及深度影响的主动土压力区土压力计算公式可修正如下：

$$\sigma_h=K\left[\sigma_0+\sin\left(\frac{\pi h}{2H}\right)(\sigma_H-\sigma_0)\right] \tag{2-10}$$

(3)考虑时间效应的主动土压力。时间效应对土压力计算的影响，主要是考虑土体的流变特性。对于黏性土的流变研究主要有两个方面：一方面是研究在剪应力作用下土体以长期位移形式出现的剪切蠕变；另一方面是研究由土骨架蠕变所引起的土体变形，随着时间的增长，主动土压力逐渐增大而被动土压力逐渐减小。从以上两方面考虑，可以将考虑时间效应的土压力计算公式表示为：

$$\sigma_t=\sigma_0+e^{(-t/T)}(\sigma_H-\sigma_0) \tag{2-11}$$

式中：t——当前施工时间；

T——总的施工时间；

σ_t——t 时刻的土压力。

(4)考虑空间和时间效应的主动土压力。考虑到土体位移与开挖深度的线性关系以及土体位移与时间效应的关系的耦合作用，即这两对关系既有各自对土压力的影响，又可能同时存在相互影响，因此将式(2-10)、式(2-11)两式结合起来考虑，得出考虑空间和时间效应的主动土压力计算公式如下：

$$\sigma=K\left[\sigma_0+e^{(-\alpha t/T)}\sin\left(\frac{\pi h}{2H}\right)(\sigma_H-\sigma_0)\right] \tag{2-12}$$

式中：α——经验系数，$0\leqslant\alpha\leqslant1$，当 $h=H,t=T$ 时，$\alpha=0$。

在具体的土压力计算中，α 值并不是连续的，而且 α 对计算结果的影响在各个计算深度也是不同的，除了在需要控制的边界($h=H$ 处)以外，α 可根据具体情况选取。

综上所述，本书通过引入空间效应系数计算公式，对考虑时空效应的深基坑主动土压力计算公式进行了修正，从而使时空效应考虑的因素更全面。因上述公式均有一定的适用范围，使用时应予以注意。

2)考虑时空效应的被动土等效水平抗力系数 k_h 的计算

据研究，地基基床系数与开挖时间、空间、地质条件和加固方式等密切相关，是基坑开挖时间、空间、地层土性、加固方式、环境条件等的函数。为便于工程应用，采用等效的水平抗力系

数 k_h 来综合反映土体抵抗变形的能力。该系数能考虑土体的黏、弹、塑性及包括施工因素在内的各种影响。

(1)土体流变性的影响。据刘国彬等研究[56],土体的流变性(即开挖过程中的无支撑暴露时间)对 k_h 的影响非常明显,随着无支撑暴露时间的增加,影响系数迅速减小,并呈指数函数关系,这一规律对确定 k_h 值的大小具有非常重要的作用,由此引入流变影响系数为:

$$\alpha_r = \exp[(12.0 - T_j)/T_j] \tag{2-13}$$

式中:T_j——每步基坑开挖的无支撑暴露时间。

(2)土体空间作用的影响。研究表明,土体的空间作用对 k_h 值的影响亦很明显,随着开挖空间的增大,影响系数迅速减小,呈双曲线关系。由此,建立了空间影响系数的计算模式。空间影响系数为:

$$\alpha_s = \frac{8}{B_j} + 0.1 \tag{2-14}$$

式中:B_j——第 j 道工序的开挖宽度。

(3)土体强度参数的影响。土体的水平抗力系数与土体自身的强度指标密切相关。土体的 c、ϕ 值对应着相应的水平抗力系数基准值。当 c 值固定,随着 ϕ 值的增加,对 k_h 的影响系数逐渐增大;同样当 ϕ 不变,随着 c 值的增加,对 k_h 的影响系数亦逐渐增大。强度影响系数为:

$$\alpha_c = \frac{\gamma_i \tan^2\left[\frac{\pi}{4} + \frac{\phi_i}{2}\right] + 4c_i \tan\left[\frac{\pi}{4} + \frac{\phi_i}{2}\right]}{1.42\gamma_i + 47.6} \tag{2-15}$$

式中:γ_i——第 i 层土的天然重度;

c_i、ϕ_i——分别为第 i 层土的黏聚力、内摩擦角。

(4)土体湿化的影响。刘国彬对水平抗力系数研究时没有考虑土体湿化的影响。因地基土体受雨水的影响变湿,其强度发生变化。据王小军研究[53],岩土体湿化后,其黏聚力及内摩擦角的变化规律如下:

$$c = c_0 e^{-\beta w} \tag{2-16}$$

$$\phi = \phi_0 e^{-\lambda w} \tag{2-17}$$

式中:c_0、ϕ_0——分别为岩土体干燥时的黏聚力和内摩擦角;

β、λ——衰减系数;

w——含水率;

c、ϕ——分别为岩土体含水率为 w 时的黏聚力和内摩擦角。

(5)地基加固的影响。地基加固对水平抗力系数 k_h 值有显著影响,目前仍通用比贯入阻力 p_s(MPa)反映地基加固的强度指标。研究表明:当其他因素相同时,水平抗力系数 k_h、随着 p_s 的增加而呈直线增加。由此总结出的加固影响系数计算公式为:

$$\alpha_p = 29.34 + 1431.9p_s \tag{2-18}$$

(6)深度的影响。开挖面所处的深度 h_j 以及所要计算点的土体所处的深度 h_i 均对等效水平抗力系数有显著影响。一方面,由于开挖卸载必然要引起开挖面以下土体性质变化,当开挖面深度 h_j 不同时,则影响范围和影响程度也不相同;另一方面,即使是地表以下同一点在不

同开挖深度 h_i 时，其影响也不同，据此可得出了深度修正系数为：

$$\alpha_d = \left[1 - \frac{h_j}{h_i}\right]\left\{1 - \frac{2r'_i\left[1 - \left[1 - \frac{h_j}{h_i}\right]^{0.36}\right]\tan\phi_{cq}}{r_i + 2r'_i\tan\phi_{cq}}\right\} \tag{2-19}$$

式中：ϕ_{cq}——要计算点 h_i 处的强度指标；

h_j——当前开挖面所处的深度；

h_i——要计算点所处的深度；

γ'_i——第 i 层土的浮重度。

根据以上的规律及各因素对 k_h 的影响，建立了不同土层、不同工况条件下的 k_h 值计算模型如下：

①对于非地基加固部分：$$K_{hi} = 635\alpha_r\alpha_c\alpha_s\alpha_d \tag{2-20}$$

②对于地基加固部分：$$K_{hi} = \alpha_r\alpha_p\alpha_s\alpha_d \tag{2-21}$$

综上所述，本书通过引入考虑湿化的影响，对被动土压力区等效水平抗力系数进行了修正，从而扩大了模型的应用范围。

2.5 小结

(1)本章分析了基坑的变形现象、变形机理及相关变形的控制标准。

(2)对基坑变形的时间效应和空间效应分别进行了分析。

(3)通过引入考虑时空效应的主动土压力计算，考虑时空效应的被动土等效水平抗力系数 K_h 的计算，使基坑工程考虑的因素更全面、合理，对深基坑工程设计与施工有一定参考价值。

深基坑工程由于自然界岩土材料的地域性、多相性和不均匀性，故很难寻找一个理论的本构关系来模拟强度和变形全过程性能，采用室内土工试验参数的常规正分析难以符合客观工程反应，需要很长的时间才会逐步接近工程实际。因此，提出一条反分析的道路，即利用现场测试的变形数据，来反分析出土性综合参数，以作为工程设计的依据而进行正分析变形预测，这是一条“理论导向、量测定量、经验判断”的理论与实际相结合的道路，也是深基坑变形控制设计思想的体现。

第3章　深基坑工程勘察、设计、施工和监测实践

选取沈阳中铝科技大厦基坑工程和营口红运广场基坑工程作为北方砂土地区和淤泥质软土地区的典型代表，开展相应的基坑工程勘察、设计、施工和监测工作，并为后续研究提供现场平台。

3.1　沈阳中铝科技大厦砂土深基坑工程

3.1.1　基坑工程概况

1）工程概况

中铝科技大厦位于沈阳市和平区中华路与和平大街交汇处，现沈阳铝镁设计研究院后院，地处市中心繁华地带。该建筑物占地约5000m^2，建筑物高度99.8m，地上26层，地下2层，基础的结构形式为筏板基础，电梯井部分基坑开挖最大深度14m，其余部分开挖深度9.93~11.33m。

2）工程特点及环境特征

（1）工程特点。本工程地处繁华地段，施工条件有限，同时基坑开挖深度大。原办公楼为20世纪50年代建筑，距离该基坑很近；地下水位降深大、土方量大、工序复杂、工期短，所以技术要求很高。

（2）环境特征。

①基坑周边建筑物密集，东侧、南侧紧临原办公楼，基坑支护边缘距原办公楼墙体只有2.7m。

②基坑东侧、南侧原办公楼是50年代三层建筑物，独立柱基础埋深仅为1.5~1.8m，且在原三层基础上改为现在的七层楼。

③基坑西侧距常德街7m，受过往车辆的动荷载影响；北侧距住宅楼12m。

④基坑周围管网错综复杂，渗漏点多，且场地内有一条东西走向的人防工程，洞内有国家安全局通信光缆通过，因此对基坑支护的安全要求极高。

⑤场地地下水位埋深在6.9~7.1m左右，且水量丰富。由于基坑最大开挖深度大，降水从-7.10m降至-14.50m，降水的幅度比较大，所以基坑开挖及降水对周围建筑物的影响，特别是对原建筑物的影响显得尤为重要。基坑开挖条件详见图3-1。

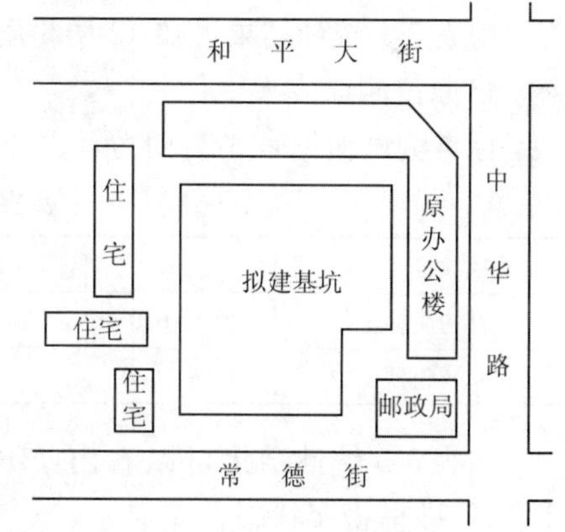

图3-1　基坑位置平面图

3.1.2　基坑工程勘察

1）勘察技术要求

（1）查明建筑场地内的地层岩性构成、物理力学性质。

(2)查明场地地下水埋藏条件及其对混凝土的腐蚀性。

(3)提供地基承载力及变形设计参数。

2)勘察工作布置及勘察方法

勘探点按主楼及裙楼周边布设,共布设21个钻孔,钻孔间距一般介于15.0~20.0m之间。高层主楼控制孔深度35~35.7m,其他钻孔的深度15.0~20.0m。场地附近的地铁勘察钻孔控制深度在37.0m。

根据有关勘察规范要求,结合沈阳地区工程地质和水文地质条件,本次勘察主要采用工程地质钻探、工程物探、现场取样、现场原位测试和室内土工试验等方法。

物探以单孔波速测试为主;原位测试以标准贯入试验、重型(2)动力触探试验为主;室内土工试验进行了土常规试验、颗分试验、三轴试验、水质分析等试验。

3)土的物理力学性质指标

土的物理力学性质见表3-1。

土的物理力学性质指标统计表 表3-1

土层编号名称	统计指标	含水率 w_0	重度 γ (kN/m^3)	孔隙比 e	塑性指数 I_p	液性指数 I_L	压缩模量 Es_{1-2}(MPa)	c(kPa)	ϕ(°)
②粉质黏土	范围值	24.5~40.1	18.2~21.2	0.697~1.079	11.2~16.8	0.34~0.79	4.259~8.023	42.6~80	15.2~28.5
	平均值	30.91	20.1	0.892	13.7	0.61	5.597	51.01	18.72
	标准差	5.71	0.10	0.138	2.632	0.174	1.225	12.33	4.872
	变异系数	0.185	0.004	0.155	0.192	0.286	0.219	0.242	0.26
	样本数	8	8	8	8	8	8	8	8
	标准值	34.84	19.5	0.985	16.48	0.622	5.597	42.68	15.43

由表3-1统计结果可知:②层粉质黏土呈可塑状态,属中压缩性土。

4)原位测试成果

标贯测试值见表3-2,动力触探修正击数见表3-3,瑞利波速见表3-4。

标贯修正击数(N)分层统计表 表3-2

土层编号及名称	范围值	平均值	标准差	变异系数	样本数	标准值
②粉质黏土	3.9~6.0	5.2	0.958	0.183	7	4.5
③粗砂	9.4-18.0	14.0	3.948	0.281	6	10.3

由表3-3统计结果可以看出:③粗砂稍密~中密状态;④砾砂,均呈中密~密实状态;④-1粗砂呈密实状态。

重型动力触探修正击数($N_{63.5}$)分层统计表 表3-3

土层编号及名称	范围值	平均值	标准差	变异系数	样本数	标准值
③粗砂	6.5~18.8	13.8	3.802	0.296	15	12.3
④砾砂	8.8~26.9	17.3	4.851	0.28	218	16.7
④-1粗砂	10~27	16.9	5.4	0.340	10	13.54

由表 3-4 统计结果可以看出：③粗砂、④砾砂，均呈中密～密实状态；④－1 粗砂，呈密实状态。

瑞利波速度 v_r(m/s)分层统计表　　表 3-4

土层编号及名称	范围值	平均值	标准差	变异系数	样本数	标准值
③粗砂	240.3～287.05	253.50	15.42	0.061	7	242.12
④砾砂	280.5～385.22	325.81	25.43	0.078	26	317.14
④－1 粗砂	233.75～333.80	282.74	37.89	0.134	10	260.56

5）岩土工程综合分析与评价

（1）场地的稳定性与适宜性。

①根据野外工程地质勘察揭露，本场区地形地貌简单，不良地质作用不发育，地质环境基本未受破坏。岩土种类单一，均匀，性质变化不大，无特殊性岩土，属简单地基。但该场区地下水埋藏较浅，且水量丰富，周围建筑物密集且距场地近，基坑的开挖与施工排水势必对周围建筑物和环境产生影响。

②根据拟建建筑物的地下结构特征，为地下室二层，基坑开挖深度 9.93～14.0m，从上到下该基坑涉及的地层情况分别为：

①层杂填土：结构松散，性质不均匀，基坑开挖时挖除；

②层粉质黏土：呈可塑状态，埋藏较浅，基坑开挖时挖除；

③层粗砂：呈稍密－中密状态，埋藏较浅，基坑开挖时挖除；

④层砾砂：呈密实状态工程性质好，可作箱形和片筏基础持力层；

④－1 层粗砂：呈密实状态，工程性质良好。

③本场区内的地下水位以下地层主要是：砾砂及圆砾、粗砂夹层，根据《建筑抗震设计规范》（GB 50011—2010）的液化判定条件和沈阳市抗震设防烈度为 7 度的条件下，经判别，地下水位以下的砂土均为不液化地层。

（2）场地土类型与场地类别。根据本场地的孔波速测试成果，计算土层等效剪切波速 $v_{se}=254\sim261$ m/s。按《建筑抗震设计规范》第 4.1.3～4.1.6 条判定，场地土类型为中硬场地土，建筑场地类别为Ⅱ类，场地卓越周期为 0.374～0.387s。

（3）场地土的天然地基承载力。根据《建筑地基基础技术规范》（DB21－907－96）的有关规定，给出各土层天然地基承载力标准值 f_k、压缩模量标准值 $E_{s(1-2)}$、变形模量标准值 E_0 值及砂土的 c、ϕ 的经验值如下：

②层粉质黏土：$f_k=140$kPa，$E_{s(1-2)}=5.6$MPa，$c=42.68$kPa，$\phi=15.43$

③层粗砂：　$f_k=440$kPa，$E_0=27.0$MPa，$\phi=33°$

④层砾砂：　$f_k=650$kPa，$E_0=36.0$MPa，$\phi=38°$

④－1 层粗砂：$f_k=500$kPa，$E_0=27.0$MPa，$\phi=34°$

（4）场地的地层结构及岩性特征。钻探揭露，本场地地层主要由杂填土、黏性土、砂类土组成，自上而下划分为如下几层：

①层杂填土：主要由建筑垃圾、生活垃圾、炉灰、黏性土等组成，结构松散，分布连续，厚度变化较大。层厚：0.3～1.8m。

②层粉质黏土：黄褐色，可塑状态，上部局部呈现为硬～可塑，含少量铁锰质结核，切面有光泽，摇振反应无，干强度中，韧性中；层位稳定，分布连续，厚度变化较大；层厚1.2～4.2m。

③层粗砂：黄褐色，长石、石英质，级配一般，分选较好，颗粒多呈圆形、亚圆形，粘粒含量低，局部含少量小砾石；稍湿，中密状态。该层为中粗砂互层，该层上部1～2.0m范围内，主要以中砂为主。层位较稳定，厚度变化较大，层厚1.5～5.8m。

④层砾砂：黄褐色，长石、石英质，混粒结构，级配较好，颗粒多呈圆形、亚圆形，含卵砾石10%～15%左右，局部为圆砾夹层，一般粒径2～20mm，大者30～40mm，稍湿～饱和，密实状态；层位稳定，分布连续。

④-1层粗砂：黄褐色，长石、石英质，分选较好，含少量的小砾石，饱和，密实，以夹层的形式存在于④砾砂中。

(5)场地的水文地质条件。本场地地下水为第四纪孔隙潜水，主要赋存于④砾砂、④-1粗砂层中，地下水稳定水位埋深6.9～7.1m。地下水主要补给来源为大气降水。据本场地水质分析结果判定，该场地内的地下水对混凝土无腐蚀性，对钢结构有弱腐蚀性。

3.1.3 基坑工程设计

基坑工程设计包括支护结构设计与降水设计。基坑工程设计采用"动态设计、信息化施工"法，详见图3-2。施工过程中根据基坑开挖及降水的实际情况，对局部地段进行动态调整。

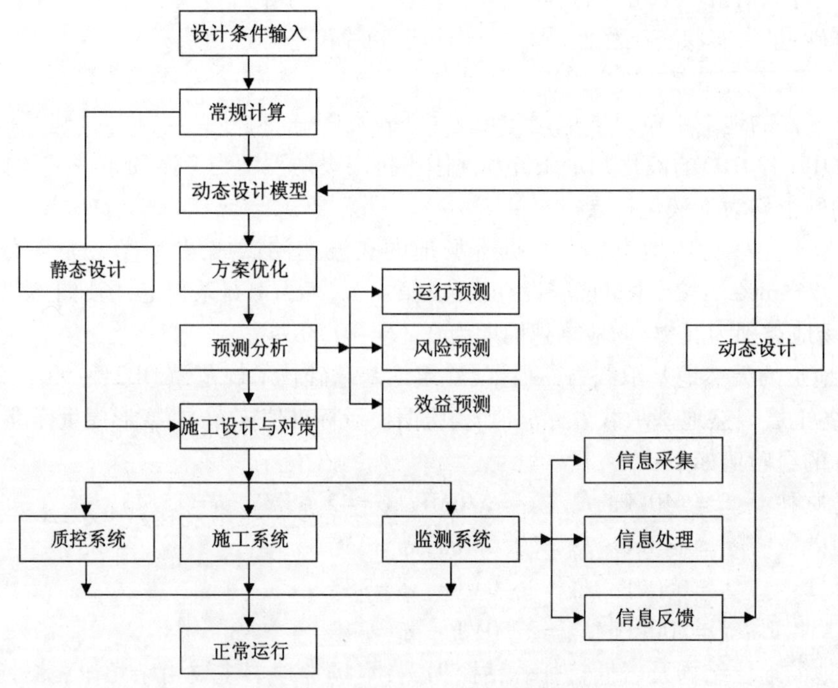

图3-2 基坑开挖动态设计流程图

1)基坑支护结构设计

(1)基坑支护结构设计方案对比分析见表3-5。

基坑支护结构方案对比表　　表3-5

方　案	优　　点	缺　　点
人工挖孔桩加锚杆	1. 支护桩强度高,对限制周边管线及建筑物变形有利; 2. 速度快、工期短、造价低; 3. 施工无污染、噪声,不扰民	1. 挖孔时需进行降水; 2. 距建筑物近,危险性比较大; 3. 地下水位高且砂层容易塌孔
钻孔灌注桩加锚杆	1. 结构整体性好; 2. 能够保证基坑安全; 3. 地表土层不需处理也能钻孔	1. 涉及泥浆外运,环境污染; 2. 机械噪音大、扰民; 3. 造价高、工期相对长; 4. 场地狭小,不利于钻机摆布
超流态桩加锚杆	1. 构整体好; 2. 能够保证基坑安全; 3. 施工速度快,每台钻机每天20根左右,工期短、工程造价低; 4. 钻机无振动、无噪音、不扰民、无污染	1. 地表杂填土需开挖处理; 2. 受地层的限制,钢筋笼不易下到位
螺旋钻孔压灌桩加锚杆	1. 结构整体性好; 2. 施工速度快,工期短; 3. 最大优点可提高岩土力学指标,降低工程造价; 4. 钻机无振动、无噪音、不扰民,无污染	1. 桩身为无砂混凝土; 2. 水泥用量大

根据表3-5对比分析,本基坑采用螺旋钻孔压灌桩加锚杆支护方案。

(2)设计参数选取。

①根据基坑工程岩土工程勘察、相关规范及现场经验,土层参数选取见表3-6。

土层参数　　表3-6

土层名称	厚度(m)	土的重度(kN/m³)	黏聚力(kPa)	内摩擦角(°)	变形模量(MPa)	压缩模量(MPa)
杂填土	0.3~1.8	18.5	15	10	12	—
粉质黏土	1.2~4.2	19.5	42.68	15.43	15	5.6
粗砂	1.5~5.8	16.9	0	33	27	—
砾砂	>7.0	18.9	0	38	36	—

②地面荷载:靠近原办公楼侧附加荷载取105kPa,其余取10kPa。

③基坑设计安全等级为一级,基坑侧壁重要性系数$\gamma=1.1$,整体稳定性安全系数1.4。

(3)基坑支护结构设计计算。设计依据《建筑基坑支护技术规程》(JGJ 120—2012)、《建筑边坡工程技术规范》(GB 50330—2002)、《岩土锚杆(索)技术规程》(CECS 22：2005)和《建筑地基基础技术规范》(DB21-907-96)。

①主动土压力计算

对于碎石土及砂土:

当计算点位于地下水位以上时

$$e_{ajk}=\sigma_{ajk}K_{ai}-2c_{ik}\sqrt{K_{ai}} \tag{3-1}$$

当计算点位于地下水位以下时

$$e_{ajk} = \sigma_{ajk}K_{ai} - 2c_{ik}\sqrt{K_{ai}} + [(z_j - h_{wa}) - (m_j - h_{wa})\eta_{wa}K_{ai}]\gamma_w \tag{3-2}$$

式中：K_{ai}——第 i 层的主动土压力系数；

σ_{ajk}——作用于深度 z_j 处的竖向应力标准值；

c_{ik}——三轴试验（当有可靠经验时可采用直接剪切试验）确定的第 i 层土固结不排水（快）剪黏聚力标准值；

z_j——计算点深度；

m_j——计算参数，当 $z_j < h$ 时，取 z_j，当 $z_j \geqslant h$ 时，取 h；

h_{wa}——基坑外侧水位深度；

η_{wa}——计算系数，当 $h_{wa} \leqslant h$ 时，取 1，当 $h_{wa} > h$ 时，取零；

γ_w——水的重度。

对于粉土及黏性土：

$$e_{ajk} = \sigma_{ajk}K_{ai} - 2c_{ik}\sqrt{K_{ai}} \tag{3-3}$$

第 i 层土的主动土压力系数 K_{ai} 应按下式计算：

$$K_{ai} = \tan^2\left(45^\circ - \frac{\varphi_{ik}}{2}\right) \tag{3-4}$$

②被动土压力计算

对于砂土及碎石土：

$$e_{pjk} = \sigma_{pjk}K_{pi} + 2c_{ik}\sqrt{K_{pi}} + (z_j - h_{wp})(1 - K_{pi})\gamma_w \tag{3-5}$$

式中：σ_{pjk}——作用于基坑底面以下深度 z_j 处的竖向应力标准值；

K_{pi}——第 i 层土的被动土压力系数。

粉土及黏性土：

$$e_{pjk} = \sigma_{pjk}K_{pi} + 2c_{ik}\sqrt{K_{pi}} \tag{3-6}$$

第 i 层土的被动土压力系数应按下式计算：

$$K_{pi} = \tan^2\left(45^\circ + \frac{\varphi_{ik}}{2}\right) \tag{3-7}$$

③嵌固深度计算

悬臂式支护结构：

$$h_p \Sigma E_{pj} - 1.2\gamma_0 h_a \Sigma E_{ai} \geqslant 0 \tag{3-8}$$

式中：ΣE_{pj}——桩、墙底以上各个土层被动土压力的合力之和；

h_p——合力 ΣE_{pj} 作用点至桩、墙底的距离；

ΣE_{aj}——桩、墙底以上各个土层主动土压力的合力之和；

h_a ——合力 ΣE_{aj} 作用点至桩、墙底的距离。

单层支点支护结构：

$$h_p \Sigma E_{pj} + T_{c1}(h_{T1} + h_d) - 1.2\gamma_0 h_a \Sigma E_{ai} \geqslant 0 \tag{3-9}$$

多层支点支护结构(图 3-3)：

$$\Sigma c_{ik} l_i + \Sigma(q_0 b_i + \omega_i)\cos_{\theta i}\tan\varphi_{ik} - \gamma_k \Sigma(q_0 b_i + \omega_i)\sin\theta_i \geqslant 0 \tag{3-10}$$

式中：c_{ik}、φ_{ik} ——最危险滑动面上第 i 土条滑动面上土的固结不排水(快)剪黏聚力、内摩擦角标准值；

l_i ——第 i 土条的弧长；

b_i ——第 i 土条的宽度；

γ_k ——整体稳定分项系数，应根据经验确定，当无经验时可取 1.3；

w_i ——作用于滑裂面上第 i 土条的重力，按上覆土层的天然土重力计算；

θ_i ——第 i 土条弧线中点切线与水平线夹角。

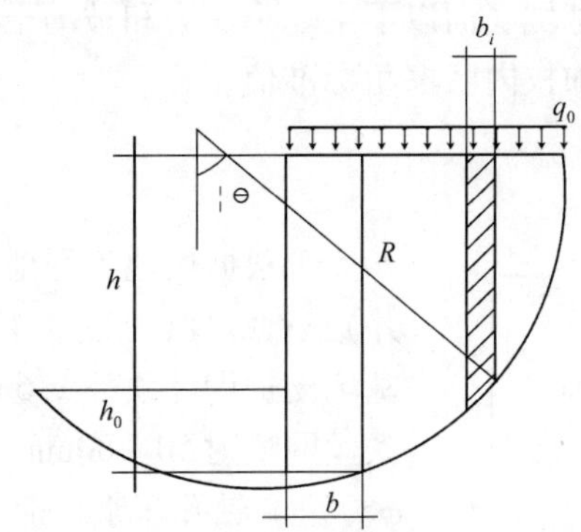

图 3-3　滑动面示意图

④结构计算

截面弯矩设计值 M：

$$M = 1.25\gamma_0 M_c \tag{3-11}$$

截面剪力设计值 V：

$$V = 1.25\gamma_0 V_c \tag{3-12}$$

支点结构第 j 层支点力设计值 T_{dj}：

$$T_{dj} = 1.25\gamma_0 T_{cj} \tag{3-13}$$

式中：T_{cj} ——第 j 层支点力计算值。

⑤锚杆计算

锚杆承载力计算应符合下式规定：

$$T_d \leqslant N_u \cos\theta \tag{3-14}$$

式中：T_d ——锚杆水平拉力设计值；

N_u ——锚杆轴向受拉承载力设计值；

θ ——锚杆与水平面的倾角。

锚杆杆体的截面面积：

普通钢筋截面面积

$$A_a \geqslant \frac{T_d}{f_y \cos\theta} \tag{3-15}$$

预应力钢筋截面面积

$$A_p \geqslant \frac{T_d}{f_{py} \cos\theta} \tag{3-16}$$

式中：As、Ap ——普通钢筋、预应力钢筋杆体截面面积；

f_y、f_{py} ——普通钢筋、预应力钢筋抗拉强度设计值。

锚杆自由段长度：

$$l_f = l_t \cdot \sin\left(45^\circ - \frac{1}{2}\varphi_k\right) / \sin\left(45^\circ + \frac{\varphi_k}{2} + \theta\right) \tag{3-17}$$

式中：l_t ——锚杆锚头中点至基坑底面以下主动土压力和被动土压力相等处；

φ_k ——土体各土层厚度加权内摩擦角标准值；

θ ——锚杆倾角。

（4）基坑支护设计方案。

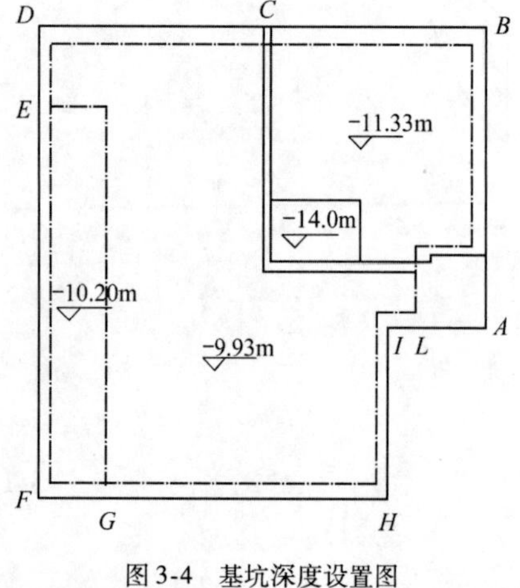

图 3-4 基坑深度设置图

①根据场地工程地质条件、基坑开挖（不含电梯井）三种深度（见图 3-4）、周边环境等情况综合考虑，基坑支护设计顶部 1.6m 范围采用 1∶0.3 放坡，并挂铁丝网喷射 50～80mm 厚 C20 混凝土支护，下部采用 ϕ600mm 钻孔压浆桩加 1～2 排锚杆联合支护。

②护坡桩中心距 *CDE*、*EFG*、*GHIL* 段为 1.1m，距 *LABC* 段为 1.0m，钻孔压浆桩桩身采用 C25 无砂混凝土。主筋 *CDE*、*EFG*、*GHIL* 段采用 6ϕ20mm，*LABC* 段采用 8ϕ20mm。冠梁混凝土采用 C20；锚杆采用 DZ50 地质钻杆，锚孔直径 150mm，锚架采用 2[20a，锚杆注浆采用纯水泥浆，水灰比 0.45～0.60。锚杆主要技术参数详见表 3-7。

锚杆主要技术参数表 表 3-7

序号	区段	排数	自由段长度（m）	锚固段长度（m）	设计轴向力（kN）	锁定荷载（kN）
1	*LABC* 段	第一排	5	5	240	160
		第二排	5	6	317	210
2	*EFG* 段	第一排	5	6	288	190
3	*CDE*、*GHIL* 段	第一排	5	6	288	190

③桩间土采用挂铁丝网喷射混凝土支护，喷射厚度 50mm，混凝土强度等级 C20。

④支护结构具体形式，见图 3-5～图 3-7。

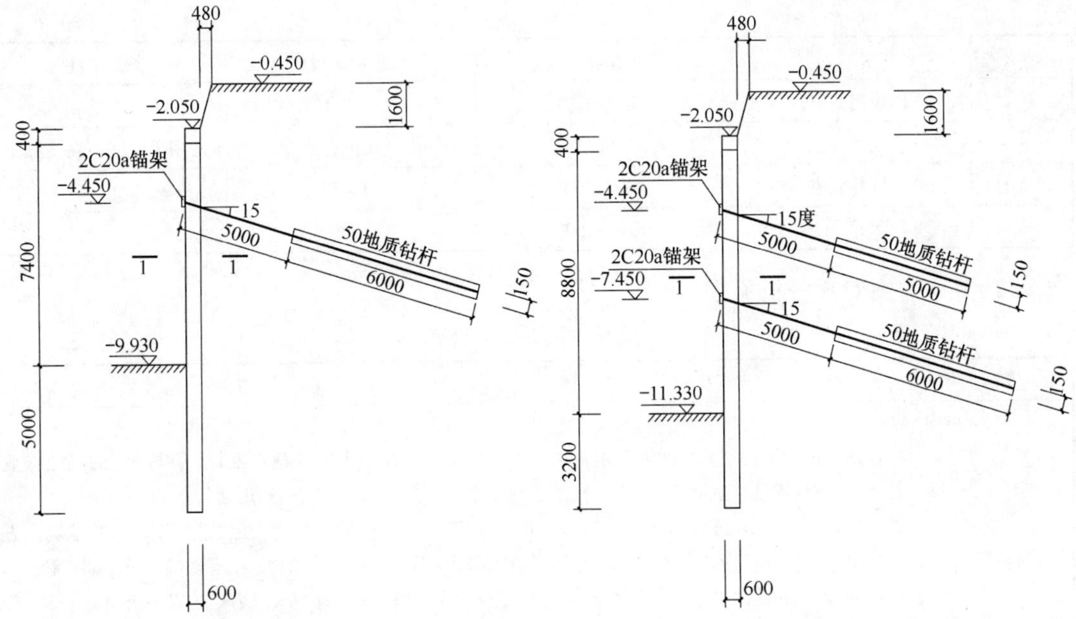

图 3-5　*CDE*、*GHIL* 段支护结构形式(尺寸单位:mm)

图 3-6　*LABC* 段支护结构形式(尺寸单位:mm)

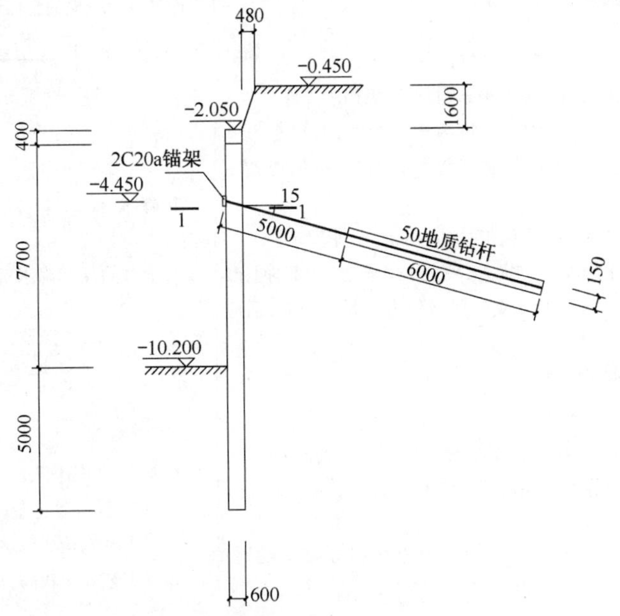

图 3-7　*EFG* 段支护结构形式(尺寸单位:mm)

2)基坑降水设计

(1)基坑降水类型及适用范围见表 3-8。

基坑降水类型及其适用范围　　表 3-8

项次	井点类型	土层渗透系数(m/d)	降低水位深度(m)	备　注
1	单层轻型井点	0.1～50	3～5	
2	多层轻型井点	0.1～50	由井点层数而定	

续上表

项次	井点类型	土层渗透系数(m/d)	降低水位深度(m)	备注
3	喷射井点	0.1～20	8～20	
4	电渗井点	<0.1	由选用的井点定	适用导电率不高的黏土
5	管井井点	20～200	3～5	
6	深井井点	10～150	>6	

(2)降水方案对比分析见表3-9。

降水方案对比分析表 表3-9

方案	优点	缺点
坑内降水	1. 由于截水帷幕使基坑四周降水范围得到一定的控制,基坑浅层地下水的疏干量减少,基底地下水渗透补给量减少,比坑外降水量减少25%左右。 2. 由于井群在坑内,降水漏斗最低点在坑内,降水效果明显,同时降水井比坑外降水方案浅7m左右。 3. 降水范围较小,排水量小,相对基坑周边地下管线,建筑物影响小	1. 需做坑外截水帷幕,需要一定的场地作业条件,增加工作量,工期长。 2. 在坑内设置一定数量降水井,对基坑土方开挖、封底及结构施工有影响且对工期不利。 3. 由于地下水浮力影响及群井效应作用,降水井不能在做底板时封闭,结构底板需二次封闭,对结构底板的整体性有一定的影响
坑外降水	1. 无论采用何种围护结构,均可采用坑外降水。 2. 在坑外布设井点,坑内干扰少,对基坑土方开挖、封底及结构底板施工无影响,有利于加快施工进度。 3. 结构底板一次施工,整体性好,有利于防水。 4. 由于降水井在坑外,坑底处于降水曲线的上凸部位,对于短时因设备故障或停电的排水中断,适应性较好。 5. 比截水帷幕工序少	1. 降水井深,降水范围大,对周边环境影响较大。 2. 成井费用和降水费用高
堵水	1. 仅对坑内的上层水疏干,排水量小,费用低。 2. 坑内井点可在底板施工前封闭,对基坑施工影响较小。 3. 结构整体性比坑内排水方案好。 4. 对周边地下管线及建筑物沉降影响小	1. 基底封闭困难,施工安全风险较大。 2. 基底封闭后将带有承压水的性质,一旦基底封闭不密将造成涌水现象。 3. 对工艺要求较高,浪费较大,费用很难估算
坑外降水与坑内集水井相结合	1. 具备方案二的特点。 2. 降水周期短,造价低	需二次降水及封井

经对比分析,本基坑采用坑外深井管井降水与坑内集水井相结合的方案,降水周期短、费用低。

(3)设计参数选取。

①基坑侧壁安全等级一级,基坑开挖最大深度14m(电梯井部分),降水井直径650mm,成

井直径400mm,水头高度20m,水位降深7.5m,渗透系数 $K=80\text{m/d}$。

②计算模型按潜水非完整井,基坑远离边界。

(4)基坑降水设计计算。

①潜水非完整井涌水量

计算公式:

$$Q = 1.366K\frac{H^2 - h_m^2}{\lg\left(1 + \frac{R}{r_0}\right) + \frac{h_m - l}{l}\lg\left(1 + 0.2\frac{h_m}{r_0}\right)} \tag{3-18}$$

式中:Q——基坑潜水涌水量(m^3/d);

K——含水层渗透系数(m/d);

H——潜水含水层厚度(m);

R——影响半径(m);

r_0——基坑等效半径(m);

l——降水井过滤器工作部分长度(m);

$h_m = (H + h)/2$;

h——降后水位到下部隔水层的距离(m)。

②单井出水量计算

按下述经验公式计算,即

$$q = 120\pi r_s l(K)^{1/3} \tag{3-19}$$

式中:q——单井出水量(m^3/d);

r_s——过滤器半径(m);

l——过滤器进水部分长度(m);

K——渗透系数(m/d)。

③降水井数量计算

降水井数量计算公式:

$$n = 1.1Q/q \tag{3-20}$$

④降水井深度

计算公式:

$$H_W = H_{W_1} + H_{W_2} + H_{W_3} + H_{W_4} + H_{W_5} + H_{W_6} \tag{3-21}$$

式中:H_W——降水井深度(m);

H_{W_1}——基坑深度(m);

H_{W_2}——降水水位距离基坑底要求的深度(m);

H_{W_3}——$H_{W_3}=ir$,i 为水力坡度,在降水井分布范围内宜为 $l/10 \sim 1/15$;r 为降水井分布范围的等效半径或降水井排间距的1/2(m);

H_{W_4}——降水期间的地下水位变幅(m);

H_{W_5}——降水井过滤器工作长度(m);

H_{W_6}——沉砂管长度(m)。

⑤降水井影响半径计算

潜水含水层降水影响半径

$$R = 2S(KH)^{1/2} \tag{3-22}$$

式中：R ——降水影响半径(m)；

S ——基坑水位降深(m)；

K ——渗透系数(m/d)；

H ——含水层厚度(m)。

(5)降水设计方案。

①本基坑采用坑外深井管井降水与坑内集水井相结合的降水方案。坑外采用深井管井法一次降水，坑内集水井是在电梯井四角采用钢套筒沉井法施工，集水井二次降水降至高程 -14.5m。

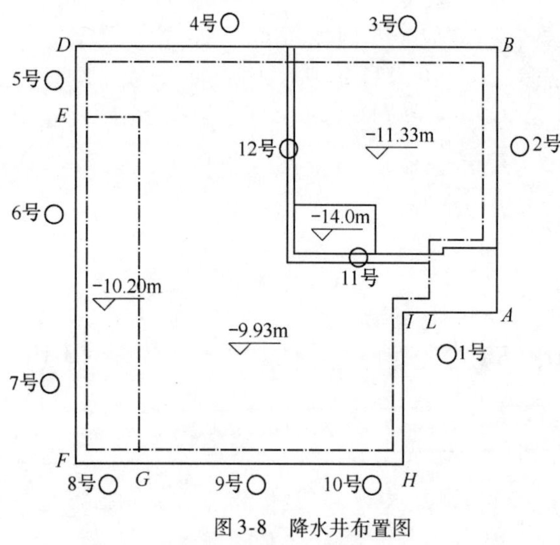

图3-8 降水井布置图

②经计算，深井管井单井出水量 $1600m^3/d$，基坑总涌水量 $1.6\times10^4m^3/d$，排水影响半径 $R=435m$，需12眼降水管井，单井过滤器进水长度7m。

③为使电梯井二次降水的顺利进行，在基坑周围布计10眼降水管井，按照20m间距均匀布设，井深24m，在基坑内后浇带处布设2眼降水管井，井深28m，详见图3-8。

④深井管井设计成孔直径650mm，成井直径400mm，井壁管采用内径为400mm的水泥管，过滤器结构采用内径为400mm的钢筋笼外包竹板及两层40目尼龙网，钢筋笼纵筋 $8\phi12$，横筋 $\phi12@250mm$。滤管制成下井后，外填6~8mm碎石或卵石滤料。

⑤坑内集水井钢套筒采用内径为1200mm、壁厚为5mm的螺旋焊管，过滤器结构采用内径为800mm的钢筋笼外包竹板及两层40目尼龙网，钢筋笼纵筋 $10\phi16$，横筋 $\varphi12@250mm$。钢套筒沉井施工至高程 -15.5m时下入钢筋笼过滤器，尔后外填6~8mm碎石或卵石滤料，拔出钢套筒沉井。

⑥深井管井降水设备采用160 m^3/d 和80 m^3/d 的多级潜水泵，扬程为35~40m。坑内集水井降水设备采用25 m^3/d 的污水泵，扬程为35~40m。

(6)排水设计方案。

①外排水系统：根据场地周边排水管线的调查，南侧中华路、西侧常德街各有一条 $\phi300mm$ 的污水排水管线，而且排量基本饱和，按基坑的总用水量计算，远远不能满足要求。这样考虑利用东侧和平北大街一侧一条管径1.6m的排水管线，经计算需布设管径 $\phi600mm$ 的排水管与和平大街管线相连作为主要的外排路线。

②内排水系统：在基坑四周布设管径159mm的钢管，分别连接到降水井管，集中排放到集水池，然后向外排水。

3.1.4　基坑工程施工

1)基坑降水施工

(1)降水井施工。根据设计要求放出井位。为了确保场地内地下管线、电缆等的安全,在施工前,在井位上下各挖 1.5m,确保无障碍物后方可进行冲击钻进。成井后进行洗井,标准为水清砂净为止。滤水管采用钢筋笼绑竹板外包两层 40 目尼龙网,滤料直径 6 ~ 8mm,确保滤水挡砂。降水井下部留一节 2m 水泥管作为沉渣管。

(2)降水系统设置。根据该工程的环境特征,对原办公楼一侧管井降水采用小泵量、小间隔、循序渐进式抽水方法;对其他侧的管井采用大泵量循序渐进式抽水方法。抽水设备采用多级潜水泵直接下入降水井内,距井底不少于 6m。原办公楼一侧,采用流量 $80m^3/d$ 的潜水泵进行抽水,常德街一侧采用流量 $160m^3/d$ 的潜水泵进行抽水,11 号、12 号井采用 $160m^3/d$ 的潜水泵进行抽水,潜水泵扬程 35 ~ 40m,排水管径 159mm。

电梯井开挖 14.0m,采取坑内集水井二次降水。集水井设在电梯井四个角,井中分别设置一个 $25m^3/d$ 的污水泵。为了使电梯井侧面的涌水很快汇入集水井中,沿电梯井四周挖排水盲沟,盲沟的横断面为 400mm × 400mm,下直径 200mm 的钢筋笼绑竹板外包两层 40 目尼龙网滤水管,管外填 20 ~ 40mm 碎石。在电梯井施工结束后,对盲沟及集水井注水泥砂浆进行充填。

(3)外排水系统设置。降水井分别通过 ϕ159mm 钢管排水管进行连接,将地下水集中排至场地东北角长、宽、高分别为 8m、1.5m、1.5m 的集水池内沉淀。集水池内设置 ϕ600mm 钢管与和平大街一侧的 ϕ1.6m 的地下排水管道连接。

2)土方开挖施工

(1)施工工艺流程:放线撒白灰→修整坡道→分层、分段开挖→平整场地。

(2)主要技术措施。

①测量放线。按坡比计算基坑开挖的上口线和下口线位置,并撒上白灰,会同监理工程师、建设单位代表复测后按线开挖。

②土方开挖。该基坑土方分四层进行开挖。第一层开挖高程为 -1.6m;第二层开挖高程为 -4.95m;第三层开挖高程为 -7.95m;第四层开挖到底高程分别为: -9.93m、-10.2m、-11.33m,电梯井高程为 -14.0m。排土车道的出入口设在常德街一侧。坡道按 1:(8 ~ 10)坡率设置,宽度为 4 ~ 5m。

③土方开挖至第二、三层(即第一、第二层锚杆高程下 0.5m)时沿基坑周边留出 3 ~ 4m 宽的锚杆工作平台,中部继续开挖,打锚杆与土方开挖同步交叉进行。

④土方开挖至基底时,预留 300mm 的土层采用人工清底、找平。

3)钻孔压灌桩施工

(1)工艺流程:第一层土开挖(1.6m)→测量定位→螺旋钻机钻孔至孔底→水泥灰浆搅拌→边慢速提钻边压入灰浆→下入钢筋笼→投入碎石→成桩。

(2)主要技术措施。

①测量定位。全站仪放出桩轴线,用钢尺放孔位,钉上钢钎,撒上白灰作为标记。

②钻进成孔。钻机就位调平,固定牢固,钻孔至设计深度。

③水泥灰浆搅拌。水泥进行复试,按配合比计量上料,水灰比控制在 0.45 ~ 0.60。

④钢筋笼制作。主筋连接采用直流电焊机同心双面搭接焊，搭接接头应错位不在同一截面上，制作偏差应符合规范要求。

⑤压入水泥灰浆。螺旋钻机钻进至设计高程后，以 0.2MPa 的注浆压力通过钻具向孔内注浆，边缓慢上拔钻具边注浆，为确保桩头质量应超灌 0.5m 左右。

⑥下入钢筋笼。孔内压浆后，用副卷扬机将钢筋笼吊起，直立于孔口扶正居孔中心迅速下入孔内，达到设计深度为止。

⑦投入碎石。向孔内投入 20～40mm 的碎石直至孔口，为保证桩顶质量超灌 0.5m 左右。

4）土层锚杆施工

（1）施工工艺流程：土方开挖至锚杆孔口高程下 0.5m→测定锚杆位置→锚杆机就位→钻孔→注水泥浆→养护→拉拔锁定→开挖下一层土方。

（2）主要技术措施。

①测量放孔。土方开挖至每排锚杆孔口下 0.5m，测放锚孔，孔位误差应小于 ±5mm。

②锚杆机就位。调整好角度，并加以固定，钻进安放 DZϕ50mm 地质钻杆锚杆体。

③注浆。采用常压注入水泥浆，水灰比为 0.5～0.7，并参加适量早强剂。

④锚架（腰梁）安装。按设计要求加工锚架并按两桩一锚固的长度将其安装。

⑤张拉锁定。待锚固体水泥浆强度大于 15MPa（2～3d）并达到设计强度等级的 75% 后按设计要求进行张拉锁定。

5）环梁施工

（1）施工工艺流程：开槽清土→钢筋绑扎→支模板→分段浇筑混凝土→振捣→拆模。

（2）技术措施。

①基槽清理。采用人工开槽，风镐凿除桩顶浮浆至设计高程并清理干净。

②垫层浇筑及钢筋绑扎。垫层混凝土强度等级 C15，厚度 100mm。主筋采用绑扎搭接，搭接长度不小于 $35d$。

③支模板及浇筑混凝土。采用组合钢模板，支撑牢固并满足设计尺寸，模板接缝处不漏浆。采用商品混凝土，混凝土强度等级 C20，塌落度 8～10cm，边浇筑边振捣。

6）喷射混凝土施工

（1）施工工艺流程：清除坡面及桩间浮土→挂铁丝网→喷射混凝土。

（2）主要技术措施。

①面层清理。喷射作业前人工清除坡面浮土。锚喷作业中，混合料必须按照配合比和搅拌时间进行，每班检查次数不少于两次。干混合料存放时间不超过 2h；掺速凝剂时，有效时间不超过 20min。

②挂铁丝网。将 50mm×50mm 的铁丝网用长 0.5m 的 ϕ8mm 钢筋打入固定。

③喷射混凝土。采用干喷法，自下而上、分段分片进行喷射。

④每喷射 50～100m^3 混合料，取一组试块。

3.1.5 基坑工程监测

1）监测监控值

基坑类别为一级，变形监测监控值：围护结构墙顶位移监控值 30mm，围护结构墙体最大位移监控值 50mm；地面最大沉降位移监控值 20mm。建筑物沉降警戒值为 $\delta/h<1/1000$（δ 为

差异沉降值，h 为建筑物长度），允许最大倾斜为 1/2500。

2）监测原则

（1）变形监测应能确切反映基坑及建构筑物的实际变化程度和变形趋势，以此作为确定监测方法的技术依据和质量的基本要求。

（2）变形监测周期根据施工进展情况、变形趋势，持续性跟踪，系统反映变形过程，确保基坑与旧办公楼及周边建筑物的安全。当监测中受外界因素影响出现异常时，应及时加密观测频率，以监视基坑变形和周边建筑物在稳定范围内。

（3）以变形与沉降观测的初始值作为原始数据，适当增加观测次数。本次采用不同时间内的 3 次观测平均值作为原始数据，以提高原始数据的可靠性。

（4）对基准点定期检核，本次基准网采用 2 等控制网，变形点和沉降点按 3 等技术指标及要求观测。并采用一点一方位，另外两个方向作为检核，用同点同条件观测结果进行对比。

3）监测方案

（1）监测点布设

①监测基准点的布设。根据基坑周边场地条件，选择通视条件好、不受沉降影响、稳定性好的建筑物顶布设 4 个基准点作为基坑监测的基准点。具体是在距基坑西侧约 220m 的宏象大酒店楼顶设置 1 个基准点；在距基坑北侧约 260m 的高层住宅楼顶布设 1 个基准点；在距基坑东侧约 230m 的电业大厦楼顶设置 1 个基准点；在距基坑南侧约 250m 的东宇大厦楼顶设置 1 个基准点。

基准点埋设在建筑物的女儿墙上，采用钢结构强制对中观测台。

②重要建筑沉降点的布设。重要建筑沉降监测点共布设 18 个，在原办公楼、邮政局、住宅楼的四角和中间每隔 15m 布设。其中在原办公楼上布设 12 个沉降点，邮政局布设 3 个，住宅楼上共布设 3 个，详见图 3-8。

沉降监测点设在楼顶外墙上，采用 leica 专用反射片。

③支护结构变形监测点的布设。支护结构变形监测点共布设 15 个。其中基坑的西侧和北侧各布设 3 个变形观测点，东侧布设 4 个，南侧布设 5 个。详见图 3-9。

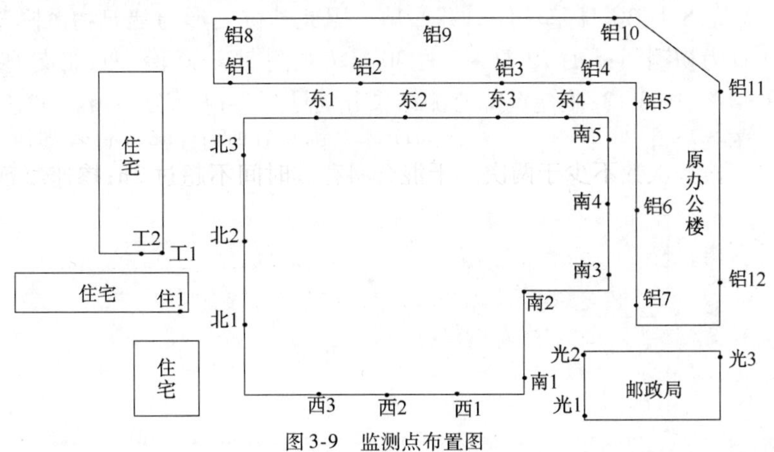

图 3-9　监测点布置图

支护结构变形监测点设在冠梁上能够准确反映基坑变形的重点部位处，采用预埋直径 12mm 螺栓，埋入冠梁 200mm 并与冠梁主筋焊接，外露 20mm 用螺帽保护，以便安设监测 leica

专用小棱镜。

④水位监测井的布设。降水工程设计的降水井可作为降水观测井。

测点布置好后应做好标记，设醒目标识，加强测点的保护工作，确保监测点完好率。测点如有损坏及时采取有效措施补设。

(2)监测方法

①仪器检测，本着“同一仪器，同一人员观测”的原则。角度观测为左右两测回，距离采用直反觇进行观测，并在清华三维软件上进行平差，其平差精度为1/180000。以最初3次观测取平均值后作为初始值，以后每次测得的监测值同此值比较，得出变形值和沉降量。

②巡视法，是在基坑土方开挖前把旧建筑物上的原有裂缝大小用数码照相机量测记录下来，并在墙体上注记出量测的位置。将数码相片存入计算机中以备日后比较。基坑开挖全过程中，每天早晚各巡视一次，采取同样的专用小铟钢尺量测，与最初记录比较。得出建筑物最直观的变形。

③在基准点的布设上，采用钢结构强制对中观测台，提高对点精度，另采用单位圆反射片进行监测前的检验，使得整个控制网精度更加精确可靠。

④监测点的数据采集选用反射片极坐标法、前方交会法、巡视比较法三种方法，在数据处理时对采集的数据进行筛选，剔除粗差，提高数据样本的可靠性。

(3)监测仪器。采用具有“测量机器人”之称的先进电子全站仪TCA2003进行全方位的变形监测。该仪器(角度测量精度0.5"，距离测量精度1mm+1ppm)具有马达驱动和自动目标识别装置，仪器自动化程度相当高，具有自动存储和记录功能，配合专业测量软件从而达到了变形测量的自动化、数字化，保证了测量成果的准确性和高效性。水位观测仪器采用电阻水位计。

(4)观测周期。施工降水与基坑开挖前，应测出各测试项目的初始值。施工期间及降水维护期观测周期为每2天1次，如遇特殊情况(如大暴雨)加密观测次数。

4)监测结果

该项目4月27日开工，基坑护坡桩5月20日施工完毕，冠梁5月25日施工完毕。第二层土方与降水5月27日开始，6月10日土方开挖到基底，6月20日基底垫层施工完毕进行筏板基础混凝土浇筑，8月30日基坑坪口并回填。因此基坑变形与建筑物沉降观测周期：4月27日～5月27日为初测期；5月27日～8月30日为观测期。东、南、西、北支护结构变形监测结果分别见图3-10～图3-13；临建沉降监测结果分别见图3-14～图3-16。住宅楼由于离基坑较远沉降较小，不作研究。

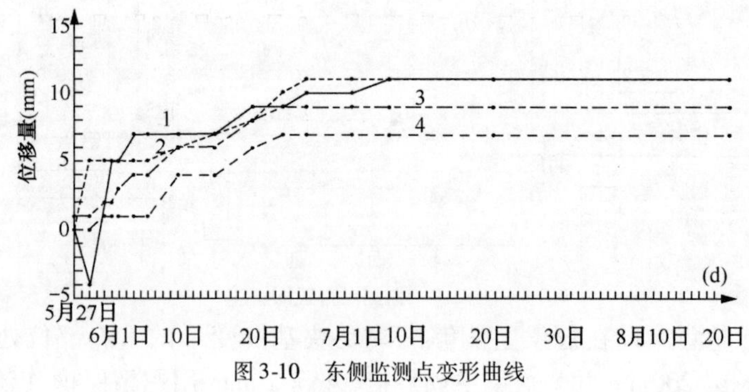

图3-10　东侧监测点变形曲线

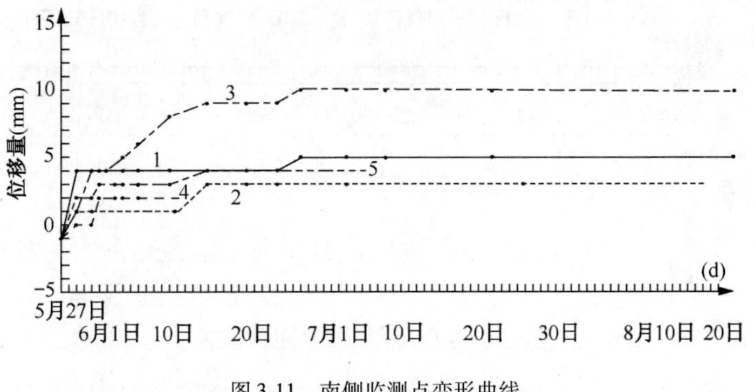

图 3-11　南侧监测点变形曲线

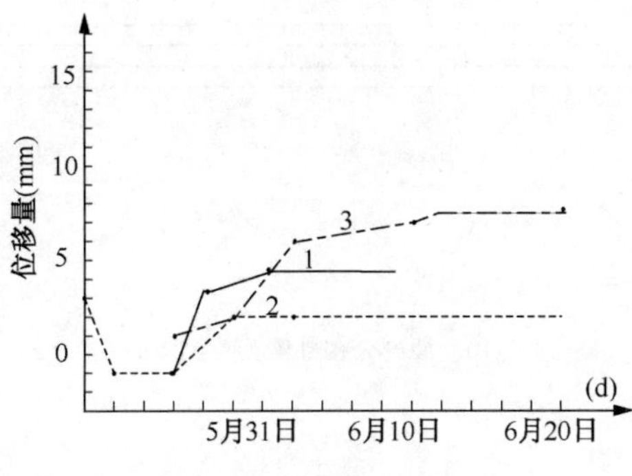

图 3-12　西侧监测点变形曲线

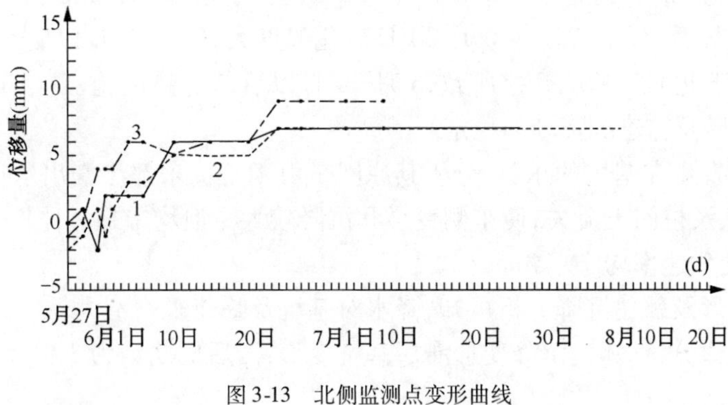

图 3-13　北侧监测点变形曲线

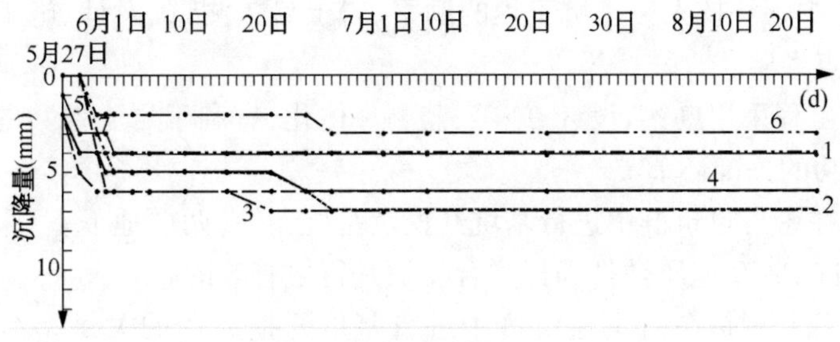

图 3-14　邮政局监测点沉降曲线

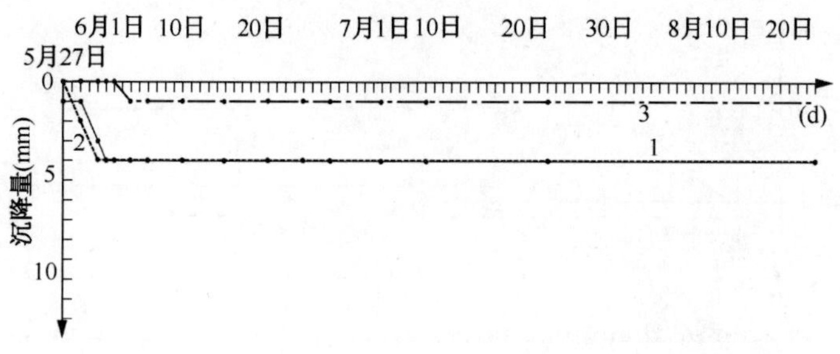

图3-15 原办公楼内侧测点沉降曲线

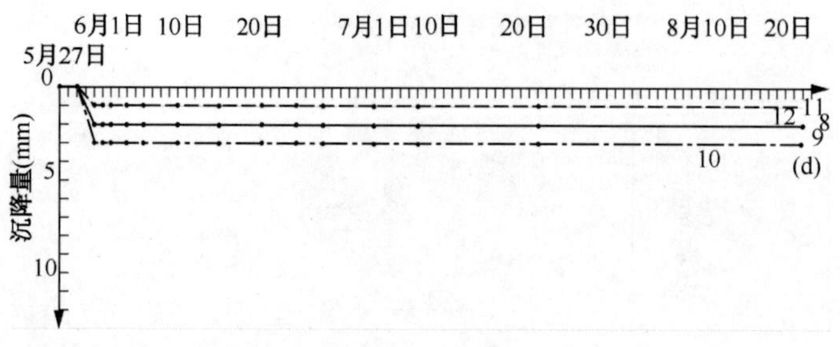

图3-16 原办公楼外侧测点沉降曲线

5)监测结果分析

从监测结果来看,基坑侧向坑内水平位移最大值为11mm,最小值为2mm;临建沉降最大值为7mm,最小值为1mm,远远小于30mm和20mm的预警值。究其原因如下:

(1)从变化趋势看,5月27日~6月20日变化幅度大,6月20日以后基本趋于平缓。究其原因,主要是由于此期间基坑开挖所致,6月20日以后基底垫层施工完毕进行基础筏板混凝土浇筑,基坑变形及临建沉降渐趋稳定。

(2)最大变形发生在基坑的东侧,分析其原因是由于基坑东部渗漏出水点较多,造成局部土体抗剪强度降低及桩间土流失,使东侧变形和沉降较大。但均未超过监控值,而且基坑变形与建筑物沉降的变化速率均小于3mm/d。

(3)从基坑变形及邻建沉降分析可知,降水对基坑及临建影响不大。

(4)从变化规律分析,邻建沉降变形滞后基坑变形,滞后周期约为3~5d左右。

3.1.6 小结

本节针对沈阳中铝科技大厦基坑工程的勘察、岩土参数测试、设计、施工及监测进行了总结,并得出以下几点经验。

(1)基坑支护工程采用勘察、设计、施工、监测一体化,有利于岩土参数的选取及设计方案的优化,是取得成功的关键环节。

(2)沈阳地区在密集建筑群中进行基坑开挖及基坑支护(两层地下室)采用ϕ600mm径钻孔压浆桩加1~2排DZ50地质钻杆锚杆联合支护是行之有效的。

(3)变形及沉降监测是在密集建筑群中进行基坑开挖成功的关键。本工程采用了具有"测量机器人"之称的最先进电子全站仪TCA2003新技术、新工艺,提供准确的监测数据,是基坑支护及降水取得成功的重要保证。

(4)施工中采用信息化施工是科学、可靠的,对基坑的稳定性及周边环境影响的控制起到了至关重要的作用。

(5)沈阳地区在密集建筑群中进行基坑降水对基坑及邻建影响不大。

中铝科技大厦基坑施工各阶段施工现场图片见附件 3-1。

(6)基坑局部地段加深时,采用深井管井法和集水井与钢筋笼滤水盲沟二次降水法联合降水方案是可行的。

(7)沈阳地区在密集建筑群中进行基坑开挖与支护,危险期为土方开挖期,基底垫层施工完毕基坑基本上已处于稳定状态。

(8)沈阳地区在密集建筑群中进行基坑开挖与降水,邻建沉降主要受基坑变形影响,滞后周期约为 3 ~5d 左右。

3.2　营口红运广场软土深基坑工程

3.2.1　基坑工程概况

营口渤海大街红运广场(家乐福)项目工程,位于营口市区中部,南临渤海大街,东临学府路,交通便利。场地地貌单元类型为辽河三角洲冲积平原边缘,场地地形较为平坦。拟建场地总建筑面积 112414m^2。主体建筑含 3 栋住宅楼,高度分别为 10 层、18 层和 34 层;2 栋商用银行办公楼,高度分别为 8 层和 16 层;配套公建、办公用房和超市、服装市场大厅等各 1 栋,整体地下二层。基坑最大开挖深度 12.2m,开挖面积 24264m^2。

3.2.2　基坑工程勘察

1)勘察技术要求

(1)查明不良地质作用的类型、成因、分布范围、发展趋势和危害程度,提出整治方案的建议;

(2)查明建筑范围内岩土层的类型、深度、分布、工程特性和变化规律,分析和评价地基的稳定性、均匀性和承载力;

(3)对需进行沉降计算的建筑物,提供地基变形计算参数,以预测建筑物的变形特征;

(4)划分场地土类别和场地类别;

(5)查明埋藏的河道、沟浜、墓穴、防空洞、孤石等对工程不利的埋藏物;

(6)查明水文地质条件,判定水和土对建筑材料的腐蚀性,并提供渗流分析和渗流参数;

(7)提供抗浮设计用参数和抗浮设计水位的绝对高程及场地长期的最低水位的绝对高程,论证地下水在施工期间对工程和环境的影响;

(8)查明不良地质作用,可液化土层和特殊性岩土(如软土等)的分布及其对基础的危害程度,并提出防治措施的建议;

(9)提供适合于本工程的多种基础选型建议,提供准确、合理的各种基础设计所需的岩土技术参数,并对不同基础形式进行阐述说明;

(10)提供土工试验成果表、原位测试成果表及其他测试成果报告或成果表;

(11)提供基坑支护设计所需土力学参数:黏聚力、内摩擦角与锚固体摩擦阻力及含水层综合渗透系数等;

(12)提供场地土的标准冻结深度;

(13)提供主要持力层和软弱层范围及其深度。

2)勘察工作布置及勘察方法

勘察工作布置:

(1)工程钻探:52 个孔,总进尺 2298.50m;

(2)取样:原状土 728 件,扰动样 277 件;

(3)标准贯入试验:976 次;

(4)重型圆锥动力触探试验:1.8m;

(5)波速测试:4 孔,220.0m;

(6)工程测量:工程点测量 52 个点;

(7)室内试验:土常规 706 件,其中颗粒分析 299 组,直剪试验 311 组。

采用工程钻探、原位测试、工程物探和室内土工试验等方法,对场地工程地质条件进行综合评价。

(1)工程钻探:使用 GJ-150 型钻机,场地内地层均为第四系地层,皆采用套管和泥浆护壁,回转钻进。

(2)土样采取:本次勘察在黏性土中采用薄壁取土器采取Ⅰ级土试样,进行物理性质试验(包括含水率、密度、孔隙比、塑液限等)、力学性质试验(包括常规压缩试验、直剪试验)。

(3)原位测试:本次勘察采用的原位测试方法包括标准贯入试验和重型圆锥动力触探试验。标准贯入试验和重型圆锥动力触探试验均采用自动脱钩的自由落锤法进行锤击,试验垂向间距控制在 2.0m。

(4)工程物探:本次勘察采用的工程物探为单孔波速测试,其中单孔波速测试采用武汉岩海公司生产的 RS-1616K(S)系列动测仪进行,而地脉动测试采用检波器、放大器及相应的记录设备进行。

(5)土工试验:按《土工试验方法标准》(GB/T/50123—1999)执行。

3)场地的地层结构及岩性特征

在勘探深度范围内,该场地地层主要由人工填土、淤泥质土、粉土及粉砂等组成。地层划分主要考虑成因、时代以及岩性特征,划分依据根据野外原始编录、原位测试数据,同时参照土工试验结果。自上而下依次描述如下:

①杂填土(Q_4^{ml}):杂色,稍湿,松散,主要由碎石、混凝土块、砖屑等建筑垃圾及少量黏性土组成,场区内分布连续。钻探揭露厚度 1.50~6.00m,平均厚度为 2.67m。

②淤泥质粉质黏土(Q_4^{mc}):灰褐色,软塑~流塑,主要由黏粒和粉粒组成,切面稍有光滑,无摇振反应,干强度、韧性中等。钻孔揭露厚度在 1.40~9.50m,平均厚度为 3.79m。该层在场地内分布不连续。

$②_1$ 黏土(Q_4^{mc}):灰褐色,软塑,局部可塑,切面光滑,无摇振反应,干强度、韧性强,揭露厚度 1.80~4.10m,平均厚度为 2.53m。

$②_2$ 淤泥质黏土(Q_4^{mc}):灰褐色,软塑~流塑,略有腥臭味,揭露厚度 1.50~6.20m,平均厚度为 3.30m。

$②_3$ 粉土(Q_4^{mc}):灰褐色,稍密,饱和,揭露厚度 1.80~4.80m,平均厚度为 3.00m。

③淤泥质粉质黏土(Q_4^{mc}):灰褐色,软塑~流塑,主要由黏粒和粉粒组成,切面光滑略有光泽,无摇振反应,干强度、韧性中等,略有腥臭味。该层在场地内局部缺失,钻孔揭露厚度在1.80~9.10m,平均厚度为4.81m。

③$_1$ 淤泥质黏土(Q_4^{mc}):灰褐色,软塑~流塑,略有腥臭味。该层钻孔揭露厚度在2.00~6.70m,平均厚度为3.64m。该层分布不连续。

③$_2$ 粉土(Q_4^{mc}):灰褐色,稍密,饱和。该层钻孔揭露厚度在1.00~8.60m,平均厚度为3.09m。该层分布不连续。

③$_3$ 淤泥质粉土(Q_4^{mc}):灰褐色,稍密,饱和,略有腥臭味。该层钻孔揭露厚度在2.00~4.00m,平均厚度为3.27m。该层呈透镜体状。

③$_4$ 粉质黏土(Q_4^{mc}):灰褐色,软塑~流塑,主要由黏粒和粉粒组成,切面光滑略有光泽,无摇振反应,干强度、韧性中等。钻孔揭露厚度在2.00~4.00m,平均厚度为3.20m。该层场内分布不连续。

④砂质粉土(Q_4^{mc}):灰褐色~黄褐色,局部棕黄色,稍密~中密,饱和,该层系粉砂与粉土互层。钻孔揭露厚度在0.70~4.00m,平均厚度为14.60m。该层场内分布连续,层内夹有④$_1$粉砂、④$_2$ 粉质黏土和④$_3$ 粉土。

④$_1$ 粉砂(Q_4^{mc}):灰色~灰黄色~黄褐色,局部灰绿色,中密,饱和,呈透镜体状分布。钻孔揭露厚度在1.10~3.00m,平均厚度为1.97m。

④$_2$ 粉质黏土(Q_4^{mc}):灰褐色,软塑,主要由黏粒和粉粒组成,切面光滑略有光泽,无摇振反应,干强度、韧性中等。钻孔揭露厚度在1.00~6.00m,平均厚度为3.45m。该层场内分布不连续。

④$_3$ 粉土(Q_4^{mc}):灰褐色,局部灰黑色,中密,局部稍密,饱和,呈透镜体状分布。钻孔揭露厚度在2.00~6.00m,平均厚度为3.14m。该层场内分布不连续。

⑤粉砂(Q_4^{m}):灰褐色,中密,北侧局部稍密,饱和,主要矿物成分为石英和长石,颗粒均匀,含少量的黏性土。钻孔揭露厚度在0.70~9.00m,平均厚度为4.39m。该层场内局部缺失。层内夹⑤$_1$ 粉质黏土。

⑤$_1$ 粉质黏土(Q_4^{m}):灰褐色,硬塑,呈透镜体状分布。钻孔揭露厚度在2.20m。

⑥粉砂(Q_4^{m}):灰褐色,密实,饱和,主要矿物成分为石英和长石,颗粒均匀,含少量的黏性土。该层仅在场地内南侧分布,钻孔揭露厚度在2.70~10.80m,平均厚度为6.54m。

⑦粉质黏土(Q_4^{m}):灰褐色,可塑,主要由黏粒和粉粒组成,切面稍有光滑,无摇振反应,干强度、韧性中等。该层场内分布连续,钻孔揭露厚度在1.00~18.80m,平均厚度为6.57m。层内夹⑦$_1$ 黏土和⑦$_2$ 粉土层。

⑦$_1$ 黏土(Q_4^{m}):灰褐色,可塑,局部硬塑。切面光滑,无摇振反应,干强度、韧性强。钻孔揭露厚度在1.20~6.50m,平均厚度为2.41m。该层场内分布不连续。

⑦$_2$ 粉土(Q_4^{m}):灰褐色,中密,饱和。钻孔揭露厚度在5.50m。

⑧粉砂(Q_4^{m}):灰褐色,密实,饱和,主要矿物成分为石英和长石,颗粒均匀,含少量的黏性土。钻孔揭露厚度在1.20~4.10m,平均厚度为2.67m。该层局部分布缺失。层内夹⑧$_1$ 砂质粉土。

⑧$_1$ 砂质粉土(Q_4^m):灰褐色,密实,饱和。钻孔揭露厚度在0.70~4.70m,平均厚度为2.72m。该层分布不连续。

⑨粉质黏土(Q_4^m):灰褐色,可塑,局部硬塑。钻孔揭露厚度在1.20~9.50m,平均厚度为4.02m。主要由黏粒和粉粒组成,切面稍有光滑,无摇振反应,干强度、韧性中等。该层分布连续。层内夹⑨$_1$ 粉土、⑨$_2$ 黏土和⑨$_3$ 砂质粉土。

⑨$_1$ 粉土(Q_4^m):灰褐色,中密~密实,饱和。钻孔揭露厚度在1.00~4.60m,平均厚度为2.47m。该层分布不连续。

⑨$_2$ 黏土(Q_4^m):灰褐色,硬塑。切面光滑,无摇振反应,干强度、韧性强。钻孔揭露厚度在1.60~3.60m,平均厚度为2.70m。该层场内分布不连续。

⑨$_3$ 砂质粉土(Q_4^m):灰褐色,密实,饱和。钻孔揭露厚度在1.20~3.00m,平均厚度为2.17m。该层分布不连续。

⑩粉砂(Q_4^m):灰褐色,密实,饱和。主要矿物成分为石英和长石,颗粒均匀,含少量的黏性土。钻孔揭露厚度在2.60~14.80m,平均厚度为6.00m。该层分布连续。

4)土的物理力学性质指标

土的物理力学性质指标见表3-10。

土的物理力学性质指标一览表 表3-10

地层编号	地层名称	天然重度 γ(kN/m^3)	内聚力 c (kPa)	内摩擦角 ϕ_k(°)	压缩(变形)模量 $E_{s(1-2)}$(E_0)(MPa)
②	淤泥质粉质黏土	18.42	12.70	4.46	4.10
③	淤泥质粉质黏土	18.13	14.57	6.41	3.51
④	砂质粉土	19.11	21.70	15.40	6.50
⑤	粉砂	18.62	2.00	23.00	(9.5)
⑥	粉砂	18.90	2.00	29.00	(10.5)
⑦	粉质黏土	19.40	27.40	11.30	5.19
⑧	粉砂	19.00	3.00	25.00	(11.5)
⑨	粉质黏土	19.70	29.90	11.80	5.86
⑩	粉砂	19.50	6.00	27.00	(15.0)

5)原位测试成果

原位测试成果见表3-11和表3-12。

标贯修正击数(N)分层统计表 表3-11

地层编号 地层名称	样本数	最大值	最小值	平均值	标准差	变异系数	标准值
②淤泥质粉质黏土	34	6.60	1.80	3.80	1.33	0.351	3.40
③淤泥质粉质黏土	83	5.70	1.70	3.72	1.25	0.336	3.49
④砂质粉土	175	22.40	4.90	10.14	3.77	0.372	9.66

续上表

地层编号 地层名称	样本数	最大值	最小值	平均值	标准差	变异系数	标准值
⑤粉砂	81	26.60	7.00	13.94	3.55	0.255	13.26
⑥粉砂	54	32.20	14.00	23.28	3.65	0.157	22.43
⑦粉质黏土	124	25.90	7.70	13.00	3.90	0.300	12.40
⑧粉砂	29	28.00	12.60	23.94	2.78	0.116	23.05
⑨粉质黏土	49	20.30	7.70	14.56	2.83	0.194	13.86
⑩粉砂	73	47.60	21.70	32.32	7.89	0.244	30.74

重型动力触探修正击数($N_{63.5}$)分层统计表　　表 3-12

地层编号 地层名称	样本数	最大值	最小值	平均值	标准差	变异系数	标准值
⑧粉砂	8	7.70	5.60	6.15	0.75	0.122	5.64
⑩粉砂	10	10.00	7.20	8.71	0.82	0.094	8.23

6)场地地震效应

(1)场地土类型与场地类别。根据波速测试结果,按《建筑抗震设计规范》(GB50011—2011)表 4.1.3、表 4.1.6 判定场地土类型及场地类别,其结果见表 3-13。

场地土类型及场地类别判定表　　表 3-13

地层编号	岩土名称	剪切波速值(m/s)	《建筑抗震设计规范》(GB50011—2010)			
			土的类型	等效剪切波速值 V_{se}(m/s)	覆盖层厚度(m)	场地类别
①	杂填土	105	软弱土	151 ~ 155	>80	Ⅲ
②~③	粉质黏土~淤泥质粉质黏土	148	软弱土			
④	砂质粉土	193	中软土			
⑤~⑥	粉砂	290	中硬土			
⑦	粉质黏土	307	中硬土			
⑧	粉砂	357	中硬土			
⑨	粉质黏土	346	中硬土			
⑩	粉砂	396	中硬土			

(2)场地抗震地段划分。该勘察场地内无滑坡、崩塌、泥石流、断裂破碎带及地裂等不良地质作用,但场内地层有粉砂、粉土及其互层,为可液化土层,且场地地层主要由软弱土、中软土和中硬土组成,软弱土分布连续,厚度在 9.00 ~ 13.70m。因此该场地属对建筑抗震不利地段。

(3)场地抗震设防烈度、地震动加速度及特征周期。根据《建筑抗震设计规范》(GB50011—2010),本场地抗震设防烈度为 VII 度,设计基本地震加速度值为 0.15g,场地设计地震分组为第一组，设计特征周期 T_g 为0.45s。

7）液化评价

该场地20m深度内有粉砂、粉土及其互层，为可液化土层，钻孔液化指数0.01～21.30，平均液化指数8.59。

8）冻胀性评价

据《建筑地基基础设计规范》（GB50007－2011），营口市区标准冻结深度为1.10m。

据《建筑地基基础设计规范》（GB50007－2011）附录G及根据《建筑地基基础技术规范》（DB21－907－96）之5.1.5条判定，标准冻结深度范围内：②粉质黏土、②$_2$ 淤泥质黏土、②3粉土、③淤泥质粉质黏土、③$_1$ 淤泥质黏土、③$_2$ 粉土和③$_4$ 粉质黏土具有特强冻胀性，冻胀等级为Ⅴ级；②$_1$ 黏土、③$_3$ 淤泥质粉土具有强冻胀性，冻胀等级为Ⅳ级。

9）地基的均匀性评价

本场地主要地层①杂填土、③淤泥质粉质黏土、④砂质粉土、⑦粉质黏土、⑨粉质黏土和⑩粉砂在整个场地内分布连续性较好，而②粉质黏土在整个场地内分布不连续；⑤粉砂在场地中部和南侧（银行）分布较为连续，而在北侧（住宅）分布不连续，局部缺失；⑥粉砂仅在场地南侧（银行）分布较为连续，而在场地中部和北侧（住宅）缺失；⑧粉砂在整个场地内均有分布，但不连续，局部缺失。此外各主要地层内基本都有夹层分布，且夹层分布不连续。地基土属高压缩性土，局部中等压缩性，且地基持力层地面高程的坡度大于10%的地段较多，宜按不均匀地基考虑。

10）场地土的天然地基承载力

场地土天然地基承载力特征值见表3-14。

场地土的地基承载力特征值 表3-14

地层编号	②	③	④	⑤	⑥	⑦	⑧	⑨	⑩
地层名称	淤泥质粉质黏土	淤泥质粉质黏土	砂质粉土	粉砂	粉砂	粉质黏土	粉砂	粉质黏土	粉砂
承载力特征值 f_{ak}（kPa）	100	70	110	160	230	180	260	220	300

11）场地水文地质条件

场地地下水类型第四系孔隙潜水，地下水位埋深0.14～2.03m，相应水位高程为2.52～3.61m，最大水位高程为3.71m，历史最高水位埋深0.50m，水位随季节略有变化，变幅约有0.5m。各层渗透系数见表3-15。

各土层渗透系数（一） 表3-15a）

土层名称	②淤泥质粉质黏土	②$_1$ 黏土	②$_2$ 淤泥质黏土	②$_3$ 粉土	③淤泥质粉质黏土	③$_1$ 淤泥质黏土	③$_2$ 粉土
渗透系数（cm/s）	6.0×10^{-5}	5.0×10^{-6}	2.0×10^{-6}	2.5×10^{-4}	3.0×10^{-5}	2.0×10^{-6}	2.5×10^{-4}

各土层渗透系数(二)　　表 3-15b)

土层名称	③$_3$ 淤泥质粉土	③$_4$ 粉质黏土	④砂质粉土	④$_1$ 粉砂	④$_2$ 粉质黏土	④$_3$ 粉土	⑤粉砂	⑤$_1$ 粉质黏土
渗透系数(cm/s)	2.5×10^{-4}	6.0×10^{-5}	6.0×10^{-4}	6.5×10^{-4}	6.0×10^{-5}	2.5×10^{-4}	6.5×10^{-4}	6.0×10^{-5}

各土层渗透系数(三)　　表 3-15c)

土层名称	⑥粉砂	⑦粉质黏土	⑦$_1$ 黏土	⑦$_2$ 粉土	⑧粉砂	⑧$_1$ 砂质粉土	⑨粉质黏土
渗透系数(cm/s)	5.5×10^{-4}	4.0×10^{-5}	5.0×10^{-6}	2.0×10^{-4}	5.5×10^{-4}	5.5×10^{-4}	3.5×10^{-5}

各土层渗透系数(四)　　表 3-15d)

土层名称	⑨$_1$ 粉土	⑨$_2$ 黏土	⑨$_3$ 砂质粉土	⑩粉砂
渗透系数(cm/s)	2.0×10^{-4}	5.0×10^{-6}	7.0×10^{-5}	5.5×10^{-4}

场地地下水的补给来源主要为大气降水,排泄方式为大气蒸发。

根据《营口红运广场岩土工程勘察报告》水质分析结果,该场区地下水环境类型为Ⅱ类,在干湿交替作用下,地下水对混凝土结构有微腐蚀性,对钢筋混凝土结构中钢筋有弱腐蚀性。长期浸水情况下地下水对钢筋混凝土结构中钢筋有微腐蚀性。

12)场地稳定性与适宜性评价

勘察场地地势较为平坦,无不良地质作用,场地稳定,适宜建设。但地下水位较高,设计、施工过程中应高度重视地下水对工程及周边建(构)筑物的不利影响。

3.2.3　基坑工程设计

1)基坑支护设计方案

(1)根据场地工程地质条件、基坑开挖深度、周边环境等情况综合考虑,采用顶部 3.5m 内 1:1.2 放坡并挂 ϕ6.5@200mm×200mm 钢筋网喷射 80mm 厚 C20 混凝土,下部采用 ϕ600mm 螺旋钻孔压灌桩支护桩加桩后锚桩、拉梁、锚索联合支护方案,支护桩中心距 1000mm,锚桩中心距 2000mm,支护桩与锚桩排距 4000mm。锚索采用低松弛高强度钢绞线 2ϕ^s15.2,锚索设计深度 -7.15m(局部 -7.25m),水平间距 1000mm,一桩一锚,锚索长度 25000mm,锚孔直径 160mm,倾角 20°~25°交叉布置。锚固体注纯水泥浆,水泥采用强度不低于普通硅酸盐水泥 42.5 级,并参入适量的早强剂。注浆配合比现场试验确定。止水帷幕采用双排水泥土搅拌桩,位于支护桩与锚桩的外侧,桩径 500mm,排距 303mm,桩中心距 350mm,呈正三角形相互咬合 150mm。固化剂采用 32.5 级水泥,水泥掺量为 15%,要求全程复搅一次。

(2)支护桩、锚桩、冠梁及拉梁混凝土强度等级为 C25,桩受力钢筋保护层厚度 50mm,梁受力钢筋保护层厚度 40mm。

(3)钢筋搭接长度:单面焊≥10d,双面焊≥5d,位于同一连接区段内纵向受力钢筋的焊接接头面积百分率不应大于 50%。

(4)基础施工坪口后,应及时对基坑周边空隙进行回填,回填土宜采用级配砂土,并分层压实,压实系数不应小于 0.94。

2）基坑止水、降水方案

基坑开挖深度按 -8.7m（局部 -9.5m）考虑。由于开挖深度范围内均为弱透水层黏性土，基坑采用双排 ϕ500mm 水泥土搅拌桩止水方案，并在基坑开挖过程中于基坑四周设排水沟对基坑内少量渗水进行明排。

3）使用材料要求

采用 HPB235、HRB335、HRB400 级钢筋；焊条：HPB235、HRB335 钢筋焊接采用 E43 系列型焊条，HRB335 钢筋、HRB400 间焊接采用 E50 系列型焊条，焊条的性能需符合国家现行标准的规定。水泥强度不低于 32.5 级，拌和混凝土用自来水或地下水（经试验合格后使用）。

4）施工技术要求

（1）螺旋成孔施工技术要求

①采用长螺旋钻成孔，桩径 600mm，桩中心距 1000mm（2000mm）。

②排桩的桩位偏差不宜大于 50mm，垂直度偏差不宜大于 0.5%。

③成桩宜采用隔桩施工法。

④为了保证钢筋笼下入到设计高程，根据地层情况进行试成孔，并决定超深钻进的深度，暂定超深钻进深度 1000mm。

⑤长螺旋钻孔灌注桩在 -1.5m 高程处施工，埋头 2.0m。

（2）桩间及坡面喷射混凝土施工技术要求

①上部 3.5m 采用 1∶1.2 放坡，坡面及护坡桩和锚桩顶面采用 ϕ6.5@200mm×200mm 钢筋网，并喷射 80mm 厚 C20 混凝土。

②前排桩后侧设截水沟，防止雨水及生活用水冲蚀坡面。

③桩间土二次支护采用挂钢丝网（钢丝网外压筋）并喷射 C20 混凝土。

④桩间土二次支护面层设置泄水孔，泄水管采用 ϕ100mmPVC 管，长度 300mm，泄水管后面设反滤层，泄水孔水平及垂直间距 2000mm

（3）土方开挖要求

①护坡桩处土方开挖先按开挖外边界及设计坡度挖到 -1.5m。

②待施工完支护桩及止水帷幕后再按设计要求开挖到桩顶高程，按设计要求开挖冠梁及拉梁沟槽，冠梁及拉梁施工完以后按设计坡度进行修坡。

3.2.4 基坑工程施工

1）双排桩施工

（1）施工工艺流程：清理平整场地→测量放线→桩机就位→钻孔至设计深度→灌注混凝土→下入钢筋笼→检查桩顶高程和钢筋笼高程→桩头保护→下一根桩施工。

（2）各工序技术要点。

①测量放线：根据甲方提供的坐标控制点和按照图纸计算桩体中心坐标，用全站仪精确放样拐点桩心坐标。根据已经放样的拐点桩心用全站仪配合钢尺放样桩位。

②成孔：采用长螺旋钻机成孔，桩机就位时应平稳、牢固，确保在施工中不发生倾斜或移位并调整钻杆垂直度。钻进遵循先慢后快的原则，随时检查钻孔的偏差并及时纠正，一直达到设计深度。钻进过程中如果发现钻杆抖动或钻进困难，应放慢进尺，防止发生钻孔偏斜，直至设计深度后。

③商品混凝土：送至现场的商品混凝土，坍落度要符合设计要求，并随机抽检坍落度，每班

组留一组试块,送试验室进行标养。

④钢筋制作:

a. 钢筋笼制作严格按图纸设计要求执行。主筋需连接时,采用交流电焊机同心双面搭接焊,搭接长、焊缝宽符合《钢筋焊接接头试验方法标准》(JGJ/T27),各搭接点不应在同一截面上。箍筋为螺旋式,制作偏差不许超过规范规定。

b. 钢筋笼螺旋箍筋与主筋连接为隔点焊接,焊点应饱满、不咬肉、不得漏焊、开焊。

c. 主筋接头采用双面搭接焊,搭接长度≥$5d$,同一截面内焊接接头不得大于50%,同一根钢筋500mm内不得有两个接头。

d. HPB235、HRB335钢筋焊接采用E43系列型焊条,HRB335钢筋、HRB400间焊接采用E50系列型焊条。

e. 钢筋笼成型后,先经质检员自检合格后,再报请监理和甲方验收,并填写钢筋隐蔽工程验收记录。

f. 搬运和吊装钢筋笼时,应防止变形,安放应缓慢下放对准孔位,避免碰撞孔壁和自由落下,就位后应立即校正中心和高程并加以固定。

g. 分段制作的钢筋笼,其接头宜采用焊接或机械式接头,并应遵守现行标准《钢筋机械连接通用技术规程》(JGJ107)、《钢筋焊接及验收规程》(JGJ18)和《混凝土结构工程施工质量验收规范》(GB50204)的规定。

h. 加劲箍宜设在主筋外侧,当因施工工艺有特殊要求时也可置于内侧。

i. 导管接头处外径应比钢筋笼的内径小100mm以上。

⑤压灌混凝土。钻至设计高程后,应先将验收合格的混凝土(塌落度180~220mm)用高压输送泵通过管路钻具压灌混凝土到孔内,孔底压灌压力应大于5MPa,并停顿10~20s,再缓慢提升钻杆,以保证孔底虚土被压实。其他桩身部位压灌压力为3~4MPa。提钻速度应根据土层情况确定,且应与混凝土泵送量相匹配,保证管内有一定高度的混凝土。提钻速度根据泵量和混凝土充盈系数综合确定,以保证钻头在混凝土面1m左右(不可太深,更不能太小)为原则,即钻杆提速与混凝土上升的速度保持动态平衡。根据以往的施工经验,结合现场的实际情况和机械设备能力,提钻速度初步控制在3.3m/min。在施工过程中进一步调整,防止缩径、断桩等质量事故发生,以确保桩头质量桩头保护长度大于1.0m,确保桩头部位的桩径和桩体混凝土质量达到设计要求。

⑥下钢筋笼。压灌混凝土后,应将孔口周围的泥土清除干净,不允许泥土掉入孔内。用卷扬将钢筋笼吊起直立于孔口,居孔中心迅速下入孔内,扶笼时应有专人指挥且不可倾斜、擦帮,边压边转动压入孔内直至设计深度。当钢筋笼因种种原因不能下到设计深度时,可采用平板振动器边振边压入孔内,直至达到设计允许深度。

2)冠梁、拉梁施工

(1)施工工艺流程:开槽清土→凿除桩顶浮浆→打垫层→钢筋绑扎→支模→混凝土浇筑→振捣→拆模。

(2)技术要点。

①用风镐凿除桩顶浮土、浮浆达到梁底面高程,修理平整,用风吹净,断面尺寸留出支模工作面。

②桩顶预留筋顺轴线方向掰倒，保证锚固长度和保护层厚度，多余部分可切除。

③主筋绑扎搭接，搭接长度不小于 $35d$，底部设 40mm 厚垫块。

④混凝土塌落度 8 ~ 10cm，边浇筑边振捣，不留接缝。

(3)施工控制标准。

①轴线偏差：≤50mm。

②钢筋制作偏差：主筋间距 ±10mm，箍筋间距 ±20mm。

③钢筋保护层偏差应控制在 ±20mm 以内。

3)锚索施工

(1)成孔。土方开挖至锚索设计高程下 0.2m 时，开始进行锚索施工。锚杆钻机就位后对准孔位，调整钻进方向(钻杆角度)，钻进至设计深度。钻孔偏差水平方向不大于 ±50mm，垂直方向不大于 ±100mm。锚孔偏斜度不应大于 5%；钻孔深度超过锚杆设计长度应不小于 0.5m。

(2)注浆。锚固体注纯水泥浆，水泥采用强度不应低于 42.5 级，水泥浆水灰比为 0.5 左右并掺入适量的早强剂。

(3)预应力筋张拉。

①锚固段强度达到设计强度 75% 且达到 18MPa 时，按设计要求安装腰梁及外锚系统，方可施加预应力进行张拉。

②张拉时用 600kN 千斤顶单孔张拉，循环二次。

③锚杆按设计承载力的 50% 进行锁定。

4)喷射混凝土施工

桩间挂一层钢丝网并喷射混凝土，喷射厚度 50mm。

①搅拌水泥浆和干混合料必须按配合比和搅拌时间进行，班检查次数不少于两次。干混合料存放时间不超过 2h，掺速凝剂时，有效时间不超过 20min。

②喷射作业前要清除开挖面的浮石、堆积物。

③喷射作业应自下而上、分段分片依次进行。当铺设钢筋网后，喷射混凝土时应减小喷头至喷面的距离，并调整喷射角度，以保证钢筋网与墙面之间混凝土的密实性。喷射中如有脱落的混凝土被钢筋网架住时应及时消除。

④每喷射 50 ~ 100m^3 混合料，至少做一组试块，每组试块不得少于 3 个，材料或配合比变更时，应另做一组。试块抗压强度不符合要求时，应查明原因采取补救措施。

⑤原材料按重量计，称量的允许偏差：水泥和速凝剂为 ±2%，砂、石为 ±3%。

⑥喷射机的工作风压 0.1MPa 左右。喷头与受喷面应垂直，保持 0.6 ~ 1.0m 的距离。机旁粉尘小于 10mg/m^3。

5)止水帷幕

(1)施工工艺流程：清理平整场地→测量放线→桩机就位→钻孔至设计深度→边喷、边搅拌提升直至设计的停浆面→复搅钻孔至设计深度→边喷、边搅拌提升直至设计的停浆面→关闭搅拌机械→下一根桩施工。

(2)技术要点

①施工现场事先应予以平整，清除地上和地下障碍物。遇有明浜、池塘及洼地时应抽水和清淤，回填黏性土料并予以压实，不得回填杂填土或生活垃圾。

②水泥土搅拌桩施工前应根据设计进行工艺性试桩，数量不得少于2根。当桩周为成层土时，应对相对软弱土层增加搅拌次数或增加水泥掺量。

③搅拌头翼片的枚数、宽度与搅拌轴的垂直夹角、搅拌头的回转数、提升速度应相互匹配，以确保加固深度范围内土体的任何一点均能经过20次以上的搅拌。

④浆面应高于桩顶设计高程300～500mm。

⑤施工中应保持搅拌桩机底盘的水平和导向架的竖直，搅拌桩的垂直偏差不得超过0.5%；桩位的偏差不得大于50mm；成桩直径和桩长不得小于设计值。

⑥相邻桩的施工时间间隔不宜超过24h。如间隔时间太长，与相邻桩无法搭接时，应采取局部补桩或注浆等补强措施。

6）地基处理

（1）施工工艺流程：场地整平→测量放线→长螺旋桩机就位→成孔灌注成桩→凿桩头→铺设褥垫层→检测验收。

（2）CFG桩施工技术要求。

①采用长螺旋钻成孔。

②排桩的桩位偏差不宜大于50mm，垂直度偏差不宜大于0.5%。

③成桩宜采用隔桩施工法。

④为了保证桩头质量，超灌1.0m以上。

（3）各工序技术要点。

①测量放线、成孔、商品混凝土同3.2.4之1）。

②压灌混凝土。成孔后，将钻杆上提10cm，将钻头阀门打开，注意严格控制钻杆上提高度，以满足阀门能顺利打开为原则。将验收合格的混凝土用高压输送泵通过管路钻具压灌到孔内，孔底压灌压力应大于5MPa，以保证孔底虚土被压实。其他桩身部位压灌压力为3～4MPa。提钻速度根据泵量和混凝土充盈系数综合确定，以保证钻杆提速与混凝土上升的速度动态平衡。在施工过程中进一步调整，防止缩径、断桩等质量事故发生。为确保桩头质量桩头保护长度大于1.0m，确保桩头部位的桩径和桩体混凝土质量达到设计要求。

7）基桩施工

（1）施工工艺流程：清理平整场地→测量放线→桩孔定位→旋挖钻进就位→旋挖成孔→安装钢筋→灌注混凝土→桩头保护→下一根桩施工。

（2）技术要点。钻机成孔均采用跳打方式成孔，即隔一打一或隔二打一方式成桩。

①测量放线：同3.2.4之1）。

②护筒埋设：

a. 桩位经施放验收确定后方可挖设护筒。

b. 利用十字交会法将定位点引至护筒外侧，然后进行开挖。护筒埋设完成后，再利用十字交会法重新定位将桩位引致护筒内，并与相邻桩位重新测量定位，以保证桩位的准确，其偏差不得大于50mm。

c. 护筒内径较钻头直径大200mm，埋入土中深度大于1.0m。

d. 护筒外用黏土回填夯实。

③泥浆循环系统：

a. 由泥浆池、泥浆槽、沉淀池和泥浆泵等组成。

b. 根据场地地质情况，除能自行造浆的土层外，均按《建筑桩基技术规范》(JGJ94)要求制备泥浆，且泥浆护壁应符合下列规定要求：

旋挖成孔泥浆相对密度要求：壁为砂黏土层时1.2、壁为大漂石、卵石层时1.25、壁为岩石时1.15；入孔黏度一般地层为16~22s，松散易坍地层为25~35s。

在清孔过程中，应不断置换泥浆，直至浇筑水下混凝土。废弃的泥浆、渣应按环境保护的有关规定处理。

④成孔：

a. 旋挖成孔桩机就位时应平稳、牢固，确保在施工中不发生倾斜或移位并调整钻杆垂直度。开钻前将钻头着地，进尺深度调整为零。钻进遵循先慢后快的原则，钻进速度应均匀，保证成孔直径及孔壁的圆滑，并防止水敏地层的缩颈。随时检查钻孔偏差并及时纠正，一直达到设计深度。钻进过程中如果发现钻杆抖动或钻进困难，应放慢进尺，防止发生钻孔偏斜，直至设计深度。

b. 钻进时原地顺时针旋转开孔，然后以钻斗自重力、钻杆自重力加以液压力作为钻进压力，初钻压力控制在90kPa左右。

c. 通过不同地层，需采取不同类别的旋挖钻头：通过细砂、中砂、砾砂、角砾土、圆砾土及强风化岩层采用筒式钻头；通过强度不均匀、易偏孔地层以及风化、中风化岩层采用短螺旋嵌岩钻头；因短螺旋嵌岩钻头出渣能力有限，出渣时换用筒式钻头。

d. 当钻杆充满钻渣后，停止下压及回旋，逆时针方向转动动力头，稍向下送行，关闭钻头回转底盖；缓慢上提钻斗，避免钻头碰撞孔壁。提离孔口后，钻机自身旋转至自卸车处，用动力头顶压顶杆，将底盖打开，倾卸钻渣。然后关闭底盖，旋回孔位，对准孔位慢慢将钻斗放至孔底钻孔，重复进行。当出现钻杆跳动，钻机摇晃，钻无进尺等异常情况时，立即停机提钻检查，查明原因妥善处理后再钻，直至钻至设计深度。

e. 钻进过程中要随时不断补充泥浆，使孔内始终保持高于地下水位1~1.5m的水头高度，同时应根据土质情况调整泥浆配方和密度。钻至预期地层经质量员检验后继续钻进2.5m，下扩底钻头进行扩底，达到1.2m直径后成孔报检。

f. 成孔后提出钻头，由质量员和工程监理进行孔径、孔深、垂直度检测，验收合格后，移走钻机，盖好盖板，进行下道工序施工。

⑤商品混凝土订货要求、钢筋制作、下钢筋笼同3.2.4之1)。

⑥灌注混凝土：

a. 吊放导管。导管采用300mm无缝钢管。导管安装吊放入孔时，将密封圈安防周正，螺栓对角上紧，确保密封良好。导管在孔内的位置要居中，导管底部距孔底应在0.3~0.5m。导管全部入孔后校核导管总数、导管底部位置；导管就位后，进行二次清孔。清孔换浆注意泥浆要逐步稀释，稀释后孔底500mm以内泥浆相对密度≤1.25，含砂率≤8%，黏度28s。

b. 混凝土灌注。进场的商混凝土首先目测其和易性，再测其塌落度(20mm±2mm)，且不得有离析现象，否则不得灌注。灌注应连续进行，不得间断，灌注速度可控制在$20m^3/h$。后续的混凝土要徐徐灌入，防止导管内造成高压气囊，将导管接口处胶垫挤出产生漏水，同时防止导管内气体排出不及时造成的不密实。灌注时上下串动导管活动范围不大于0.3m，且不允许导管作横向活动。随时监测混凝土液面高度，及时拆卸导管，检测次数不低于起拔导管的节数。发现混凝土液面上升出现异常情况时,应加密监测次数,同时查明原因,清除异常现象。混凝土供应中断时,10~20min上下串动导管一次,单桩灌注时间控制在2h以内。控制最后一次灌注量,桩顶高程控制在保证凿除浮浆后有效桩顶混凝土强度达到设计值,混凝土超灌高度≥1.0m。拆除的导管及时清洗。

⑦桩头保护。为确保有效桩头混凝土质量,由专人负责清理桩头泥土。

3.2.5　基坑工程监测

1)监测布网与施测方案

(1)布网方案。根据测区地理情况,本着最佳图形与路线最佳的原则,在基坑四周布设28个变形监测点,周边建筑物布设11个沉降监测点,其中北侧支护桩冠梁顶部布设6点,东侧支护桩顶部布设8点,南侧支护桩顶部布设5点,西侧支护桩顶部布设9点。同时在基坑西侧红运家园小区居民楼与基坑北侧牡丹峰楼体底部布设11个沉降监测点,以监测基坑开挖对周边建筑物的影响。

(2)施测方案。本着“同一仪器,同一人员观测”的原则,采用最佳观测时间、最佳观测方法、最佳观测线路。并根据规范要求用索佳全站仪对由监测点组成的控制网进行监测。

①变形监测应能确切反映边坡及建构筑物的实际变化程度和变形趋势,以此作为确定监测方法的技术依据和质量的基本要求。

②依据边坡支护的变形控制值要求,设定监测报警值。根据本基坑的地质条件及开挖深度,本基坑应为一级基坑,根据一级基坑的变形监测技术要求,本次变形报警值为50mm,沉降报警值为30mm。

③变形监测周期根据施工进展情况、变形趋势,持续性跟踪,系统反映变形过程,确保边坡变形的安全性。当监测中受外界因素影响出现异常时(如开挖后、雨后变化速率加大、趋于不稳定),及时加密观测频率并向建设单位通报情况,以确保边坡变形在稳定范围内。

④以变形观测的初始值作为原始数据,适当增加观测次数。本次采用3次观测平均值作为原始数据,以提高原始数据的可靠性。

⑤对基准点定期检核。本次基准网采用一点一方位,另外两个方向作为检核。变形点设在建(构)筑物上能较好地反映变形特征的位置上,并定期检查变形点的保存情况。

⑥监测点的埋设采用了“白钢螺栓”预先埋设方法。

2)监测结果

选择代表性监测点N_3、N_4、D_2、X_2、B_4、H_7的变形曲线见图3-17~图3-22。

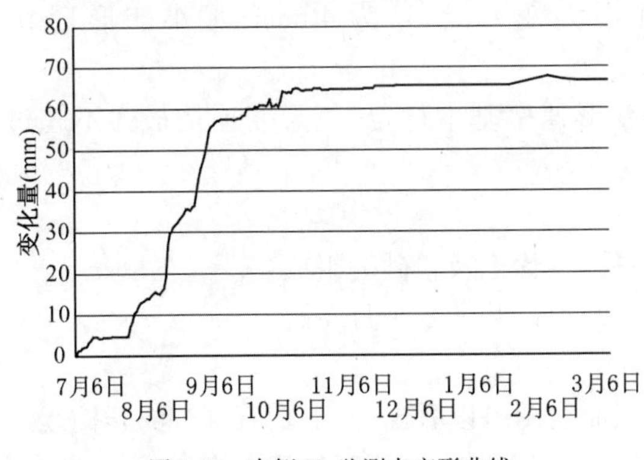

图3-17　南侧N_3监测点变形曲线

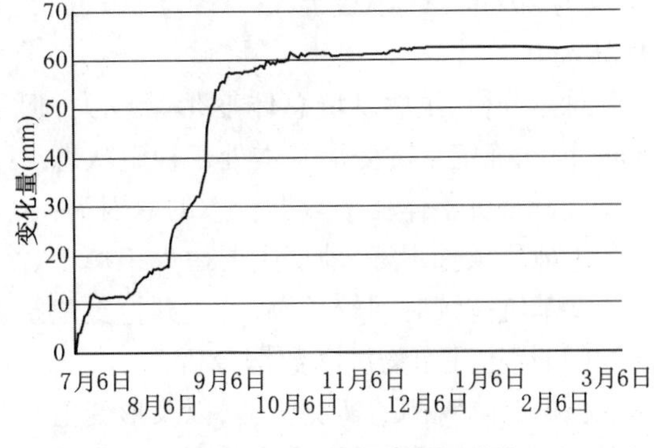

图3-18　南侧N_4监测点变形曲线

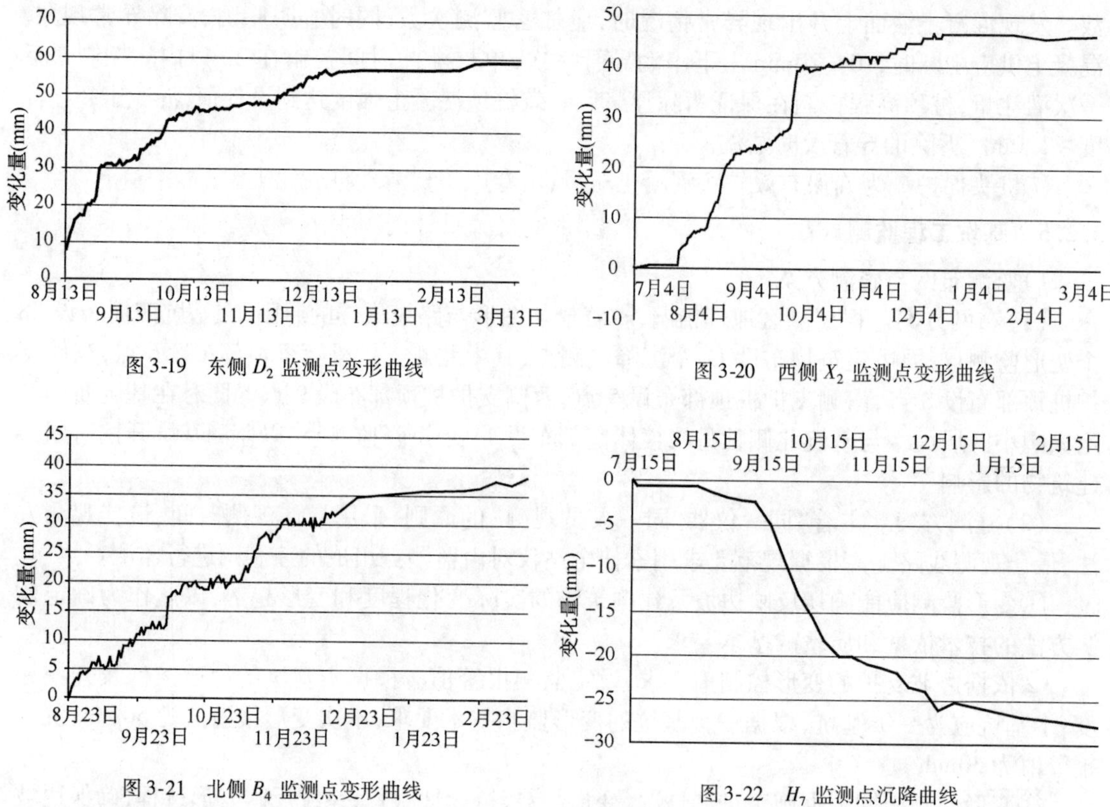

图 3-19　东侧 D_2 监测点变形曲线

图 3-20　西侧 X_2 监测点变形曲线

图 3-21　北侧 B_4 监测点变形曲线

图 3-22　H_7 监测点沉降曲线

3）监测结果分析

（1）基坑变形数据分析。根据形变观测的实测资料，以及形变值与时间曲线图可以看出：随着基坑开挖深度不断加深，基坑变形值由小逐渐变大，基坑的南侧（渤海大街一侧）变形较大，北侧变形较小。基坑开挖阶段变形较为迅速，开挖结束以后变形逐渐趋于平稳。

由于基坑所在地区地质条件很差，基坑变形整体较大，平均变形 40～50mm，最大变形量出现在基坑南侧 N_3、N_4 两点，最大变形量 67mm。分析原因主要是南侧最早开挖，变形持续时间较长，而且南侧地质条件为整个基坑最差。其最小变形量 N_5 点为 41mm。基坑东侧为坡道，所以最大变形量出现在 D_2 点，为 59mm，最小变形量 D_9 点 30mm。西侧最大变形量 X_2 点为 47mm，最小变形量 X_9 为 30mm；北侧最大变形量 B_4 为 40mm，最小变形量 B_2 为 20mm。

总体分析，虽然基坑总体变形量较大，但是变形速率基本稳定，每天变形量最大不超过 2mm，因此确定基坑变形基本处于稳定状态。

分析基坑整体变形数据较大的原因为：

①地质条件不好，地层主要由人工填土、淤泥质土、粉土及粉砂等组成；

②基坑持续时间较长，从基坑开挖至建筑物全部坪口共计 8 个月左右。

（2）周边建筑物沉降数据分析。

根据沉降观测的实测资料，以及形变值与时间曲线图可以看出：变形随着基坑的开挖逐渐变大，说明基坑开挖对周边建筑有一定影响，但是到一定程度以后逐渐趋于平稳。

周边建筑沉降总体情况比较稳定，数据较平均，均在允许范围之内，最大沉降值为观测点 H_7 为 28mm，最小沉降值为 H_3 为 22mm。

4）监测结论

监测持续时间 8 个月，经历雨季和冬季。在此期间观测人员按时观测，及时反馈数据，在数据接近预警值时及时将数据上报甲方及监理，并且提醒施工人员采取措施，同时采取了增加观测频率、加强基坑周边巡视等措施。在变形速率最快的期间，每 2 小时观测一次，巡视人员每小时巡视一次，在得到我们数据报警的情况下，施工人员也采取了及时恰当的安全保障措施，如支护桩根部堆土、基坑顶部减荷并做硬覆盖防止雨水渗入等，确保基坑的变形速率在安全范围内。

总体来说，监测人员通过与甲方和监理的积极沟通、与施工人员的相互配合，保证了基坑及周边设施的安全，为基坑底部施工提供了安全可靠的施工环境，监测达到了预期的目标。

3.2.6　小结

（1）本项目采取勘察、设计、施工和监测一体化，针对性、合理性、综合性较强，有利于软土地区基坑支护机理的确定、设计参数的选取及支护方案的优化。

（2）该软土地基基坑最大开挖深度 12.2m，开挖面积 24264m^2，在潮汐作用敏感、软塑与流塑、临建密集的软土区，采用旋喷帷幕止水、双排桩加锚索支护、局部设钢筋混凝土挡墙、内支补强及 H 型钢桩加固支护桩间弯矩零点以下被动区土体，有效解决了由于行驶车辆产生的共振，及潮汐作用和雨水产生的侧向压力，使基坑土方开挖及坑底工程桩成孔后形成的应力得以释放，地层蠕变产生的水平位移和垂直沉降有所减小，节省了降水成本，确保了基坑支护效果，实现了坑上临建安全负荷，坑下作业安全生产，为今后辽宁省内软土地基深基坑支护提供了宝贵的经验。

（3）采用了考虑“时空效应”的基坑工程动态设计，引入了施工工序和施工参数作为必须的设计依据，提出了应用时空效应原则“一般按分层、分步、对称、平衡的原则开挖与支撑，其中最主要的施工参数是分层开挖的层数、每层开挖深度，以及每层开挖中基坑挡墙被动区土体开挖后、挡墙未支撑前的暴露时间和暴露的宽度及高度”。在深基坑工程中采用时空效应施工，可以提高施工效率，节省大量的工期，并可以节省大量的地基加固费用，创造良好的经济效益。

（4）采用了具有“测量机器人”之称的电子全站仪 TCA2003 的新技术、新工艺，提供准确的监测数据，通过实时监测，及时调整基坑开挖后基桩施工时基底土基坑周边一定范围内的附加应力，有效地控制了由此引发的位移和沉降，在现场实施了针对性较强的综合防治、基坑支护与基桩施工交叉作业以消除基坑开挖所产生的负面效应，保证了针对地层条件选定的适宜的桩型成桩技术效果及作业安全。

（5）基坑内桩基施工正值雨季也增加了基坑支护维护的难度。为了确保基坑安全坑内桩基施工时采取了如下措施：

①分段开挖、分段施工；

②采用级配砂石对支护桩被动土进行了加固；

③调整了桩基施工顺序，采取隔桩跳打方法；

④对局部地段采用了 H 型钢桩加固支护被动区土体。

营口红运广场基坑施工各阶段施工图片见附件 3-2。

附件 3-1　沈阳中铝科技大厦基坑工程施工图片

图 1　钢筋笼制作

图 2　钻机安装及成孔施工

图3　监测点布置

图4　冠梁施工

图5　坡顶锚喷施工

图6　锚索施工及张拉锁定

图7　土方挖运

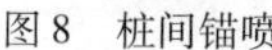
图 8　桩间锚喷

图 9　基坑降水

图 10　变形监测

图11　基坑全貌

附件 3-2　营口红运广场基坑工程施工图片

图 1　汛期强降水流入基坑全貌

图 2　基坑西南侧三层锚索支护全貌

图 3　坑内基底铺设钻机作业面

图 4　北侧基坑支护结构全貌

图 5　红运基坑 CFG 桩复合地基及旋挖桩施工全照

图 6　6 号楼 CFG 桩复合地基施工桩机

图7　CFG 桩复合地基桩身小应变检测

图8　CFG 桩复合地基桩身小应变检测

图9　旋挖钻孔灌注桩桩头

图10　1、2 号主楼基础筏板铺筋

第4章　深基坑引发环境地质灾害问题及沉降预测研究

深基坑工程不仅是岩土工程的研究热点，也是提高工程质量、减少事故的重点。深基坑工程除自身的稳定性问题外，还会引发许多环境地质灾害问题，如：地下水位下降，土体中孔隙水应力降低，有效应力增加，造成区域沉降；降水形成局部漏斗，造成不均匀地面沉降；开挖导致基坑壁侧向位移，使周围建筑物发生整体倾斜或局部拉裂；由于坑内外的水位差，产生潜蚀、流砂、管涌等渗透破坏现象；当动水压力超过土体本身抗渗能力时，松散砂土会部分或整体伴随地下水一起涌入基坑内，引起基坑坍塌；由于地处市区，影响邻近建（构）筑物、道路、地下煤气、上下水、电信、电缆等的安全，出现后果惨重的灾害事故等。

深基坑工程事故在建筑界显得异常突出，以致很难举出哪个地区、哪个大城市或特区已建基坑工程近年来不出毛病的例子。深基坑环境地质灾害所造成的影响或危害是巨大的、深远的。如何看待和处理这些问题，是深基坑设计、施工及管理部门亟待解决的问题，也是环境岩土工程学的一项重要内容。但在目前发表的文章和出版的论著中，很少或基本上未对该内容进行过全面讨论[43]。

本章针对深基坑开挖引发的环境地质灾害问题进行剖析，指出应注意的问题，提出相应防治措施；进一步地，采用人工神经网络方法，对深基坑开挖引发建筑物沉降灾害问题开展预测研究。

4.1　深基坑引发环境地质灾害问题研究

4.1.1　深基坑引发环境地质灾害主要形式

1）地下水位下降引起的环境地质灾害

平原区尤其沿海、沿江地区地下水埋深较浅，年平均水位一般在地下0.5～3m范围内，深基坑开挖过程中，改变了原有地下水的平衡状态，地下水向基坑内流动，如不采取控制地下水措施，则严重影响施工或无法施工。为此，在深基坑开挖过程中有必要采用降排水措施，以达到降低地下水水头压力、疏干基坑、固结土体、稳定边坡的目的。降水后，形成漏斗形的地下水水位面，导致一系列环境地质灾害问题。

（1）地下水位下降引发地质灾害的类型。地下水位下降会引起地面沉降、地表塌陷、海水入侵、水源枯竭、水质恶化等一系列不良地质问题，并对基坑稳定、建筑物安全等产生不良影响。

①地面沉降。由于地下水不断被抽汲，导致地下水位下降，引起区域性地面沉降，已成为一个亟待解决的环境岩土工程问题。降水漏斗范围内，土体中水平方向上不同，部位孔压不同，所产生的固结沉降、次固结沉降也不同，造成地面的垂直位移不均匀，形成不均匀地面沉降。

②地表塌陷。塌陷是地下水动力条件改变的产物。水位降深与塌陷有密切的关系。当降深保持在基岩面以上且较稳定时，不易产生塌陷；水位降深小，地表塌陷坑的数量少，规模小；降深

增大,水动力条件急剧改变,水对土体的潜蚀能力增强,地表塌陷坑的数量增多,规模增大。

③海水入侵。沿海城市,由于地下水位下降引起的地面沉降,导致部分地区的地面高程降低到低于或接近于海平面高程,以致这些地区经常遭受海水的侵袭,有些地区甚至长期积水,对当地人民的生活和生产带来严重威胁。

④地下水源枯竭,水质恶化。盲目抽汲地下水,当开采量大于补给量时,地下水资源就会逐渐减少,以致枯竭,造成泉水断流,井水枯干;地下水中有害离子量增多,矿化度增高;沿海地区淡水资源咸化,给地下水资源保护及水土保持带来严重影响。

⑤基坑失稳破坏。在地下水位比较高的土层进行基坑开挖,由于坑内外的水位差产生潜蚀、流砂、管涌等渗透破坏现象;当动水压力超过土体本身抗渗能力时,松散砂土伴随地下水一起涌入基坑内(流沙),导致坑壁或坑底失稳,引起基坑坍塌。

⑥对建筑物的影响。地下水位的升降变化只在地基基础地面以下某一范围内发生变化时,对地基基础的影响不大,地下水位的下降仅稍加大基础的自重力。当地下水位在基础底面以下的压缩层范围内发生变化时,若水位在压缩层范围内下降,将导致岩土的自重应力增加,可能引起地基基础的附加沉降。如果土质不均匀或地下水位突然下降,也可能使建筑物发生变形、破坏。

(2)地下水位下降引发地质灾害的机理。在基坑开挖过程中,由于水位降落而引起地面沉降,相应形成以水位漏斗为中心的地面沉降变形区,导致次范围内的建筑、道路、管网等设施因不均匀沉降而发生断裂、倾斜,影响其正常使用和安全。其环境地质变化机理为:

①地下水位下降,形成降水漏斗,影响区内孔隙水应力降低,有效应力增加,减小了土中地下水对建筑物的浮托力,并使软弱土层受到压缩,从而产生不均匀沉降。

②降水过程中,随着抽出的水流带走土层中部分细微土粒,引起周围地面沉降。地面沉降与地下水位降落是对应的,地下水位降落的曲面分布必然引起邻近建筑物的不均匀沉降。当地面沉降达到一定程度时,建筑物就会发生开裂、倾斜甚至倒塌现象。

③基坑开挖时,基坑内与周边地下水位存在一定的水头差,在动水压力作用下,基坑土会发生流(土)、潜蚀现象,导致土体结构松动和破坏,引起基坑坍塌。

④当基坑内、外水位差较大,或基坑下部有承压水存在,基坑使原有土压力减小到一定程度时,承压水的水头压力大于基坑底土体浮重力,形成管涌、侧涌现象,造成基土开裂。

2)支护结构变形引起的环境地质灾害

土方开挖改变了土中原有的应力状态,特别是在软土地区开挖基坑,土的流变性影响非常显著,引起支护结构较大变形,导致基坑周围地表沉降、基坑失稳、基底隆起等一系列环境地质灾害。

(1)支护变形引发地质灾害的类型。基坑工程的变形主要由支护结构位移、基坑底部隆起和周围地表沉降三部分组成。

①支护结构位移和边坡失稳。因支护结构位移过大造成的基坑灾害是常见形式。在深基坑开挖与支护过程中,几乎都会在基坑侧向不同部位出现一定的变形,侧向变形过大会引起支护结构破坏,如近几年在软土地区开始使用的土钉喷网支护经常会因支护体侧向变形过大而溃坏。基坑的边坡失稳有两种基本形式:一是在开挖中形成边坡,处理不当容易在基坑底部、边坡前或边坡内发生小型的边坡滑动;二是支护结构完成后,使基坑形成巨大临空面,由于支

护结构失效引起边坡失稳。

②基坑底部隆起。每个基坑开挖后坑底都会有不同程度的隆起变形发生。一些基坑工程在施工过程中,常因基坑发生较大的隆起量造成基坑失稳。研究表明,基坑的隆起量与基坑开挖后搁置的时间长短有关。据日本的实测数据,在不到10天的基坑搁置时间中,隆起量增加约50%左右。这说明土壤具有流变性。当基坑开挖深度较小时,因土壤蠕变引起的增加量不显著,随着开挖深度的增加,这种增加量的比例就会变大。因此,基坑开挖后应尽量减少基坑的搁置时间。

③基坑周围地面沉降。基坑开挖进程中所产生的地面沉降主要来自两个方面:一是由于工程降水引起的,二是由于支护结构变形引起的。

第一种情形已在4.1.1中阐述,产生的沉降是在较大范围内,一般是以深基坑为中心的环形区域里;第二种情形是当支护结构侧向变形达到一定程度时引发,沉降主要集中在基坑四周。

根据工程经验,在基坑周边的地面沉降往往是地下水疏干和支护结构变形叠加的结果。疏干地下水产生地面沉降,如果水位降低不大,产生的沉降危害可不予考虑,但水头降低过大,并且疏干的范围又较小时,不均匀沉降可能引起建筑物的倾斜、墙体开裂;而支护结构变形过大产生的地面沉降,对基坑周边产生的影响往往是更为严重的。

(2)支护变形引发地质灾害的机理

①基坑开挖后边坡在本身重力和其他外力作用下,土体会产生向低处坍滑的趋势,究其原因是由于土体工作条件发生了变化,应力状态产生了质的改变,失去了平衡,从而产生滑动。

②由于土体挖除,自重应力释放,致使坑底土向上回弹;基底土体回弹后,土体松弛与蠕变的影响使土隆起;基坑开挖后,支挡结构向坑内变位,在基底面以下部分的支挡结构向基坑内变位时,挤推其前面的土体,造成基底的隆起;黏性土基坑积水,因黏性土吸水使土体体积增大而隆起。

③在基坑周围产生较大的塑性区,并引起地面沉降。

④基坑底面暴露时间过长,使基坑积水,一方面,因黏性土的流变性将增大墙体被动压力区的土体位移和墙外土体向坑内的位移,从而增加地表的沉降。

⑤支撑物受破坏或锚杆体系抗拔力不足,拉杆自身断裂或拉杆及锚座的连接不牢等引起支护结构体系承载能力丧失、支护结构嵌入深度不足引起基坑隆起,并使地基强度降低或丧失。

3)基坑周围环境变异的危害

目前基坑工程大都用于高层建筑,而高层建筑大都建造于市政设施密集的城市区,基坑土体的开挖,卸去它们局部(或全部)的侧向支承力,故稍有不慎,即会产生市政管网破裂、道路开裂、塌陷,严重的导致房倒人亡。

(1)对周围市政管网的影响。深基坑的施工往往会对处于基坑附近的地下管线有较大的影响,特别是诸如地铁车站等大规模狭长支护的深基坑工程,对周围管线的影响是基坑工程不容忽视的重要内容。地下管线是个"马蜂窝",一捅就出乱子:地下污水管断裂,可能会使工地附近路面成河;地下自来水管断裂,更会给一方居民带来灾难;煤气管道断裂,易引发更大恶性事故;地下重要通信电缆被损坏,将会给国家造成政治、经济、军事方面重大损失。

(2)对周围建筑及道路的影响。我国大部分地区建筑密度大,基坑工程常处于闹市区,施工时要考虑对邻近建(构)筑物的影响。深基坑整体破坏,将造成毗邻建筑物倾斜、开裂甚至倒塌,地铁线路下沉,道路沉陷开裂。轻者引发工程纠纷,影响城市人民正常生活,重者酿成重大人员伤亡,造成巨大经济损失,必须予以足够重视。

基坑工程周边建筑物类型、新老程度、基础类型及管线的分布,无疑影响着基坑环境工程地质的危害程度。同样幅度的地面水平位移或沉降量,发生于老的和浅基的砖木结构建筑,可能会使其发生拉裂、坍塌、甚至倾倒;而若发生于新式桩基或其他深基础的混凝土结构建筑,则可能危害程度很小或没有危害。

4)环境地质灾害的相互关联

深基坑引发的环境地质问题常常是相互联系的。基坑开挖不当,可引起边坡变形或失稳;坑底由于土体回弹后,土体松弛与蠕变的影响使土隆起;基坑降水措施不当,导致涌沙,引起地面下沉;支护结构失效将极大地影响和改变地质环境,最直接的影响是造成基坑边坡失稳,进而引起地面沉降、房屋开裂甚至倒塌;沙性地层基坑大量涌沙也可导致边坡失稳。图4-1体现出基坑开挖中的环境地质灾害及其有机联系。因此,基坑工程是一个系统工程,基坑开挖中的各类环境岩土工程问题是相互联系的。

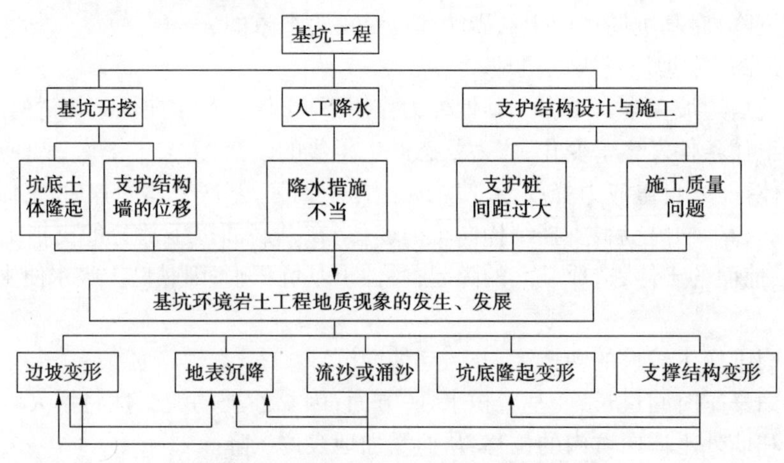

图4-1　深基坑环境地质灾害的相互关系

4.1.2　深基坑引发环境地质灾害的原因及特点

1)深基坑地质灾害产生原因剖析

基坑开挖扰动了土体,打乱了自然土体长期沉积以来的平衡,由于土体变形形状的不可知性、不确定性,如果设计考虑不周,或不按规定施工,或遇到暴雨、地震等,就会产生破坏(灾害),这些灾害虽不属于人力无法抗拒的自然灾害,但其破坏程度及对人类造成的危害不可轻视。人力无法抗拒的自然灾害毕竟发生的机会很少(几年或几十年才1次),而基坑开挖生成的地质灾害随基坑施工而存在,只是大部分隐而不发而已。因此该地质灾害在城市建设中影响面广,需引起各方面高度重视。

基坑工程事故产生的自然灾害面广量大,除了上述提到的原因外,还有管理、勘察、设计、施工、监理方面的问题,唐业清等通过对160起基坑灾害综合分析,统计它们各占6%、3.5%、46%、41.5%、3%。其中设计问题与施工问题造成的比例较大[42]。这几年来,随着土性了解的深入，基坑设计控制、审查的加强，设计引起的基坑灾害在减少。但因施工超挖超速、不遵守规定，不注意地下水的变化，不注重现场监测等造成的基坑灾害还时有发生。

基坑工程是系统工程，而且是动态的系统工程，现有土力学理论，特别是土压力理论还不能很好地解决这个工程难题。工程界只能根据目前的理论水平(规范要求)提供计算与设计，而这个设计必须与施工相结合，必须关注实际情况、实际的周围环境、实际的土体性状及变化。关注的最有效办法就是现场实测。根据实测和理论数据比较及时调整设计参数和施工参数。基坑设计主要是强度、变形与稳定性，而最直观与最有判断性的是变形，如果我们研究清楚基坑支护及土体的变形性状及变化规律，寻找到变形的预测的方法，由实测值修改设计值，由修改设计值及修正的预测方法继续预测，这样在基坑动态施工过程中进行动态管理，就能较好地解决这个动态的系统工程。在深基坑开挖与支护过程中，要满足支护结构和被支护土体的稳定性，就必须防止破坏极限状态发生。在破坏极限状态发生前，几乎都会在基坑侧向不同部位出现较大的变形，而且只在一处或少数几处开始发生破坏，然后随着应力的调整，快速地由点到面逐次破坏。

基坑的变形破坏，有其发生、发展、成熟的动态生成规律。其蠕变速率在滑动过程中是由小到大发展的，在缓慢发展之后，变形将进入加速发展阶段，直至破坏。在破坏前，基坑变形会有一个明显的变形加速过程，到破坏时，变形速率非常大。某处破坏之后变形又趋于新的稳定，但同时又有新的破坏在产生，这就是基坑灾害的诱因所在。

2)砂土基坑地质灾害特点分析

砂土地区，深基坑地质灾害主要是由渗透破坏引起的。砂土基坑渗透破坏模式和引发的地质灾害主要有：

①管涌破坏。管涌表现为细颗粒在较大颗粒的孔隙中随水流流出，常发生于级配不良的无黏性土中，管涌的持续发展，将会在土体内部形成空洞，极大威胁基坑工程的安全。

②流沙(土)破坏。流沙一般是指向上的渗透力大于上覆土自重力，使之上抬而破坏，或者在直立坑壁的情况下，水平向的渗透力只需要克服土颗粒之间的摩擦阻力，使坑后土体涌出，更容易造成工程事故。

③突涌破坏。当基坑下有承压水存在，开挖基坑减小了含水层上覆不透水层的厚度，在厚度减小到一定程度时，承压水的水头压力能顶裂或冲毁基坑底板，造成基坑突涌。突涌会破坏地基强度，导致基坑围护结构严重损坏或者倒塌。

④有时，虽然渗漏引起的渗流作用不会直接导致土体破坏，但由于围护结构附近的流网更为密集，水力梯度也更大，在渗透力的作用下围护结构附近土体有效应力迅速减小，容易形成贯穿的剪切破坏带，呈现楔形体的破坏特征；黏性土隔水层和围护结构在剪切效应及楔裂效应作用下，产生整体的顶升破坏。

⑤对承压水进行减压降水处理，往往会引起周围地表的不均匀沉降，进一步危害基坑周围建筑物、道路和地下官网等的安全使用。

因此，无论从基坑安全的角度，还是从引发周围环境地质灾害的角度，承压水控制的研究都是沙性土地基深基坑必须引起重视的问题。

3)软土基坑地质灾害特点分析

(1)软土的基本特征。软土的物理特性是天然含水率高(一般均大于液限)、孔隙比大、压缩性高、强度低、渗透系数小等。工程特征则表现为触变性、流变性、高压缩性、高灵敏度、低透水性及不均匀性等。这些特性对软土基坑工程的主要影响有：

①触变性。即当原状土受到振动（地震或施工扰动）后，会很快变成稀释状态，易产生侧向滑动、沉降及基底变形等现象。

②流变性。软土除排水固结引起变形外，在剪应力的作用下还会发生缓慢的剪切变形，这对建筑地基的沉降及地基的稳定性均有不利影响。另外，室内土工试验技术的局限性和施工因素的复杂性，导致在软土基坑施工中各工况下的不断变化的流变参数很难测准。

③高压缩性。软土属高压缩性土，软土的压缩系数 $\alpha_{1-2} > 0.5\text{MPa}^{-1}$，极易因其体积的压缩而导致地面和基坑支护结构沉降。

④低透水性。因其透水性弱和富水性强，对地基排水固结不利，不仅影响地基强度，同时延长了地基趋于稳定的沉降时间。

⑤低强度和不均匀性。软土地基强度很低，且极易出现不均匀沉降。

此外，软土的触变性主要使本来就很难测准的软土物理力学性质指标和参数在施工过程中受到轻微的扰动而明显地改变，流塑性主要引起土体位移动，直接表现为基坑底部隆起。

(2)软土基坑地质灾害特点。基坑开挖过程，实际上就是基坑内外土中应力场状态发生变化的过程，坑内卸荷，应力释放，坑外周围开挖面以下的土中应力差增加。位于基坑底部的软黏土地基，天然强度较低，在较小的荷载作用下，就会屈服破坏，产生塑性剪切变形，从而使地基沉降量增大。如果地基的稳定系数很小，则由地基塑性变形引起的沉降将会很大，按常规沉降计算公式无法预估。软土的不均匀性也导致沉降的不均匀，从而，产生支护结构倾斜或基底土破坏，墙趾土出现隆起，或基底软土层产生滑动面，使基坑处于不稳定状态[29]。随着基坑挖深的增加，各工况下的流变参数不断变化，引起基坑周围土体塑性变形区的发展，基坑变形速率也相应增加。

软土基坑地质灾害发生主要是因变形过大导致。软土基坑变形，有其发生、发展、成熟（破坏）的动态生成规律，其蠕变速率在滑动过程中是由小到大发展，在缓慢发展之后，变形将进入加速发展阶段，直至破坏。在破坏前，基坑变形会有一个明显的变形加速过程，到破坏时，变形速率非常大，某处破坏之后变形又趋于新的稳定，但同时又有新的破坏在产生。

软土基坑变形发展速率较慢，但受施工进度、施工振动、坑顶临时堆载、雨后上部土体重力的增加、降水等外界因素诱发时，常常呈现突发性。

①当上部土质条件较好时，超尺寸开挖施工，无壁基坑常会出现局部失稳情况。此时，监测到的坑顶位移量往往不大，而坑底软土的流变性和触变性容易使变形过大而引起坑壁的中下部出现破坏。

②施工振动会使土质变差，易产生侧向滑动、沉降及基底变形增大等现象。

③坑顶临时堆载及雨后上部土体重力的增加均会引起坑底应力的增加，对强度较低的软土显然产生不利影响。

④本身为饱和状态的软土，在降水时会加快固结作用，变形增加。

⑤因软土本身的特性、施工条件和环境条件的变化而引起软土结构的破坏，使其物理力学性质变差，基坑的稳定性降低以至失稳。

⑥在特定条件下，这些工程事故会进一步危害基坑周围建筑物、道路和地下管网等安全

使用。

因此,软土基坑施工时,应有合理的挖土方案和完善的监测手段来保证基坑施工的安全。开展信息化施工,及时进行险情预报,是预防软土基坑地质灾害发生的有效措施。

4.1.3　深基坑引发环境地质灾害的防治措施

1)坑周环境地质灾害的防治

使用管井降水后,易造成基坑周围地下水位的下降;开挖后,使该地段的地面发生下降,周围建筑和地下构筑物以及地下管线因沉降不均匀而受到不同程度的损伤。为尽可能消除这类影响,可在开挖边线外围设置隔水帷幕,将降水对周围环境的影响减小到最小程度。隔水帷幕的类型应根据土质条件来确定。为达到地下水的动态平衡,可在保护区设回灌井保护措施,尽量将外围地下水维护在原来水平。降水运行时,应防止过量抽水加剧周围地面沉降。设计基坑降水方案时,应对可能的基坑渗漏、水土突涌、地面沉降和塌陷等问题有应急处治预案。

2)坑底土体渗透破坏的防治

可对坑内土体和围护结构周边土体采用格栅式水泥土深层搅拌桩、高压旋喷桩及树根桩等方式加固处理。通过加固坑内土体,提高土的强度和变形特性,从而增加基坑的抗渗透破坏能力,提高基坑的稳定性;当土方开挖至设计高程时,立即浇筑垫层、底板等地下结构部分,缩短坑底土的暴露时间、松弛与蠕变时间以及土体吸水膨胀时间;另外,基坑开挖前和开挖过程中应将地下水位降至基坑开挖面以下一定深度,避免开挖过程中发生土体渗流液化问题。

3)支护变形引起环境地质灾害的防治

合理的土压力计算模型及开挖、支护类型的选择,是预防深基坑变形地质灾害的关键。基坑工程设计必须高度重视环境地质问题,结合地质条件和基坑工程特点,在确保深基坑自身安全的土压力和支护结构内力计算基础上,加强变形控制设计。一般来讲,采用地下连续墙和钢管作为横向支撑或地下连续墙与锚杆联合支护,可使支护结构变形和地面沉降达到最小程度。

目前,有限单元法、有限差分法、块体模型计算及其他数值计算法,可直接通过计算机仿真研究土体—支护体系相互作用及二者的变形,可将其作为支护设计的辅助措施,为灾害的防治提供科学、直观的分析手段。

4)施工中出现环境地质问题时的处理

(1)在基坑开挖过程中,经常会遇到支护墙上的局部渗漏,这些渗漏主要是施工质量引起的。如果渗漏点的水量不大,而且水中基本上不夹带泥沙,此时只要及时用速凝材料把漏水点堵住就可以了。

(2)如果墙面上出现具有一定压力的较大漏水,而且在水中夹带着较多泥沙,在开挖面上明显有泥沙沉积,此时,在墙背往往伴随发生较大的地面沉降,地下水位出现聚降。对于这种情况,首先应了解墙背水源补给情况,如有上下水管漏水,必须及时修复,待漏点的水压减低后,再在基坑内把漏洞堵好。

(3)观察在开挖面上沿墙边附近有没有隆起、冒砂或冒气现象,在沉积的砂堆中仔细观察有没有存在渗水通道,若存在这种现象,表明开挖面以下有墙体施工质量不良,或者可能是支护结构抗渗流能力不够。这种情况下,应暂停基坑内挖土,根据具体情况立即采取补救措施。主要方法有:

①用地质雷达等物探手段查明墙背土体中可能已经现成的空洞,以及空洞的位置和大小,

然后用注浆或高压喷射等方法把空洞填实,增补隔水帷幕。

②在基坑内,把开挖面以下的沿着支护墙的那部分土层进行注浆加固,提高土体的抗渗性能。土体的加固宽度可取墙体在开挖面以下插入深度的 1/2,加固深度一般不超过 4m,或根据抗渗验算确定。

(4)当基坑底部有承压水时,而且坑底的不透水土层又没有足够的厚度时,容易使坑内土体产生较大的隆起。在发生隆起破坏之前,一般在支护墙边以及支撑立柱四周看到冒水,冒砂现象。对此,可以采用穿过坑底不透水层的减压井来处理。

(5)如果支护结构强度不足,有可能引起土体滑动,在地面形成裂缝,或在基坑内产生大量隆起,使主体工程的工程桩产生位移。遇到这种情况,应采取的措施有:

①封堵在地面出现的所有裂缝,防止雨水或其他地面水流入缝隙;

②清除基坑周围的地面荷载,并尽可能卸除部分基坑边上的土方,以减小支护结构上的侧向荷载;

③向基坑内回土,待土层加固后再重新挖除;

④将基坑内外沿滑动面上下进行加固,滑动面位置根据现场所表现出的滑动现象并结合工程地质资料进行估计。

(6)基坑加固时,采用能有效提高土层抗剪强度的地基处理方法,如注浆,高压喷射等,也可以沿滑动面打抗滑桩加固。注浆方法是一种不得已的方法。因为处理不妥往往会由于注浆压力使地基土的原状结构破坏而于事无补。因此必须严格控制注浆压力,宁低勿高,宁慢勿快。而且应在浆液中掺入高效速凝材料。

4.1.4 深基坑引发环境地质灾害的防治对策

由于在基坑支护结构上的作用具有许多不确定因素,以及在设计理论上存在着不完善现状,要避免产生重大基坑事故,首先要采取预防为主的对策。在基坑工程施工的全过程中,应认真对待,加强科学研究,详尽勘察、优化设计、精心施工、智能监测,采用综合防治对策,将环境地质问题所产生的灾害减至最小甚至根除[35,80]。

(1)开展详尽的工程地质勘察。工程地质勘察资料是深基坑工程施工的重要依据。通过详细的工程地质勘察,为设计施工提供需要的参数和指标,确定合理的开挖方案、开挖步骤。如果地下工程建设所涉及的勘察资料不详细、不准确,势必给支护工程带来事故隐患。

(2)加强理论和原型试验研究。地下工程开挖与支护包含着土力学强度与稳定问题、位移变形问题、土与支护结构相互作用问题以及环境岩土工程问题。岩土工作者需联合作战,共同开展理论研究,努力探索其客观规律。实际工程是最好的原型试验,在实验室中无法考虑的诸多可变因素在实际工程中均得到了充分的反映。地下工程设计施工理论应该用实际工程中积累得到的实测资料进行验证和改进,进一步提高设计参数的精度。

(3)优化设计。深基坑工程是半理论半经验的学科,设计工作者切不可盲目运用理论知识,特别是现有软件进行工程设计,而必须结合当地工程经验,结合地形、地质特点及周边环境、桩基等各方面情况进行优化设计,做到定量分析与定性分析相结合,理论与试验相结合,概念设计与具体设计相结合[35]。按基坑设计图纸施工前,必须经当地建设主管部门组织的专家组会审图纸,经必要的修改后才能实施。实施过程中如有大的更改,应该再组织专家会审。例如,上海地区超过 7m、武汉地区超过 6m 的基坑设计,必须经过专家组审查通过后方可施工。

实践证明,这些措施可有效地防止地质灾害发生。

(4)精心施工。施工人员必须严格按照图纸精心施工。深基坑开挖必须分层分段,做好排水措施,且周边绝不可超载,围岩切忌暴露时间过长、空间过大。信息化施工可以有效提高基坑施工成功率,大型、重要工程应该运用基坑施工变形智能控制技术。

(5)重视智能监测研究。监测是基坑工程施工中的一个重要环节,组织良好的监测能够将施工中各方面信息及时反馈给开挖组织者,根据对信息的分析,可对基坑工程围护体系变形及稳定状态加以评价,并预测进一步挖土施工后将导致的变形及稳定状态的发展。根据预测判定施工对周围环境造成影响的程度,以制定进一步施工策略,实现所谓信息化施工。基坑变形是一个随机演化过程,体现多因素的影响,很难确定某一原因或因素在其中所起的确切作用。现场监测的位移值就是体现综合因素得到的可以信赖和最具实际意义的数据。利用一定的预测方法对现场观测数据进行科学的整理,对指导施工、提前采取措施以避免基坑破坏具有非常重要的意义。

(6)建立险情预警和紧急抢险程序预案。为确保人民生命财产安全,当地政府应该组织相关部门建立预警和抢险救灾系统,如工地随时有充足数量的砂包静候,工地实施 24h 巡逻制,工地与城建、市政、房管、水电、公安等部门快速联系,如城市抢险救灾程序预案系统的及时启动。

(7)推行时空效应的工程技术。近年来许多岩土工程专家认为,要接受过去几年深基坑周围地层移动引起附近建筑和设施破坏的经验教训,在技术规程中,要重视控制基坑变形问题,而运用时空效应规律在软土地区是一条安全、经济的技术途径。实践证明,运用时空效应规律,能可靠而合理地利用土体自身在基坑开挖过程中控制位移的潜力,达到保护环境的目的。在软土基坑开挖中,适当减少每步开挖土方的空间尺寸,并减少每步开挖所暴露的部分基坑挡墙的未支撑前的暴露时间,是考虑时空效应、科学地利用土体自身控制地层位移的潜力,以解决软土深基坑稳定和变形问题的基本对策。

4.1.5　小结

(1)深基坑环境地质灾害主要有:地下水位下降引起的环境地质灾害、支护结构变形引起的环境地质灾害、损害周围环境及影响其正常使用的其他破坏。

(2)深基坑工程事故产生的自然灾害面广量大,其产生原因除了土性的不确定性外,还有管理、勘察、设计、施工、监理方面的问题。

(3)深基坑的变形破坏,有其发生、发展、成熟的动态生成规律,其蠕变速率在滑动过程中是由小到大发展的,在缓慢发展之后,变形将进入加速发展阶段,直至破坏。在破坏前,基坑变形会有一个明显的变形加速过程,到破坏时,变形速率非常大,某处破坏之后变形又趋于新的稳定,但同时又有新的破坏在产生,这就是深基坑灾害的破坏机理。

(4)砂土深基坑和软土深基坑的地质条件不同,其环境地质灾害问题各有其特点。

(5)针对降水引发坑周环境地质灾害、基坑土体渗透破坏、支护变形引发环境地质灾害、施工中出现的环境地质问题,应采取有针对性的预防治理措施。

(6)深基坑环境地质灾害的防治对策有详尽勘察、加强理论和原型试验、优化设计、精心施工、加强现场监测、建立预警和抢险救灾系统、重视时空效应技术等。

4.2 深基坑周边建筑物沉降预测的人工神经网络方法

4.2.1 引言

传统方法将影响基坑状态的诸因素看作确定性量,用安全系数作为衡量基坑状态的指标。然而,大量的试验和工程实践证明,影响基坑状态的因素如岩土强度参数、外界荷载、边界条件、地下水、岩土体内的各种不连续面等,有许多具有很大的随机性,用确定性方法进行计算评价会带来很大的误差,甚至结果失真。岩土土性的不确定性,首先在于岩土性质本身在空间和时间域上的可变性。若以一定范围的土体而言,土性空间均值也存在着不确定性。另外,由于在室内或现场试验存在着试验误差,土性参数测试中的条件与实际情况有出入而引起的误差,都会导致土性参数的不确定性。

思维方法的变革是土力学与工程研究取得突破的关键。如何引入相关学科的新知识、新理论,使之更好地指导深基坑工程的实践,是必须考虑的问题。伴随着思维方法的变革,而提出的"不确定性系统分析方法",为大型岩土工程分析和设计提供了新思路。这种方法也可以称为综合智能分析方法,它是在人工智能、神经网络、遗传算法、时序分析、模糊数学、灰色理论、系统科学等学科兴起的基础上建立起来的。

深基坑工程是一个复杂的开放系统,在其演化过程中,不断地与周围环境进行物质和能量交换。由于既受变形力学机制、岩土体物理力学性质变化等内动力的制约,又受环境条件如地应力、降水、地下水位、人为开挖、支护等外动力的影响,且各种内外动力作用都是动态变化的,致使深基坑工程的变形特征十分复杂,具有很强的随机性和不确定性。

人工神经网络方法具有强大的非线性映射能力,本节尝试采用神经网络方法对深基坑开展变形分析和预测,为深基坑工程研究提供新思路。

4.2.2 人工神经网络的基本特征和结构

1)人工神经网络的基本特征

人工神经网络是一种智能仿生模型,它是人类在认识自身并对生物神经网络进行模拟的基础之上而产生的一门高新技术。它随着计算机和人工智能的发展与广泛应用而获得巨大生命力。人工神经网络具有显著的跨学科特点,目前已经成为现代脑神经科学、数理科学、计算科学、微电子学等综合研究领域和共同的科学前沿。它的基本特征有:

(1)分布存储和容错性。一个信息并不是存储在一个地方,而是按内容分布在整个网络上,网络某一处不是只存储一个外部信息,而每个神经元存储多种信息的部分内容,网络的每一部分对信息的存储有等势作用。这种分布式存储方法是将存储区与运算区合为一体。在神经网络中,要获得存储的知识则采用"联想"的办法,即当一个神经网络输入一个因素时,它要在已存的知识中寻找与该输入匹配最好的存储知识为其解。当然在信息输出时,也还要经过一种处理,而不是直接从记忆中取出。这种存储方式的优点在于若干信息不完全(就是说或者丢失或者损坏甚至有错误信息)时它仍能恢复出原来正确的完整的信息,系统仍能正常运行。

(2)大规模并行处理能力。人工神经网络在结构上是并行的,而且网络的各个单元可以同时进行类似的处理过程。因此,网络中信息处理是在大量单元中并行而又有层次地进行,运算速度快,大大超过传统的序列式计算的数字机。

(3)自学习、自组织和自适应性。神经网络是一种变结构系统,恰好能完成对环境的适应和对外界事物的学习能力。神经元之间的连接有多种多样,各单元之间连接强度具有一定的可塑性,相当于突触传递信息能力的变化。这样,网络可以通过学习和训练进行自组织以适应不同信息处理的要求。

(4)神经网络是大量神经元集体行为,并不是各单元行为的简单相加,而表现出一般复杂非线性动态系统的特征,如不可预测性、不可逆性。

(5)神经元可以处理一些环境信息十分复杂、知识背景不清楚和推理规则不明确的问题。例如:语音识别,医学诊断以及市场估计等,都是具有复杂非线性和不确定性对象的控制。在那里,信息源提供的模式丰富多彩,有的互相间存在矛盾,而判定决策原则又无条理可循,通过神经网络学习,从典型事例中学会处理具体问题,给出比较满意的解答。神经网络同时也是一种信息处理系统,其信息处理的基本特征是具有分布存储与容错性、并行处理性、信息处理与存储的合二为一性、可塑性与自组织性,以及分层进行和系统性等特点。它对多变量、非线性系统的数据处理具有速度快,能力强的优点[27]。

2)人工神经网络的构成原理

人工神经网络的构成包括三个主要问题:神经元功能函数、神经元之间的连接形式和学习。

(1)神经元功能函数。神经元在输入信号作用下产生输出信号的规律由神经元功能函数 f 给出,这是神经元模型的外特征。它包含了从输入信号到净输入、再到激活值、最终产生输出信号的过程。f 函数形式多样,利用它们的不同特征可以构成功能各异的神经网络。通常,f 函数可划分为三种类型:简单的映射关系、动态系统方程和概率统计模型。对于简单的映射关系模型,各神经元构成的输出矢量 Y 与输入矢量 X 符合某种映射规律,不考虑神经元的时间滞后效应。例如:

$$Y = f(wx - \theta) \tag{4-1}$$

式中:θ——阈值矢量。

这种映射可以是线性的,也可以是非线性的。

动态系统方程模型反映了神经元输出与输入之间的延时作用,通常利用差分方程或微分方程描述,例如:

$$Y(t+1) = f(wX_{(t)} - \theta) \tag{4-2}$$

概率统计模型的输出 Y 与输入 X 之间不存在确定性的关系,而是利用一个随机函数说明神经元特性。

(2)神经元之间的连接形式。神经网络是一个复杂的互连系统,单元之间的互连模式将对网络的性质和功能产生重要影响。典型的网络结构为前馈网络和反馈网络结构。

①前馈网络。此种网络可划分为若干"层",各层依次排列,第 i 层的神经元只接受第(i-1)层神经元给出的信号,各神经元之间没有反馈。前馈网络可用一有向无环路图表示,如图4-2所示。网络输入节点没有计算功能,只是为了表征输入矢量各元素值。以后各层节点表

示具有计算功能的神经元,称为计算单元。每个计算单元可有任意个输入,但只有一个输出,它可送到多个节点作为输入。

②反馈网络。典型的反馈网络如图4-3所示,每个节点都表示一个计算单元,同时接受外加输入和其他各节点的反馈输入,每个节点也都直接向外部输出。图中,每一个连接弧都是双向的,它是个自环反馈网络。这里,第 i 个神经元对于第 j 个神经元的反馈与第 j 个神经元对第 i 个神经元反馈的连接权重相等。

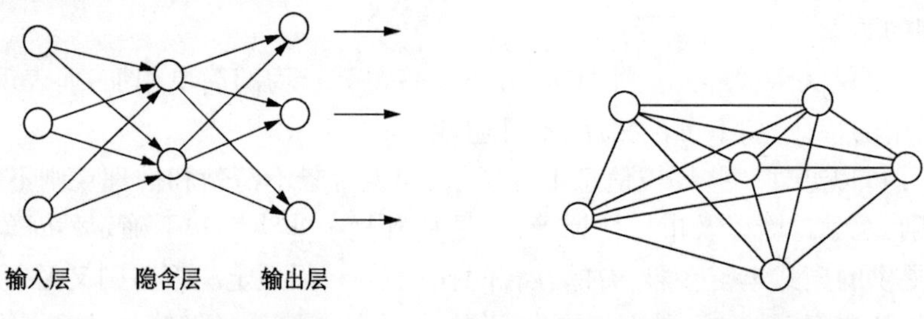

图4-2 前馈网络结构图　　图4-3 反馈网络结构图

(3)学习(训练)。学习功能是神经网络最主要的特征之一。各种学习算法的研究,为神经网络的实际应用提供了方便。误差修正法作为一种应用较多且较为方便的方法得到了各界的认可,本书也将采用此方法进行网络学习。

在给定样本的条件下,首先随机设置初始权重值(包括网络权重和阈值),然后,加入样本矢量。对于第 i 个神经元,假设 x_j 为输入矢量的第 j 元素,而 w_{ij} 是相应的权重值。如果期望输出为 d_i,而实际输出为 y_i,那么,在训练的过程中,w_{ij} 的调整规则由下式给出,即

$$w_{ij}(t+1) = w_{ij}(t) + \alpha(d_i - y_i)x_j \tag{4-3}$$

或

$$\Delta w_{ij} = w_{ij}(t+1) - w_{ij}(t) = \alpha(d_i - y_i)x_j \tag{4-4}$$

式中:α——调整步幅系数,$\alpha > 0$。

令:

$$\varepsilon = d_i - y_i \tag{4-5}$$

表示预期输出与实际输出的差值。若“$\varepsilon > 0$ 且 $x_j > 0$,为了提高 y_i 缩小 ε,应使 w_{ij} 增加,此时求得的 $\Delta w_{ij} > 0$;当 $\varepsilon > 0$ 且 $x_j < 0$,为缩小 ε 而要求 w_{ij} 减小,故求得的 $\Delta w_{ij} < 0$。对于 $\varepsilon < 0$ 的情况,与此相反。经反复调整迭代收敛后即可求出最合理的 w_{ij} 值。

4.2.3 BP神经网络

1)BP网络模型算法原理

BP(Back-Propogation)神经网络是一种误差反向传播的分层前馈式网络,由输入层、输出层及隐含层组成。隐含层可有一个或多个,每层由若干个神经元组成。当信号输入时,首先传到隐节点,经过作用函数后,再把隐节点的输出信号传播到输出层节点,经过处理后给出输出结果。节点的作用函数通常选用S型函数。网络的特点是下一层神经元与上一层所有神经元连接,而同一层神经元之间没有任何耦合。网络学习过程包括正向传播和反向传播。在正向传播过程中,输入信息从输入层经隐层加权处理传向输出层,经作用函数运算后得出的输出值与期望值进行比较,若有误差,则误差反向传播,沿原先的连接通路返回,通过逐层修改各层神经元的权系数,减小误差,如此循环直到输出满足要求为止。图4-4为BP网络学习过程原理图。

可见,BP 算法属于学习律,是一种有教师的学习算法。它的实质是以实际输出与给定教师输出的误差来修改其连接权和阈值,使二者尽可能地接近。

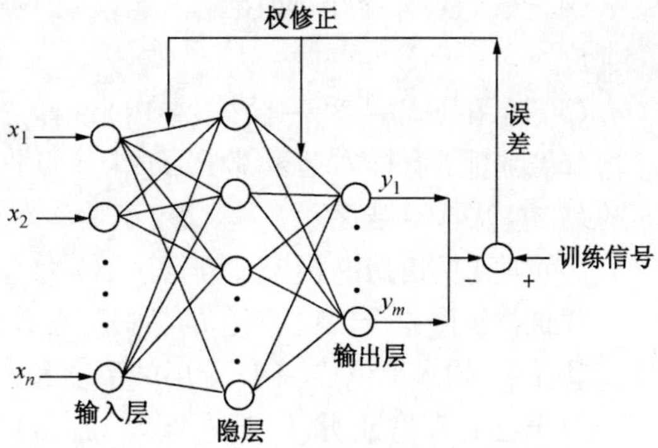

若有 L 对学习样本 $(\bar{X}_k,\bar{Q}_k)$ $(k=1,2,\cdots,L)$,设一个输入 $\bar{x}_k$ 经网络传播后得到的实际输出为 $\bar{y}_k$,则它与要求的期望输出 $\bar{Q}_k$ 之间的偏差:

$$E_k = \frac{1}{2}\sum_{i=1}^{m}(y_{k,i} - O_{k,i})^2 \qquad (4\text{-}6)$$

式中:m——输出层单元数;

$y_{k,i}$——第 k 个样本第 i 分量的实际输出;

$O_{k,i}$——第 k 对样本的第 i 分量的期望输出。

图 4-4　BP 网络学习过程原理图

这样整个样本集的总误差为:

$$E = \sum_{k=1}^{L} E_k \qquad (4\text{-}7)$$

BP 网络学习算法的误差准则为通过学习不断调整权系数 W_{ji},使得偏差 $E < \varepsilon$,满足要求。权系数 W_{ji}的调整采用梯度下降法:

$$\Delta W_{ji}^{(k)} = -\eta\left(\frac{\partial E_k}{\partial W_{ji}}\right) \qquad (4\text{-}8)$$

式中:η——学习速率,用以控制学习速度。

所有学习样本对权 W_{ji}的修正为:

$$\Delta W_{ji} = \sum_{k}^{L} \Delta W_{ji}^{(k)} \qquad (4\text{-}9)$$

为增加学习过程的稳定性,防止在训练时陷入局部极小,通常增加一个动量项 α,有:

$$\Delta W_{ji}(t+1) = \sum_{k}^{L} \Delta W_{ji}^{(k)} + \alpha \Delta W_{ji}(t) \qquad (4\text{-}10)$$

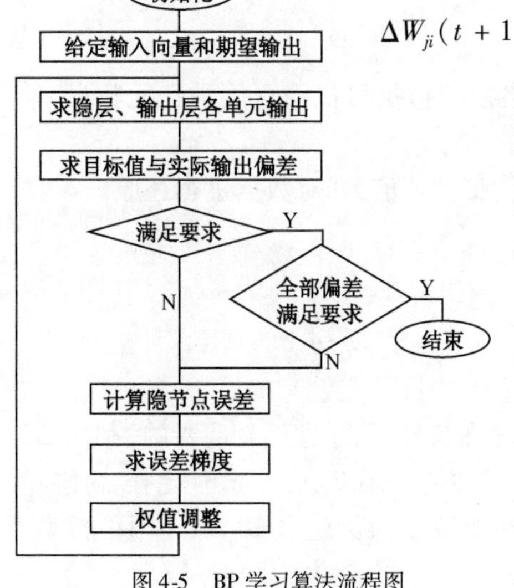

图 4-5　BP 学习算法流程图

学习率 η 和动量项 α 都在(0,1)范围内选取。较大的学习率 η 将加快系统的学习过程,但可能使系统陷入局部极小;非无限小的动量项 α 能抑制振荡的发生,但可能使学习过程变慢。

图 4-5 为 BP 算法流程简图。

据此,BP 算法计算步骤如下:

(1)初始化。将网络中所有权值 W 置为零左右很小的随机数,即 W = random(.) 。

(2)提供待解问题的 L 对学习样本 $(\bar{x}_k,\bar{Q}_k)$ $(k=1,2,\cdots,L)$。

(3)逐层计算出实际输出值。

(4)按式(4-7)判断期望输出与实际输出是否一致,若是则转入第(6)步,若非则转第(5)步。

(5)运用公式(4-8)~公式(4-10)计算并调整权值。

(6)判断所有样本是否都学习成功,若是则转第(7)步,若非则转第(2)步继续执行。

(7)算法执行结束。

2)沉降预测的BP模型建立

建筑物沉降是个模糊、灰色的随机过程,其影响因素众多。本书采用降水深度、基坑开挖深度、基坑的平均水平位移、不同土层的重度和内摩擦角五个因素来预测建筑物未来的沉降情况。

由于已有理论证明,具有一个隐含层的3层BP神经网络可以逼近任意非线性映射,所以本书设计的模型为3层网络结构。使用Fortran Powerstation编写此BP模型,具体模型通过以下几步得到:

(1)将各影响因素实测数据和观测沉降实际所得的数据分为学习样本和预测样本。具体方法是将观测数据 x_1 , x_2 ,…, x_n 分成 k 组,每组有 $m+1$ 个值,前 m 个作为网络输入,与后一个作为期望输出形成输入模式对,如表4-1所示。

网络训练的输入与输出值 表4-1

网络输入值	期望输出值
x_1 , x_2 ,…, x_m	x_{m+1}
x_2 , x_3 ,…, x_{m+1}	x_{m+2}
… …	…
x_k , x_{k+1} ,…, x_{k+m-1}	x_{k+m}

(2)确定输入参数和控制参数 x_1 。需输入的已知参数为:学习样本个数、预测样本个数、输入层神经元个数、输出层神经元个数、隐含层神经元个数、学习模式对、预测模式对。

(3)样本数据归一化处理。利用极差正规化公式将学习模式对和预测模式对数值归一化为(0,1)之间的数。归一化公式为:

$$x' = \frac{x - x_{\min}}{x_{\max} - x_{\min}} \tag{4-11}$$

(4)运用BP算法训练网络,并得到网络模型。网络模型包括最优隐含层神经元数目,最优学习率等网络模型参数。

(5)将预测样本代入已经训练完毕的BP模型得到模型预测值,并对数据进行还原。

根据归一化公式可推出还原公式如下:

$$x = x_{\min} + x'(x_{\max} - x_{\min}) \tag{4-12}$$

经还原后所得到的 x 值即为BP模型预测结果。

4.2.4 基于BP神经网络的建筑物沉降预测

对基坑周围建筑物的沉降量进行全面、准确、可靠的评价和预测是至关重要的,利用BP神经网络技术进行沉降数据的预测将是个新的尝试。由于该基坑临近邮电局、住宅楼,沉降量小,变化规律不明显,所以本书以铝镁院原办公大楼的实测数据为例建立BP神经网络模型,对铝镁院原办公大楼沉降规律进行研究。

为了建立 BP 神经网络模型,把基坑支护结构各监测点的水平位移图 3-10 ~图 3-13 化成水平平均位移,见表 4-2,把铝镁院原办公楼各沉降监测点的沉降量图 3-14 ~图 3-16 化成平均沉降量见表 4-3。

基坑支护结构各监测点的水平平均位移(mm)　　表 4-2

日　期	观 测 值	日　期	观 测 值	日　期	观 测 值
5-29	1.10	6-27	6.73	7-27	6.87
5-31	2.17	6-29	6.73	7-29	6.87
6-01	2.70	7-01	6.73	7-31	6.87
6-03	3.07	7-03	6.73	8-02	6.87
6-05	3.73	7-05	6.83	8-04	6.87
6-07	3.80	7-07	6.87	8-06	6.87
6-09	4.30	7-09	6.87	8-08	6.87
6-11	4.70	7-11	6.87	8-10	6.87
6-13	5.00	7-13	6.87	8-12	6.87
6-15	5.20	7-15	6.87	8-14	6.87
6-17	5.37	7-17	6.87	8-16	6.87
6-19	5.63	7-19	6.87	8-18	6.87
6-21	5.97	7-21	6.87	8-20	6.87
6-23	6.27	7-23	6.87	8-22	6.87
6-25	6.53	7-25	6.87		

铝镁院原办公大楼平均沉降监测数据(mm)　　表 4-3

日　期	观 测 值	日　期	观 测 值	日　期	观 测 值
5-29	1.33	6-27	3.83	7-27	3.83
5-31	3.00	6-29	3.83	7-29	3.83
6-01	3.25	7-01	3.83	7-31	3.83
6-03	3.42	7-03	3.83	8-02	3.83
6-05	3.42	7-05	3.83	8-04	3.83
6-07	3.42	7-07	3.83	8-06	3.83
6-09	3.42	7-09	3.83	8-08	3.83
6-11	3.42	7-11	3.83	8-10	3.83
6-13	3.42	7-13	3.83	8-12	3.83
6-15	3.42	7-15	3.83	8-14	3.83
6-17	3.46	7-17	3.83	8-16	3.83
6-19	3.50	7-19	3.83	8-18	3.83
6-21	3.58	7-21	3.83	8-20	3.83
6-23	3.67	7-23	3.83	8-22	3.83
6-25	3.75	7-25	3.83		

1)BP 神经网络设置

采用 MATLAB 神经网络工具箱建立三层 BP 神经网络。输入层节点 5 个,分别代表降水深度、基坑开挖深度、基坑周边平均水平位移、土体重度、土体内摩擦角。输出节点1个,代表建筑物沉降量。对于BP网络的隐层节点属于不确定层,本文采用三层结构的T3P网络,即5-H_n-1结构,但隐含单元个数H_n仍未知。在实验过程中将隐含层的神经单元个数H_n作为一个参数试验。网络参数设置如下:

net. trainParam. show = 15;　　net. trainParam. lr = 0. 01;

net. trainParam. epochs = 3000;　　net. trainParam. goal = 0. 0002。

2)定性变量设置

对监测数据进行整理,以表4-2、表4-3前68天的监测数据为基础来预测后20天的沉降值。取监测数据的前34组数据(即前68天的监测数据)来构成学习样本,后10组数据(即后20天的沉降值)构成预测样本。学习样本见表4-4。

训练样本和预测值　　表4-4

样本序号	降水深度(m)	开挖深度(m)	基坑水平平均位移(mm)	土体重度(kN/m^3)	土体内摩擦角(°)	预测值(mm)	实测值(mm)
1	6.16	1.60	1.10	18.5	10	1.34	1.33
2	6.36	4.95	2.17	19.5	15.43	2.97	3.00
3	6.58	4.95	2.70	19.5	15.43	3.21	3.25
4	7.39	7.95	3.07	16.9	33	3.38	3.42
5	7.52	7.95	3.73	16.9	33	3.39	3.42
6	7.70	9.93	3.80	16.9	33	3.41	3.42
7	7.85	10.20	4.30	18.9	38	3.42	3.42
8	7.99	11.33	4.70	18.9	38	3.37	3.42
9	8.10	11.33	5.00	18.9	38	3.38	3.42
10	8.21	11.33	5.20	18.9	38	3.39	3.42
11	8.28	11.33	5.37	18.9	38	3.45	3.46
12	8.35	11.33	5.63	18.9	38	3.49	3.50
13	8.42	11.33	5.97	18.9	38	3.57	3.58
14	8.51	11.33	6.27	18.9	38	3.70	3.67
15	8.60	11.33	6.53	18.9	38	3.76	3.75
16	8.69	11.33	6.73	18.9	38	3.77	3.83
17	8.60	11.33	6.73	18.9	38	3.79	3.83
18	8.51	11.33	6.73	18.9	38	3.82	3.83
19	8.43	11.33	6.73	18.9	38	3.83	3.83
20	8.32	11.33	6.83	18.9	38	3.83	3.83
21	8.21	11.33	6.87	18.9	38	3.85	3.83
22	8.09	11.33	6.87	18.9	38	3.85	3.83
23	8.16	11.33	6.87	18.9	38	3.84	3.83
24	8.23	11.33	6.87	18.9	38	3.85	3.83
25	8.30	11.33	6.87	18.9	38	3.83	3.83

续上表

样本序号	降水深度（m）	开挖深度（m）	基坑水平平均位移（mm）	土体重度（kN/m³）	土体内摩擦角（°）	预测值（mm）	实测值（mm）
26	8.37	11.33	6.87	18.9	38	3.82	3.83
27	8.44	11.33	6.87	18.9	38	3.83	3.83
28	8.50	11.33	6.87	18.9	38	3.84	3.83
29	8.55	11.33	6.87	18.9	38	3.84	3.83
30	8.40	11.33	6.87	18.9	38	3.82	3.83
31	8.26	11.33	6.87	18.9	38	3.81	3.83
32	8.11	11.33	6.87	18.9	38	3.83	3.83
33	7.96	11.33	6.87	18.9	38	3.83	3.83
34	7.82	11.33	6.87	18.9	38	3.84	3.83

3）网络预测结果分析

当网络训练结束之后，用 sim 函数进行仿真网络的输出，并与目标输出进行比较，来检验网络的性能。图 4-6 为 matlab 计算结果。

4）网络训练和检验

BP 网络采用梯度下降法来降低网络的训练误差，训练后的预测值和检验样本的预测值分别见表 4-4 和表 4-5。表明了 BP 网络的训练和检验取得了令人满意的结果，说明利用人工神经网络方法进行建筑物沉降预测是可行的，预测结果是可信的。

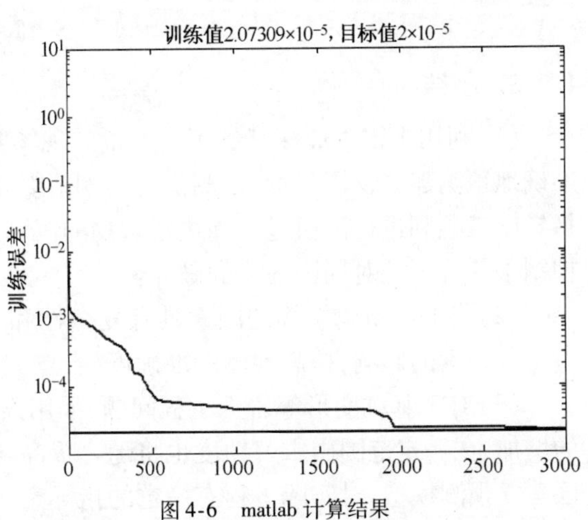

图 4-6　matlab 计算结果

检验样本和预测值　表 4-5

样本序号	降水深度（m）	开挖深度（m）	基坑水平平均位移（mm）	土体重度（kN/m³）	土体内摩擦角（°）	预测值（mm）	实测值（mm）	误差（%）
35	7.68	11.33	6.87	18.9	38	3.81	3.83	-0.5
36	7.68	11.33	6.87	18.9	38	3.84	3.83	0.3
37	7.69	11.33	6.87	18.9	38	3.82	3.83	-0.3
38	7.69	11.33	6.87	18.9	38	3.83	3.83	0
39	7.70	11.33	6.87	18.9	38	3.83	3.83	0
40	7.70	11.33	6.87	18.9	38	3.84	3.83	0.3
41	7.71	11.33	6.87	18.9	38	3.82	3.83	-0.3
42	7.72	11.33	6.87	18.9	38	3.81	3.83	-0.5
43	7.73	11.33	6.87	18.9	38	3.84	3.83	0.3
44	7.69	11.33	6.87	18.9	38	3.83	3.83	0

5)实测沉降值和神经网络预测值的比较分析

以原办公大楼沉降数据分析,沉降实测值和BP神经网络预测值比较图见图4-7。

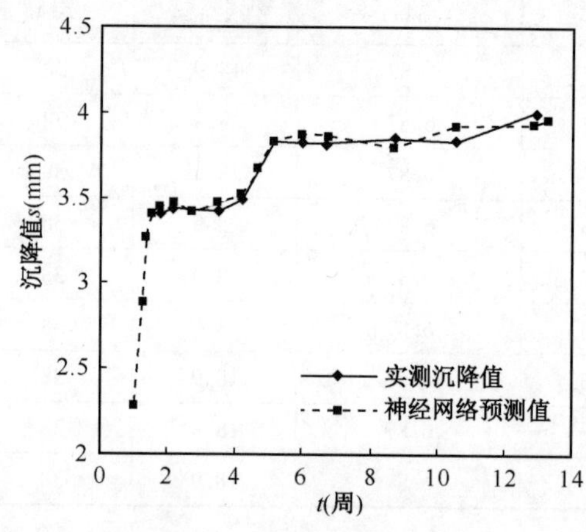

图4-7　实测值与预测值的比较

4.2.5　小结

(1)利用中铝大厦深基坑工程大量的现场实测资料,采用BP人工神经网络方法可以较为准确地预测建筑物沉降量,预测值与实测值吻合较好,具有较高的可信度,并在一定程度能够指导施工顺利进行。通过对周边建筑物的沉降预测,保证了周边建筑物的安全可靠性,有效地控制了基坑开挖对周围环境的破坏。

(2)影响建筑物沉洚的因素具有复杂性和多变性,采用人工神经网络可以根据需要充分考虑各因素的影响,提高预测的准确度。

(3)对于基坑变形等岩土工程问题,采用人工神经网络进行预测分析时,随着训练数据量的增加,在一定范围内求解精度也将随之提高,特别适用于已积累大量基坑工程实测资料的地区建立预测模型,对实际工程有一定的指导意义。

(4)人工神经网络具有良好的非线性映射能力。在考虑的影响因素较多时,它比其他方法如线性相关法、经验公式法等具有较大的优越性。它通过优化运行策略的自学习,全面综合地考虑各因素之间的相互影响,对解决岩土工程领域中的非线性问题具有良好的应用前景。

第 5 章　深基坑开挖过程之三维有限元分析

5.1　有限元法及 ADINA 软件介绍

5.1.1　有限元法在基坑工程中的应用

有限元方法最初是在 20 世纪 50 年代作为处理固体力学问题的方法提出的,国外在这方面起步比较早。纵观已有的研究,有限元在土力学领域的发展大致有三个方向:有限元计算中土体本构关系模型的发展、改进;有限元计算方法本身的改进;计算程序面向工程界,向通用性、规范化发展。有限元法真正用于实际工程是在 20 世纪中叶电子计算机出现以后。自从 1966 年美国的克拉夫和伍德首先用有限元分析土坝以来,有限元法在岩土工程中应用越来越广[16]。Duncan 和 Chang(1970)用有限单元法对一水泵厂施工现场的基坑开挖进行了分析,采用了 Duncan-Chang 模型来描述土的应力应变关系;Clough 和 Duncan 最早采用接触面单元来描述土与墙之间的接触特性,并对一挡土墙进行了有限元分析;L. V. Medeiros 对一开挖直至破坏的试验基坑及周围土体进行了有限元分析,表明非线性应力—应变关系能较好地反映实际。

由于深基坑开挖的复杂性和有限元分析方法的广泛通用性及其灵活性等特点,许多学者都采用有限元方法分析基坑开挖问题。我国的宋二祥、陆新征等人对地下连续墙内支撑深基坑开挖支护进行非线性三维有限元模拟和分析[17][18];赵海燕、黄金枝采用新的接触面单元 Desai 模拟土与结构的相互作用,建立了三维有限元模型,经过计算分析得知基坑内网格密度对于计算结果的精度有较大影响[19];张尚根等对基坑支护结构的变形进行动态分析,提出了一种基坑支护结构内力及变形动态分析的弹性地基梁有限元计算方法[20][21];张崇文等人提出了三维空间桩土作用的有限层—有限元混合法,并进行了实例分析[22];严驰等将断裂力学的基本原理与土的强度理论相结合,采用适用于土体的抗裂强度理论建立开裂后土体的本构关系,分析土体对基坑支护结构的影响,开发了弹塑性有限元程序[23];刘长文、陈怿凡、李旭东采用考虑空间效应的土压力计算公式,结合有限单元法用正态分布曲线拟合地表沉降曲线,对地表沉降量进行预测,提出了进行地表沉降分析时考虑空间效应的必要性[24];高文华、杨林德考虑横向剪切变形的 Mindlin 厚板理论,建立了深基坑围护结构变形的三维有限元分析模型,该模型可考虑围护墙体位移因基坑开挖而引起的空间效应以及由地基流变而引起的时间效应[25];邹冰通过对深基坑支护结构的连续介质三维有限元模型进行分析,得出了分阶段开挖情况下基坑混合支护体系空间变形的性状,并与按一次性开挖的分析结果进行了比较,从分析结果知道,支护结构上部的位移计算结果与是否考虑开挖的阶段性有很大关系,而按空间问题还是平面问题来分析,角点附近的位移计算结果有较大差别[26]。

5.1.2　ADINA 软件介绍

ADINA 软件是美国 ADINA R&D 公司的产品,由 K. J. Bathe 博士及其合伙人创建于 1986

年，是基于有限元技术的大型通用分析仿真平台，广泛应用涉及各个同业领域、研究机构和教育机构。

ADINA 系统是一个单机系统的程序，用于进行固体、结构、流体以及结构相互作用的流体流动的复杂有限元分析。借助 ADINA 系统，用户无需使用一套有限元程序进行线性动态与静态的结构分析，而用另外的程序进行非线性结构分析，再用其他基于流量的有限元程序进行流体流动分析。此外，ADINA 系统还是最主要的、用于结构相互作用的流体流动的完全耦合分析程序（多物理场）。

ADINA 用户界面程序为所有 ADINA 子程序提供了完整的预处理和后处理功能，它为建模和后处理的所有任务提供了一个完全交互式的图形用户界面。与其他有限元分析软件相比，它有以下特点：

（1）模型的几何图形可直接创建，或者从多种 CAD 系统中引入，包括从 Pro/ENGINEER 和基于 Parasolid 系统 CAD 引入的固体模型（如：Unigraphics 和 SolidWorks）。

（2）物理特性、荷载和边界条件可直接分配到模型的几何图形上，因此有限元网格得到修改，不受模型清晰度的影响。

（3）普通的几何图形上可使用全自动网格生成，可灵活控制单元大小分布，而映射网格划分可用于更简单的几何图形。

（4）在模型创建期间，对话文件 Session 会记录下用户的输入和选取值。通过播放对话文件可以重新创建一个完整的模型，同时还可以修改对话文件创建一个不同的模型。

ADINA 程序提供了世界领先的、用于 2D 和 3D 固体应力分析以及静力学和动力学中结构分析的功能。分析对象可以是线性的或者非线性的，譬如：材料非线性特性的影响、巨大变形和接触条件。ADINA 程序在接触分析方面具有超强的实力，为固体、桁架、梁、管道、金属板、壳体和缝隙提供了多样化和通用的有限元，材料模型有金属、土壤与岩石、塑料、橡胶、织物、木材、陶瓷和混凝土可选。ADINA 程序具有以下分析功能：有效的线性分析、小型和大型的变形、大型应变、弹塑性、徐变分析，包括热效果、屈曲和后屈曲分析、静力学和动力学中的接触问题、大型系统的迭代算法、用于所有分析的高效却稀少的算法、静力学和动力学的子结构分析、分析过程中可增减单元、线性化的屈曲分析。

5.2 基坑工程中的有限单元

5.2.1 杆单元

杆单元是有限元分析中的最基本单元，由于有两个端节点，则基本变量为节点位移（向量）列阵 q^e：

$$q^e = [u_1 \quad u_2]^T \tag{5-1}$$

将每一个描述物体位置状态的独立变量叫做一个自由度 DOF，显然，式中的节点位移为两个自由度。节点力（向量）列阵 P^e 为：

$$P^e = [P_1 \quad P_2]^T \tag{5-2}$$

若该单元承受有沿轴向的分布外载，可以将其等效到节点上，即表示为如式（5-2）所示的节点力。利用函数插值、几何方程、物理方程以及势能计算公式，可以将单元的所有力学参量

(即场变量：$u(x)$,$\varepsilon(x)$,$\sigma(x)$ 和 Π^e)用节点位移列阵 q^e 及相关的插值函数来表示。

单元的位移模式为线性函数,所得到的单元刚度矩阵为：

$$K^e = \frac{EA}{l}\begin{bmatrix} 1 & -1 \\ -1 & 1 \end{bmatrix} \tag{5-3}$$

其中 E、A、l 为杆单元的弹性模量、横截面积、长度,所建立的单元刚度方程为：

$$K^e \cdot q^e = P^e \tag{5-4}$$

将采用杆单元模拟基坑支护结构中的锚杆,ADINA 中提供了由杆单元演变的钢筋单元 rebar,锚杆的锚固端将用 rebar 单元模拟。

5.2.2　三维实体单元

采用 8 节点六面体单元模拟土体,单元的节点位移有 24 个自由度(DOF)。单元的节点位移列阵 q^e 和节点力列阵 P^e 为：

$$q^e = [u_1 \quad v_1 \quad w_1 \quad \vdots \quad \cdots \quad \vdots \quad u_8 \quad v_8 \quad w_8]^T \tag{5-5}$$

$$P^e = [P_{x1} \quad P_{y1} \quad P_{z1} \quad \vdots \quad \cdots \quad \vdots \quad P_{x8} \quad P_{y8} \quad P_{z8}]^T \tag{5-6}$$

该单元有 8 个节点,因此每个方向的位移场可以设定 8 个待定系数,根据规定位移模式的基本原则(从低阶到高阶、唯一确定性),选取该单元的位移模式为：

$$\left.\begin{aligned} u(x,y,z) &= a_0 + a_1x + a_2y + a_3z + a_4xy + a_5yz + a_6zx + a_7xyz \\ v(x,y,z) &= b_0 + b_1x + b_2y + b_3z + b_4xy + b_5yz + b_6zx + b_7xyz \\ w(x,y,z) &= c_0 + c_1x + c_2y + c_3z + c_4xy + c_5yz + c_6zx + c_7xyz \end{aligned}\right\} \tag{5-7}$$

可由节点条件确定待定系数 (a_i,b_i,c_i) ,$i = 0,1,2,\cdots,8$,再代回式(5-7)中可整理出该单元的形状函数矩阵,即

$$u = \begin{bmatrix} u \\ v \\ w \end{bmatrix} = \begin{bmatrix} N_1 & 0 & 0 & \vdots & \cdots & \vdots & N_8 & 0 & 0 \\ 0 & N_1 & 0 & \vdots & \cdots & \vdots & 0 & N_8 & 0 \\ 0 & 0 & N_1 & \vdots & \cdots & \vdots & 0 & 0 & N_8 \end{bmatrix} \cdot q^e = N \cdot q^e \tag{5-8}$$

单元应变场的表达式为：

$$\varepsilon = [\partial]u = [\partial]Nq^e = Bq^e \tag{5-9}$$

单元的刚度矩阵及等效节点荷载矩阵为：

$$K^e = \int_{\Omega^e} B^T DB \mathrm{d}\Omega \tag{5-10}$$

$$P^e = \int_{\Omega^e} N^T \bar{b} \mathrm{d}\Omega + \int_{s_p^e} N^T \bar{p} \mathrm{d}A \tag{5-11}$$

单元的刚度方程为：

$$K^e q^e = P^e \tag{5-12}$$

5.3　材料及土体本构模型的选取

5.3.1　钢材本构关系

基坑支护体系中锚杆使用钢材,在有限元结构分析中,钢材使用双线性的材料模型。钢材的本构关系和屈服准则在拉伸段采用 HsuTTC 提出的本构关系,即

$$f_s \leqslant (0.93 - 2B)f_y \text{ 时}, f_s = E_s \cdot \varepsilon_s \tag{5-13}$$

$$f_s > (0.93 - 2B)f_y \text{ 时}, f_s = (0.91 - 2B)f_y + (0.02 + 0.25B)E_s\varepsilon_s \tag{5-14}$$

式中：B ——反映钢筋平均屈服应力的系数；

E_s ——钢筋弹性模量(Pa)；

f_y ——钢筋屈服强度(Pa)。

对受压区钢筋采用自由钢筋的本构关系为：

$$f_s \leqslant f_y \text{ 时}, f_s = E_s \cdot \varepsilon_s \tag{5-15}$$

$$f_s > f_y \text{ 时}, f_s = f_y \tag{5-16}$$

5.3.2 土体本构模型

1)土体本构模型介绍

由于土具有不均匀性、各向异性、非连续性等特点，其本构关系相当复杂。目前通常采用压缩仪、三轴仪、平面应变仪、真三轴仪等进行试验，在整理分析试验结果的基础上提出土的应力—应变关系，这种关系反映了土体变形的特征。但试验总是在某种简化条件下进行的，有一定的局限性，即使真三轴仪能考虑三维受力状态，试验也只能按某种应力状态、某种加荷方式进行。如在处理土坝、地基等实际问题中，土各点的受力状况、变形历史是千变万化的，无法在试验中模拟所有这些变化，因此有必要在试验基础上提出某种数学模型把特定条件下的试验结果推广到一般情况。这种数学模型，就叫做本构模型。本构模型使用数学手段来体现试验中所发现的土体变形特性，土体的变形特性是建立本构模型的根据，也是检验本构模型理论的客观标准。

土体变形主要有以下几个特性：①非线性和非弹性；②塑性体积应变和剪胀性；③塑性剪应变；④硬化和软化；⑤应力路径和应力历史对变形的影响；⑥主应力对变形的影响；⑦固结压力的影响；⑧各向异性；⑨时变特性。除上述基本特性外，影响土体变形的因素还有很多，如土的种类、结构等。土体的变形规律十分复杂，要在本构关系模型中全部反映这些特性是不可能也是不必要的，因此应该抓住影响变形的主要特性去建立数学模型。目前土的本构模型大体可分为：弹性模型、弹塑性模型、黏弹塑性模型等。这些模型都是通过如下三个准则来表示的。

(1)屈服准则。所谓屈服准则是物体内某点应力达到弹性极限后开始出现塑性变形的条件，又称为塑性条件。屈服准则的一般表示式为：

$$F(\sigma_{ij}, k) = 0 \tag{5-17}$$

式中：σ_{ij} ——物体内一点的6个应力分量；

F——屈服函数；

k——反应材料塑性特征的实验常数。

对于加工硬化材料，首先达到初始屈服，随着荷载的增加后继屈服面就连续地扩大，经过加工硬化阶段，最后达到破坏，此时后继屈服面与破坏面重合。因此破坏面可以认为是代表极限状态的一个后继屈服面，破坏准则可如同屈服准则一样表示如下：

$$F(\sigma_{ij}, k_f) = 0 \tag{5-18}$$

(2)硬化准则。后继屈服面是材料经过塑性变形后屈服应力提高而形成的一系列屈服面，其通式可表示为：

$$\phi(\sigma_{ij},H_a) = F(\sigma_{ij}) - K = 0 \tag{5-19}$$

式中：H_a——硬化参量；

K——硬化参量 H_a 的函数。

当硬化材料达到屈服后，屈服的标准要改变，即 K 要变化，而 K 随什么因素而变，如何变化，就是所谓的硬化规律。K 的变化有三种情况：屈服后 K 增加，这意味着材料变硬了，叫硬化；K 也可能减小，这就是软化；K 还可能保持不变，即为理想弹塑性材料。硬化与应力历史有关，只有应力状态达到了屈服标准以后才会发生进一步的硬化，而达到了屈服标准自然就发生了塑性变形或者说做了塑性功。所以，可以把塑性变形或者是塑性功作为衡量硬化发展程度的因素，以硬化参量 H_a 来表示。

(3) 流动规则。流动规则是用来确定塑性应变增量方向的规定。

$$d\varepsilon_{ij}^{p} = d\lambda \frac{\partial g}{\partial \sigma_{ij}} \tag{5-20}$$

此即为流动规则的表达式。流动规则又称为正交法则。

其中 $d\lambda$ 为比例常数。在应力空间把塑性势相等的点连接起来而构成的等势面叫塑性势面。当 $g = f$ 时称为相关流动，当 $g \neq f$ 称为非相关流动。

2) 土体本构模型选取

根据以上分析表明，土体具有明显的非线性，因此对土体必须进行非线性分析。目前，在岩土工程中比较流行的有如下 4 种非线性屈服准则。

(1) Tresca 屈服准则

$$F\{[(\sigma_1 - \sigma_2)^2 - k^2][(\sigma_2 - \sigma_3) - k^2][(\sigma_1 - \sigma_3)^2 - k^2]\} = 0 \tag{5-21}$$

(2) Mises 屈服准则

$$F\left\{\frac{1}{3}\sqrt{(\sigma_1 - \sigma_2)^2 + (\sigma_2 - \sigma_3)^2 + (\sigma_1 - \sigma_3)^2} - k\right\} = 0 \tag{5-22}$$

(3) Mohr-Coulomb 屈服准则

$$F\left\{\left[\frac{\sigma_1 - \sigma_3}{2} - \frac{\sigma_1 + \sigma_3}{2}\sin\phi - C\cos\phi\right]^2 + \left[\frac{\sigma_2 - \sigma_3}{2} - \frac{\sigma_2 + \sigma_3}{2}\sin\phi - C\cos\phi\right]^2 + \left[\frac{\sigma_1 - \sigma_2}{2} - \frac{\sigma_1 + \sigma_2}{2}\sin\phi - C\cos\phi\right]\right\} \tag{5-23}$$

(4) Drucker-prager 屈服准则

$$F = \frac{\sin\phi}{\sqrt{3}(3 + \sin^2\phi)^{\frac{1}{2}}} I_1 - \sqrt{J_2} + \frac{\sqrt{3}C\cos\phi}{(3 + \sin^2\phi)^{\frac{1}{2}}} = 0 \tag{5-24}$$

或

$$F = \alpha I_1 - \sqrt{J_2} + k = 0$$

$$\alpha = \frac{\sin\phi}{\sqrt{3}(3 + \sin^2\phi)^{\frac{1}{2}}},\ k = \frac{\sqrt{3}C\cos\phi}{(3 + \sin^2\phi)^{\frac{1}{2}}} \tag{5-25}$$

经对如上 4 种屈服准则对比分析，Mohr-Coulomb 弹塑性屈服准则是一种在应用上比较成熟且比较符合实际的本构模型，因而采用此种土体本构模型。

5.3.3　接触单元

土与结构材料的界面上常有较大的剪应力，这是两种材料变形不一致引起的。在基坑土体与支护结构之间，由于混凝土的变形很小，而土在荷载作用下有较大的压缩，土受到之后结构的摩擦阻力后，便将荷载通过剪应力传递给支护结构。这种剪应力的传递实际上是支护结构受力的主要来源。因此，在模拟基坑支护结构与土体之间加接触单元是十分必要的。

目前，国内外学者提出了好几种接触面单元，最常用的有 Goodman 单元。这种无厚度的四节点单元，概念清楚，能模拟接触面的滑移与张裂，但对受压情况，两侧材料会重叠。为了避免重叠，法向劲度要取得很大，这又难免带来一定误差。Ghaboussi 等人提出的单元有助于消除误差，但使用不便，难以推广。Desai 等人提出的薄层四边形单元可以较好地反映法向变形和切向变形以及应力的传递。

(1)接触面变形的数学模拟。Desai 单元与普通单元一样，在平面问题中有 3 个应力分量和 3 个应变分量。对划入有厚度接触单元内的接触面和其附近的土体来说，变形分为两部分：一是土体基本变形 $\{\varepsilon_1\}$ ，它与一般土体单元的变形一样；二是破坏变形，包括滑动破坏和拉裂破坏 $\{\varepsilon_2\}$ 。总的变形为两者的向量叠加，即

$$\{\Delta\varepsilon\} = \{\Delta\varepsilon_1\} + \{\Delta\varepsilon_2\} \tag{5-26}$$

基本变形所采用的本构关系与土体其他单元相同，其应力关系不再重复。破坏变形对接触面上的一点来说，都是刚塑性的，即破坏前接触面上无相对位移，一旦破坏，张裂或错动，相对位移不断发展。

$$\begin{Bmatrix} \Delta\varepsilon_l \\ \Delta\varepsilon_n \\ \Delta\gamma_m \end{Bmatrix} = \begin{bmatrix} 0 & 0 & 0 \\ 0 & \dfrac{1}{E^n} & 0 \\ 0 & 0 & \dfrac{1}{G^n} \end{bmatrix} \begin{Bmatrix} \Delta\sigma_l \\ \Delta\sigma_n \\ \Delta\sigma_m \end{Bmatrix} = [C^n]\{\Delta\sigma\} \tag{5-27}$$

式中：$\Delta\varepsilon_l$ 、$\Delta\varepsilon_n$ 、$\Delta\gamma_m$ ——分别为接触面上的切向应变、法向应变和剪应变；

$\Delta\sigma_l$ 、$\Delta\sigma_m$ 、$\Delta\sigma_n$ ——分别为切向应力、法向应力和剪应力。

由于接触面上的正应变的约束，接触面实际上不会破坏，$\Delta\sigma_l = 0$ ，故矩阵中的相应元素取为零。受拉破坏时，取 $E^n = 5\ \text{kPa}$；受压时，取 $\dfrac{1}{E^n} = 0$ 。剪切破坏时，应力水平有两种定义，对接触面上，有：

$$\left.\begin{aligned} S &= \frac{\tau}{\tau_f} \\ \tau_f &= \sigma_n \tan\delta + C_0 \end{aligned}\right\} \tag{5-28}$$

式中：S——应力水平；

τ_f ——破坏时的剪应力；

δ 、C_0 ——分别为接触面的外摩擦角和黏结力的试验值。

由于薄层单元内又有土体，故有：

$$S = \frac{(\sigma_1 - \sigma_3)}{(\sigma_1 - \sigma_3)_f} \tag{5-29}$$

由此，对剪切破坏的判断应依据式(5-24)、式(5-25)的结果：

当 $\tau \geqslant 0.95\tau_f$ 或 $S \geqslant 0.95$ 时，令 $G^n = 5$ kPa；

当 $\tau < 0.95\tau_f$ 或 $S < 0.95$ 时，令 $\frac{1}{G^n} = 0$

(2)单元厚度的选择及计算参数的确定。对于薄层接触面单元，单元厚度是一个对计算结果有很大影响的参数，其值太大，会从物理上带来误差，但太小，又会从数学上带来误差。因此，如何选取厚度 d，减小两方面的误差，是计算中必须认真考虑的一个问题。根据已有的经验，确定如下原则：$d/B = 1/100 \sim 1/10$，B 为接触面单元长度；剪切模量 $G^n \geqslant 10$ kPa；剪应变 $\gamma \leqslant 2$。

5.4　基坑工程有限元求解过程

5.4.1　基本步骤

采用连续介质有限元法对基坑工程进行模拟，模拟步骤：

(1)土体模型及其参数的选取。目前深基坑工程中常用的土的模型有弹性的、弹塑性、黏弹塑性等模型。这些模型能较好地模拟土的应力应变关系应用较广，但每种模型有其特点及其使用范围，可根据不同的工程实践和研究的需要选用适当的模型；并通过室内、室外试验，现场测试资料及经验等选取适当的土性参数。

(2)对于支护结构，在控制其水平位移的条件下，可以认为整个结构在线弹性范围内工作。

(3)初始状态的确定。按照基坑未开挖之前的实际情况，模拟加载计算一次所得到的应力场作为初始应力场。

(4)边界条件及计算范围。三维分析时，如为长方形或正方形基坑，可取 1/4 作为研究对象设置边界条件。边界设置的范围为：基坑影响宽度为开挖深度的 3～4 倍，影响深度为开挖深度的 2～4 倍。

(5)单元划分及选取。三维有限元分析中，可将土体划分空间 8 节点或 20 节点等参元，支护结构可划分为空间 8 节点或 20 节点等参元，也可划分为梁单元；支撑或锚杆被视为二力杆单元，由于考虑支护结构与土体间在变化过程中会发生错动，支护结构与土体之间可以用接触面单元来模拟。

连续介质有限元计算时，不必事先假设支护结构上的土压力，各单元所受的荷载仅为体积力和面力。有限元分析不仅可以考虑土体与地下连续墙的相互作用，而且还可以求得基坑的隆起量、地表的沉降量以及地层内的塑性区范围与发展过程，当与流变学结合时还可求得各参数的时间效应。

5.4.2　初始地应力处理方法

1)初始地应力的计算

地层中通常存在初始地应力场，它是地层处于天然状态下产生的初始内应力，也称地应力。地层的初始应力，主要是由于岩土体的自重力和地质构造作用的结果。当地层开挖后，由于被挖土体被移走，此时初始边界条件发生变化，必然导致岩土体内的应力场发生变化。在基坑开挖有限元分析中，初始地应力场对计算结果影响很大。计算初始应力场可以确定土层中各点的初始模量和开挖计算的初始应力条件以及位移条件。对于无限大的水平地面,在任意竖直面和水平面上均无剪应力,可以将初始地应力直接作为离土层表面的深度的函数来计算,即

$$\{\sigma_0\} = \begin{Bmatrix} \sigma_x^0 \\ \sigma_z^0 \\ \tau_{xz}^0 \end{Bmatrix} = \begin{Bmatrix} K_0\gamma z \\ \gamma z \\ 0 \end{Bmatrix} \tag{5-30}$$

式中:$\{\sigma_0\}$ ——初始地应力;

γ ——土的重度(N/m^3);

z ——从地面开始至计算点的深度(m);

K_0 ——土的侧压力系数。

2)ADINA 中的处理方法

ADINA 软件中处理地应力有三种方法:地应力导入法、输入初始参数法、重启动相对位移法。其中输入初始参数法在三维分析中难以选取相关参数,而使地应力引起的多余的初始位移难以抵消;在后处理中计算相对位移的方法,即施加了初始地应力,也很准确地抵消掉了多余的初始位移,但运算烦琐,大大增加了运算工作量。最终采取地应力导入法,方便快捷且合理,先计算土体只受重力的情况,在后处理中导出土体应力,然后将土体应力输入到下一步运算中当作初始条件进行计算,既施加了地应力,也抵消了因地应力产生的多余位移。

5.4.3 基坑开挖过程的模拟

在开挖过程中,土体被一层层挖去,支撑也随着开挖的进行而逐渐加上去,开挖荷载的计算采取 Mana 提出的计算方法,每一阶段开挖荷载的计算公式为:

$$\{F\} = \sum_{m=1}^{n}\int_v [B]^T\{\sigma\}\,\mathrm{d}v = \sum_{m=1}^{n}\iiint [B]^T\{\sigma\}\,\mathrm{d}x\mathrm{d}y\mathrm{d}z \tag{5-31}$$

式中:n ——某阶段将被挖去的单元数,这些单元与未开挖单元有公共边界;

$[B]$ ——应变矩阵;

$\{\sigma\}$ ——单元应力矢量。

基坑开挖后,土体的自重应力被释放,破坏了初始平衡状态,土体应力重新分布,因此总的应力状态 $\{\sigma\}$ 应为前一阶段应力状态 $\{\sigma\}_1$ 与开挖时刻产生的应力状态之和 $\{\sigma\}_2$,即

$$\{\sigma\} = \{\sigma\}_1 + \{\sigma\}_2 \tag{5-32}$$

ADINA 中可采用单元生死来模拟开挖过程。即在开始计算时,将所有单元全部生成,随着开挖的进行,将挖去的土体单元杀死,将需加上的锚杆单元激活,按照施工工况,直至整个过程完成为止。

5.5 模型建立

5.5.1 几何模型

ADINA 中有两种建立模型的方法,Native 法和 ADINA-M 法。本模型采用 ADINA-M 法,借助 ADINA 的切片功能,划分模型中不同的区域,如土层、支护结构、接触薄层等(图 5-1)。计算区域侧边界离基坑边缘 60m,大于 3 倍坑深,底边界距离坑底 20m。

支护结构包括灌注桩和锚杆两部分。对于支护结构的建模,采用等刚度法[31],将灌注桩等效成墙(图 5-2)。等刚度法计算步骤如下:

(1)计算等刚度壁式地下墙折算厚度 h 。设桩径为 D ,桩净距为 t ,则单根桩应等价为长 $D+t$ 的壁式地下墙,令等价后的地下墙厚为 h,按二者刚度相等的原则可得:

$$\frac{1}{12}(D+t)h^3 = \frac{1}{64}\pi D^4 \tag{5-33}$$

$$h = 0.838D\sqrt{\frac{1}{1+\frac{t}{D}}} \tag{5-34}$$

(2)按厚度为 h 的壁式地下墙计算出每延米墙之内力 M_w、Q_w 以及位移 U_w 。

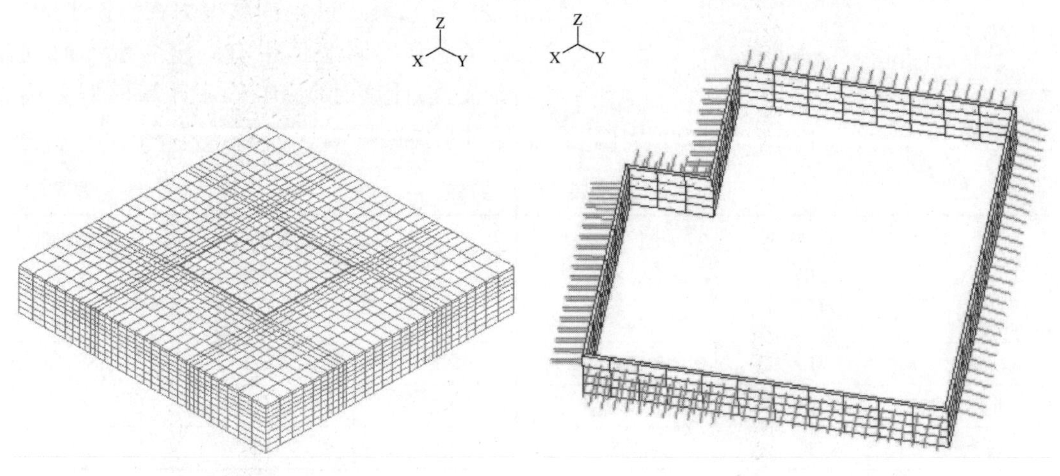

图 5-1　有限元模型　　　图 5-2　支护结构模型

(3)换算得相应单桩的内力 M_p、Q_p 及位移 U_p :

$$M_p = (D+t)M_w \tag{5-35}$$

$$Q_p = (D+t)Q_w \tag{5-36}$$

$$U_p = U_w \tag{5-37}$$

5.5.2　边界条件

在有限元计算中,边界条件分为应力边界条件和位移边界条件。应力边界条件在 ADINA 中由设置外载荷来实现,位移边界条件由设置模型边界约束来实现(图 5-3)。

1)施加荷载

由基坑周围的环境条件得知,本工程与原办公楼紧密相连,工程周边建筑物比较密集,且有高交通量的公路环绕。按照设计单位给定的数值进行加荷,靠近原办公楼侧附加荷载取 105kPa,其余取 10kPa。周边公路荷载按照《深基坑工程》中的规定选择[32]:轻型公路按 5kN/m^{2}取值;重型公路按 10kN/m^2 取值。中华路和和平大街按照重型公路取值,常德街按照轻型公路取值。

2)施加约束

在水平方向上,X、Y 向的边界上分别关闭 X(Translation)和 Y(Translation)自由度,以模拟

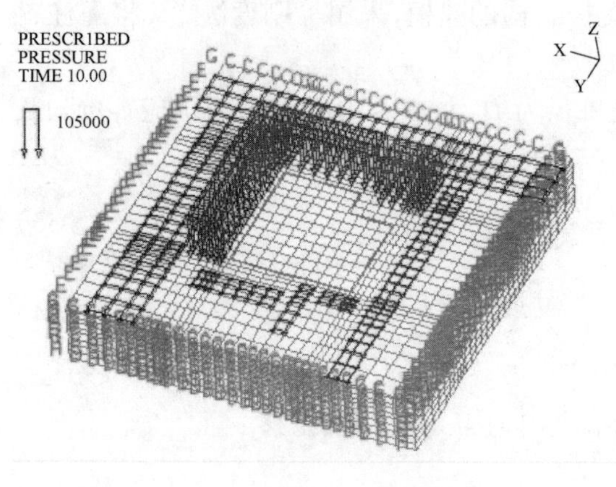

图5-3　模型边界条件图

远离基坑的土体边界没有位移，垂直方向上，模型下表面边界关闭 Z(Translation)自由度，以模拟远离坑底的深层土体没有竖直方向的位移。

5.5.3　材料参数选取

其中土体模量采用报告提供的土体变形模量。由于实际土体情况复杂，为了能更好贴近实际情况，进行多次反运算，在勘察报告提供数据的合理范围内调整材料参数(表5-1)，其中砂土的黏聚力在理论上为零，但考虑到实际土体中有一定含水率时的假黏聚力，计算时取10kPa。计算模型采用总应力法，既水土合算，不考虑降水过程中液面下降对土体的影响。

土层材料参数　　表5-1

土层名称	弹性模量(MPa)	土体密度(kg/m^3)	泊松比	黏聚力(kPa)	内摩擦角(°)
杂填土	12	1850	0.25	15	10
粉质黏土	15	1950	0.25	42.68	15.43
粗砂	27	1690	0.3	10	33
砾砂	36	1890	0.3	10	38

5.5.4　单元选择及划分

在模型中，土体按照不同材料分为4层，采用8节点六面体单元，采用Mohr-Coulomb材料模型；支护结构采用8节点六面体单元，综合考虑计算效率和分析侧重，在不考虑桩间土体变形的条件下，把桩按照刚度等效简化为墙，采用8节点六面体单元，线弹性材料模拟；锚杆采用ADINA提供的rebar即钢筋单元进行模拟。

因为有限元需要进行模型离散，产生单元，所以要进行单元划分，综合考虑运算效率和精度，在应力梯度较大处，适当加密划分份数，即在支护结构附近加密单元，在远离支护结构的部分采用大块的实体单元。具体划分情况见图5-1。

5.5.5　单元生死设置

为了模拟动态的开挖效果，考虑开挖过程对支护结构的影响，在ADINA中采用单元生死功能，即设置某一层土体单元在一定的时刻失效，以这样的方式模拟土体被挖掉，设置锚杆单元在一定的时刻生成，以这样的方式模拟锚杆的施工过程。在ADINA中通过设置时间步长来规定单元生死的时间间隔，从而模拟分层挖土，设置时间步来规定单元生死的时间步数，从而模拟挖土的步骤，在model选项中设置单元的生死时刻，来模拟分布开挖。本工程实际分4层开挖，综合考虑初始地应力的施加、锚杆单元的生成和开挖土体的失效，共设置7个时间步，每步步长为10。

5.6　后处理分析

5.6.1　支护结构变形对比

为保证基坑安全，在基坑的六个边界上共设置 15 个监测点，对基坑变形进行监测。将其中的 4 个主要点的桩顶变形模拟值和实测值进行比较，图 5-4 中的 A、B、C、D 四点分别是东 2、西 2、南 2、北 2 检测点的位置。经过比较分析，模型的位移趋势以及位移大小范围与实际相差不大，可以反映工程实际，见图 5-5 ~ 图 5-8。

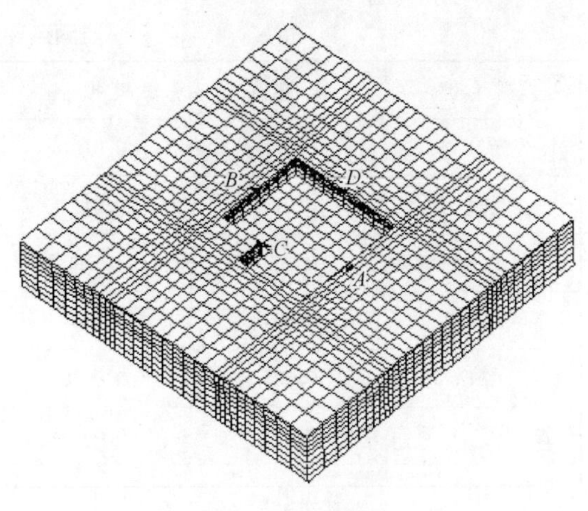

图 5-4　后处理结果图

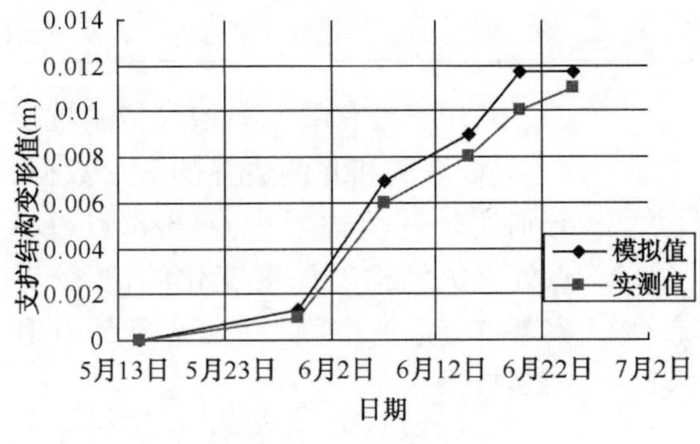

图 5-5　A 点变形值比较

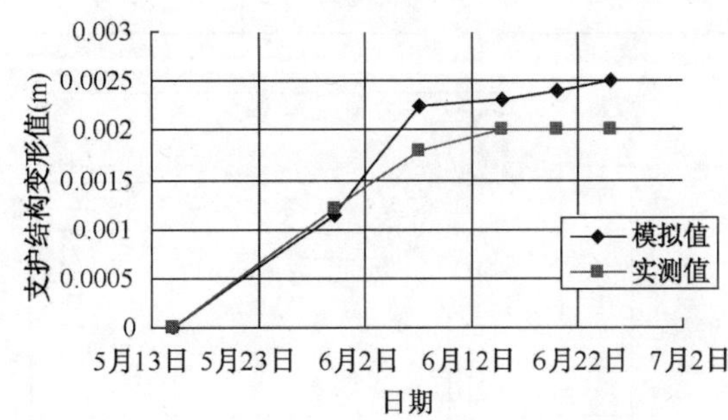

图 5-6　B 点变形值比较

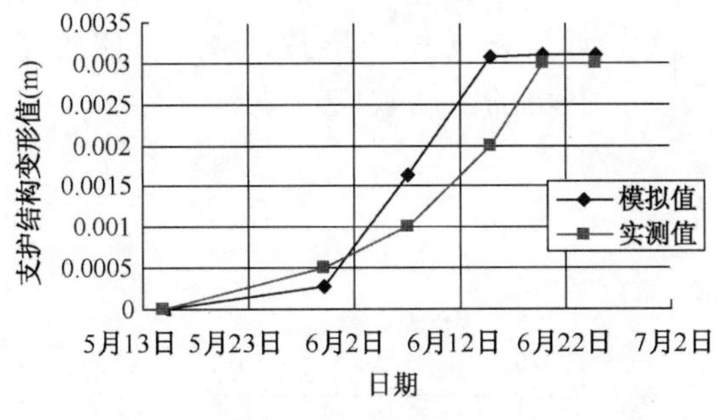

图 5-7　C 点变形值比较

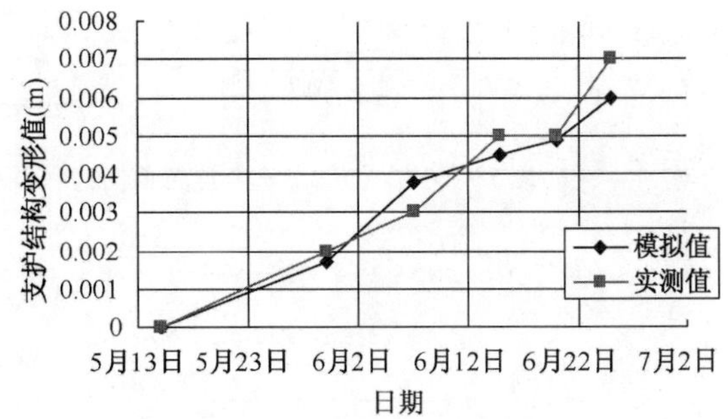

图 5-8　D 点变形值比较

实际施工分为 4 层开挖，所以在模型中设置待挖土体的开挖步骤为 4 步，每步开挖定义的时刻对应实际工程开挖的日期。所有监测点最终变形比较见表 5-2。

5.6.2　空间效应影响分析

现今采用有限元法分析基坑多按照平面应变问题处理。深基坑开挖中大量的实测资料表明，基坑周边向基坑内发生的水平位移是中间大两边小，中铝大厦基坑也是如此，见图 5-9。深基坑边坡失稳常常发生在长边的居中位置，这说明深基坑开挖是一个空间问题。对一些细长条基坑来讲，这种平面应变假设比较符合实际，而对近似方形或长方形深基坑则差别比较大。

监测点变形比较(m)　　表 5-2

监测点名称	实测值	模拟值	监测点名称	实测值	模拟值
东 1	0.011	0.0121	南 5	0.005	0.0042
东 2	0.011	0.0115	西 1	0.004	0.0054
东 3	0.009	0.011	西 2	0.002	0.0025
东 4	0.007	0.0067	西 3	0.008	0.0087
南 1	0.005	0.0038	北 1	0.007	0.0074
南 2	0.003	0.0032	北 2	0.007	0.0062
南 3	0.010	0.0089	北 3	0.009	0.0105
南 4	0.005	0.0041			

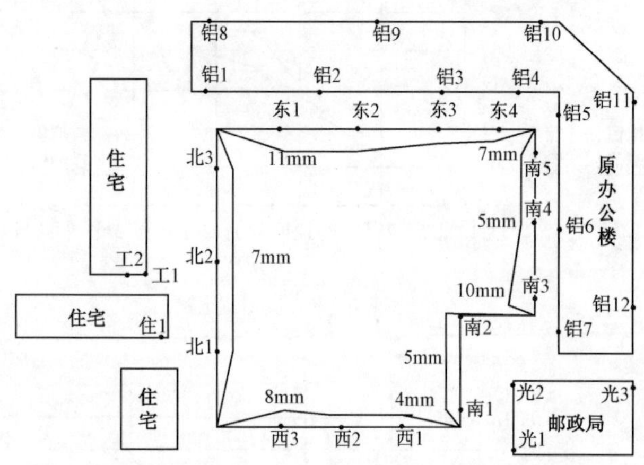

图 5-9　中铝大厦基坑监测点变形平面图

采用三维有限元模型模拟基坑变形,提取东侧和北侧边界的变形数据,分别比较基坑边界中点、3/8 点、1/4 点处支护结构随深度变化的位移,考察基坑变形的空间效应,见图 5-10 和图 5-11。

分别比较两侧边界支护的变形曲线得知,由于开挖引起的支护结构变形以基坑中点处为最大,越接近角点支护变形逐步减小,体现了基坑的空间效应。

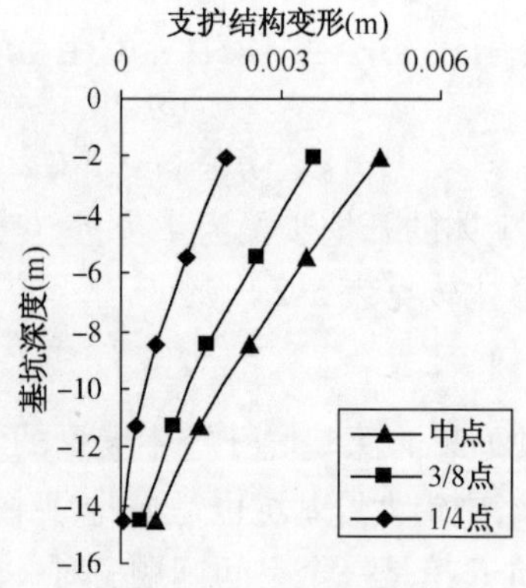

图 5-10　东侧边界支护变形

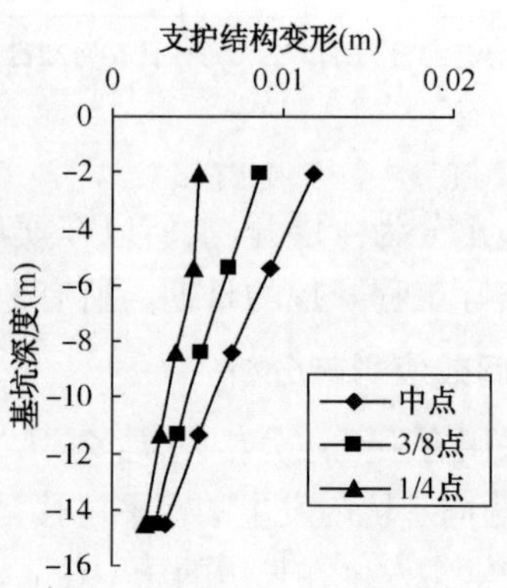

图 5-11　北侧边界支护变形

5.7　小结

根据试验及勘察数据确定土体相关参数，使用大型有限元软件 ADINA，建立三维有限元模型动态模拟基坑开挖全过程，得出以下结论：

(1)在使用有限元方法模拟岩土工程时，土体模量的选取是很重要的。将土体的变形模量输入有限元软件 ADINA 中进行计算，将模拟结果与实测值比较相差不大，基本可以反映工程实际。存在误差主要因为采用等刚度墙来代替灌注桩和未考虑降水对基坑开挖的影响两方面因素。

(2)在使用有限元软件模拟基坑工程时，可以根据问题的侧重、根据工程实际，简化计算模型，将桩锚支护结构按照刚度等效为混凝土墙，采用总应力法，得出变形结果可以反映实际。

(3)基坑工程是一个空间问题，三维有限元模型可以有效反映这一工程实际。

第6章　深基坑支护结构变形影响因素分析

6.1　引言

基坑开挖施工必然会引起基坑的稳定问题、支护结构和周围地表的变形以及对周围环境的影响。因此在建筑物密集的市区施工，对基坑稳定、变形和环境的影响限制提出了更严格的要求。在设计支护结构时，不仅计算内力必须满足要求，而且必须进行基坑稳定验算和变形估算。要准确的计算出变形值十分困难，但必须计算和大体预估变形量，在基坑开挖中严格控制变形量。

影响基坑变形的因素有很多，大体上可以分为三类：设计因素、施工因素和自然土质情况。设计因素主要包括：基坑的平面形状和开挖深度，围护墙刚度及嵌固深度，有无内支撑或支撑的刚度，锚杆位置、长度、倾角，预应力水平，被动区土体加固等；影响基坑变形的施工因素主要包括：基坑分步开挖深度和宽度，开挖后无支撑暴露时间等；而影响基坑变形的自然土质因素主要包括土体的物理力学性质和基坑水环境，如土体模量、泊松比、黏聚力、内摩擦角、渗透系数等。

根据对基坑变形影响因素的研究，可以从设计施工入手找到控制基坑变形的一些方法，防止发生过大基坑变形及地表沉降。由于地基问题的复杂性和目前研究水平所限，尚难以很准确地预测基坑变形。

本章分别采用有限元数值模拟法和正交实验设计方法，开展砂土地区深基坑支护结构变形的影响因素分析，为基坑设计和施工提供参考。

6.2　砂土地区深基坑支护结构变形影响因素的数值模拟分析

6.2.1　模型建立

为进一步研究深基坑变形的实质性状态变量，即深基坑变形的主要影响因素，采用有限元方法对部分基坑进行多次数值模拟，讨论影响支护结构变形的关键因素，以及这些因素对支护结构位移的影响规律。

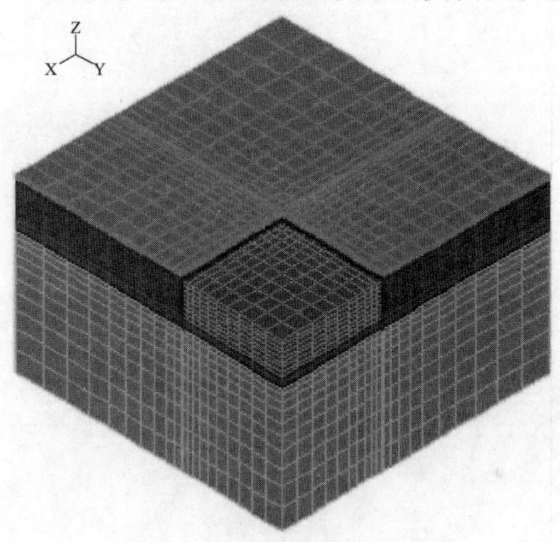

图6-1　部分基坑三维有限元模型

1）计算模型

仍以沈阳中铝科技大厦基坑工程为研究对象，采用上述三维模型中的土体参数，综合考虑问题的针对性、建模效率及计算速率，建立部分基坑有限元模型（见图6-1），改变土体、灌注桩及锚杆等相关参数，对模型进行多次模拟，总结并讨论其影响规律。

2）后处理分析

通过运算，模拟出基坑的动态开挖过程，见图6-2～图6-5。

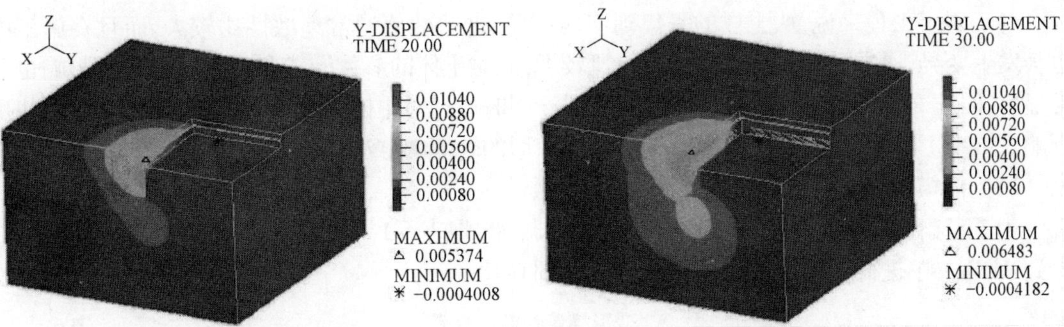

图 6-2　第一步开挖 *Y* 向位移云图　　图 6-3　第二步开挖 *Y* 向位移云图

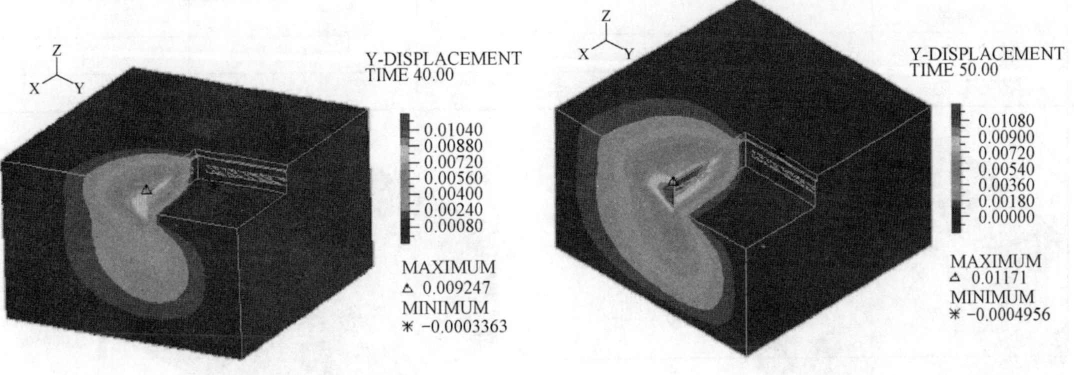

图 6-4　第三步开挖 *Y* 向位移云图　　图 6-5　第四步开挖 *Y* 向位移云图

在部分基坑模型中也能显示出空间效应的作用，见图 6-6。

从图 6-7 中可以看到，支护结构最大位移发生在该模型的边界上，而该边界所表示的就是整个基坑支护的边界中点。接下来的一些分析主要围绕这个最大变形处，即基坑边界中点。

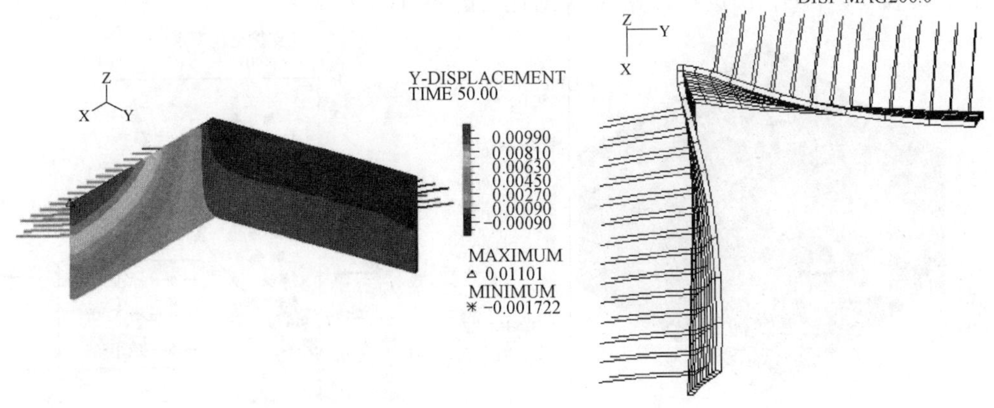

图 6-6　支护结构 *Y* 向变形云图　　图 6-7　支护结构变形图（放大 200 倍）

6.2.2 土体参数变化对支护结构的影响

对于岩土工程来说,从土样的采集到室内试验,试验数值通常离散性比较大,而且在施工中也会发生变异,通常和真实的数值相差也比较大,同时土体的参数的选取对基坑的变形影响也非常显著,因此对土体的参数进行分析非常重要。同时通过对土体参数对变形的影响,也可以找出影响基坑变形的主要因素,从而找出控制基坑变形的合理的方法。

1)土体模量变化对支护结构的影响

为了考察土体模量对支护结构变形的影响规律,将表6-1中几种土体模量参数组合分别输入到ADINA中进行计算,位移云图见图6-8 ~图6-10。

变形模量参数组合表 表6-1

组合情况 \ 土层	土层一	土层二	土层三	土层四
标准模量	12	15	27	36
整体增大50%	18	22.5	40.5	54
整体减小50%	6	7.5	13.5	18

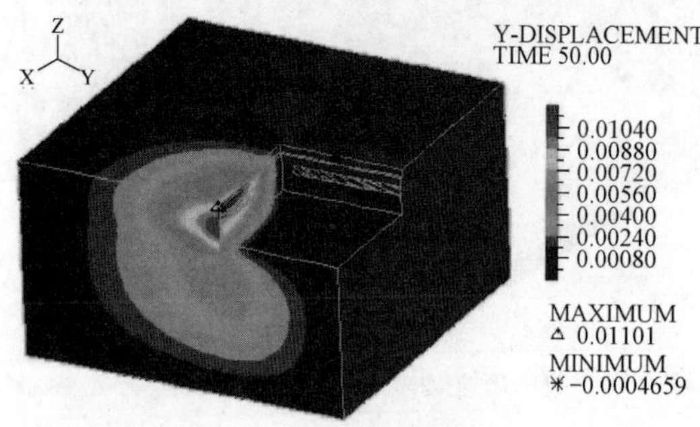

图6-8 标准模量 Y 向位移云图

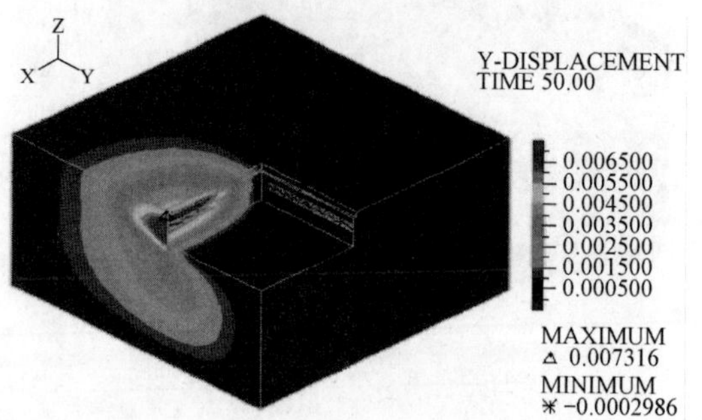

图6-9 模量增大50% Y 向位移云图

通过有限元计算,提取支护结构最大位移处的数据,由于基坑存在空间效应特性,支护结构最大位移处在坑边中点,即该模型的边界处。考虑到 X、Y 方向的变形大小相同,限于篇幅只提取 Y 向数据,将表6-1中的情况进行计算,结果对比见图6-11。

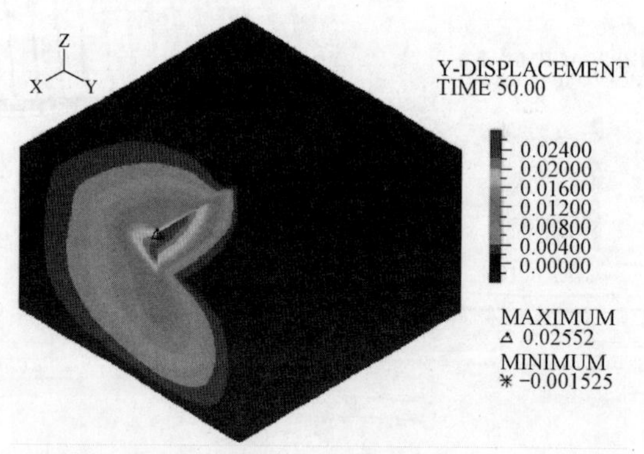

图6-10 模量减小50% Y 向位移云图

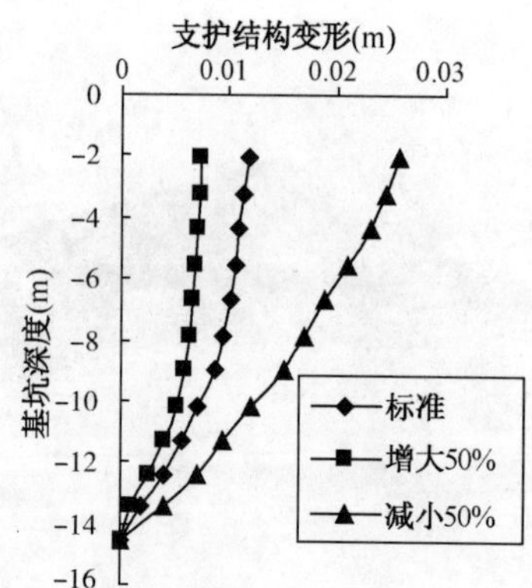

图6-11 整体模量变化情况

图 6-11 显示的是整体模量共同变化的情况，从图中明显的可以看到，土体模量的变化对支护结构变形影响显著，支护结构变形随着土体模量的增大而减小，随着土体模量的减小而增大。从最大位移数据来看，支护结构位移与土体模量的增幅相同。由于各个土层的位置不同，应力状态不同，对基坑变形的影响也有不同。因此模拟中分别考虑每个土层的变化相同百分率情况下对基坑变形的影响大小，从而找出影响变形的关键土层。具体模拟参数见表 6-2 和图 6-12 ~ 图 6-15。

各土层模量参数组合表　　表 6-2

组合情况 \ 土层	土层一	土层二	土层三	土层四
土层一增大 50%	18	15	27	36
土层二增大 50%	12	22.5	27	36
土层三增大 50%	12	15	40.5	36
土层四增大 50%	12	15	27	54

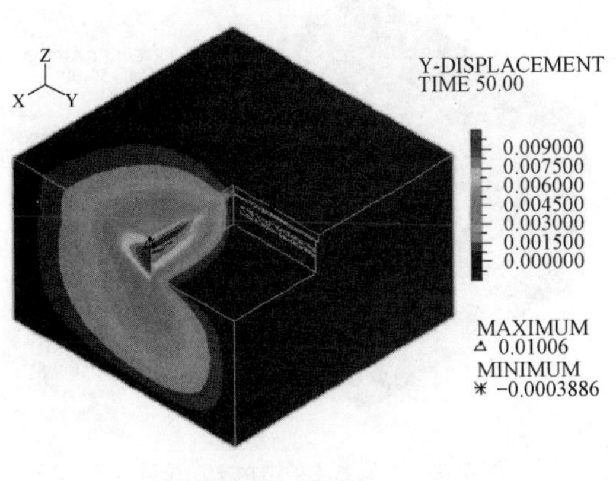

图 6-12　土层一模量改变情况

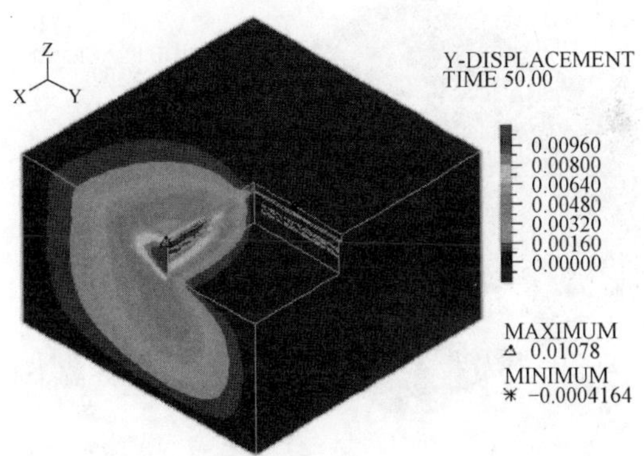

图 6-13　土层二模量改变情况

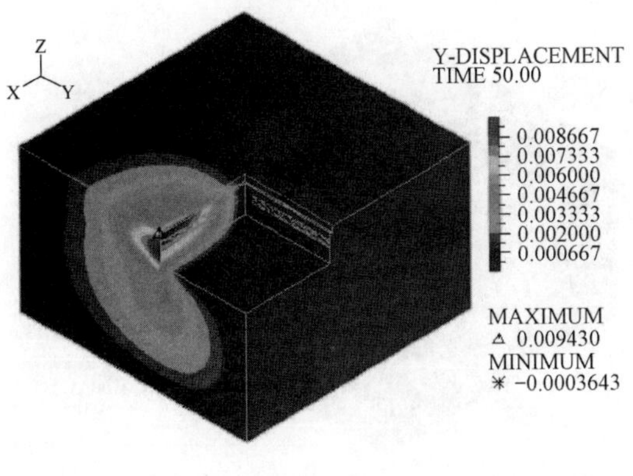

图 6-14　土层三模量改变情况

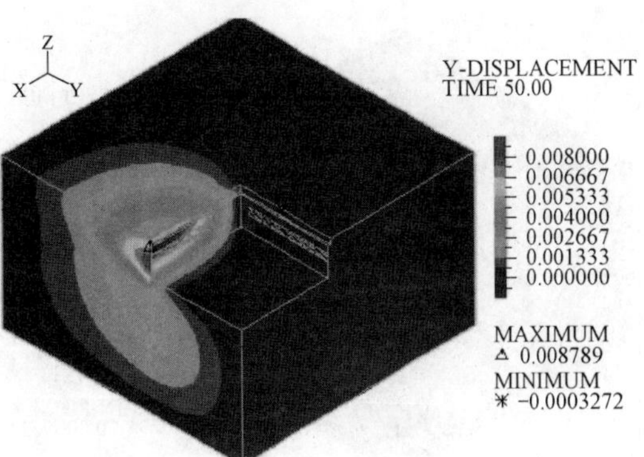

图 6-15　土层四模量改变情况

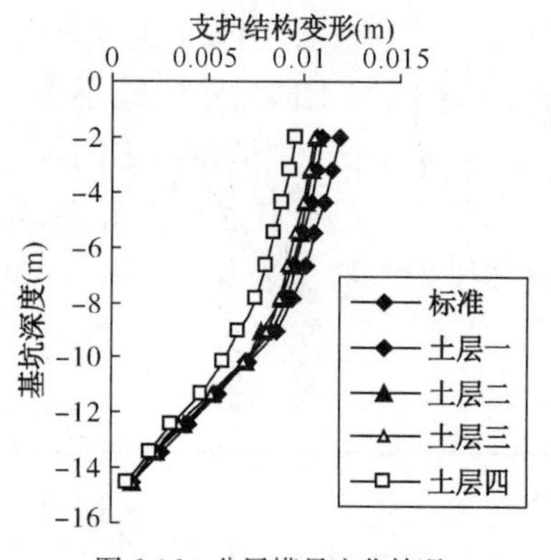

图 6-16　分层模量变化情况

从图 6-16 中很直观得出,第一、二和三层土的模量变化对支护结构变形影响很小,第四层土的模量变化对支护结构变形影响很大,因为支护结构的最终被动土压力是由该层提供。

2)泊松比变化对支护结构的影响

考察泊松比变化对支护结构位移的影响。按照表 6-3 中不同工况进行分析,得出泊松比变化对支护结构位移的影响规律,见图 6-17 ~ 图 6-22。

泊松比工况数据表　　表 6-3

工况	一	二	三	四	五
泊松比增大比率	0%	5%	10%	15%	25%

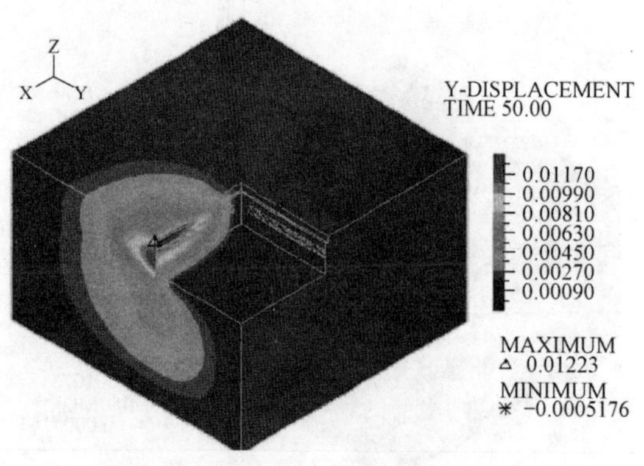

图 6-17　工况二支护结构 Y 向位移云图

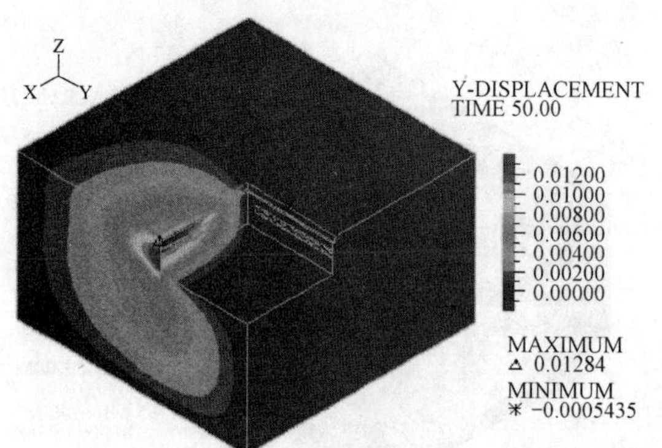

图 6-18　工况三支护结构 Y 向位移云图

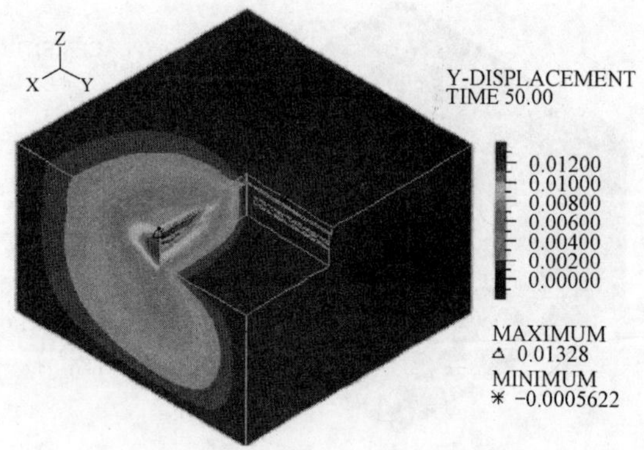

图 6-19　工况四支护结构 Y 向位移云图

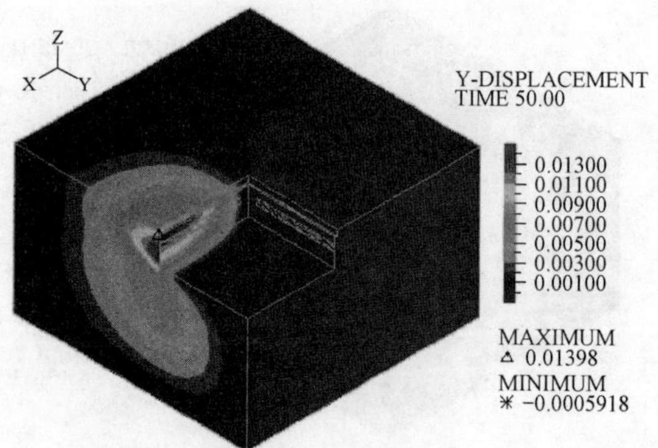

图 6-20　工况五支护结构 Y 向位移云图

从图 6-21 中得知，随着土体泊松比增大，支护结构变形也逐渐增大，图 6-22 中曲线说明土体泊松比的大小对支护结构的变形影响相对明显。用有限元方法模拟基坑时，泊松比的选取是很重要的。

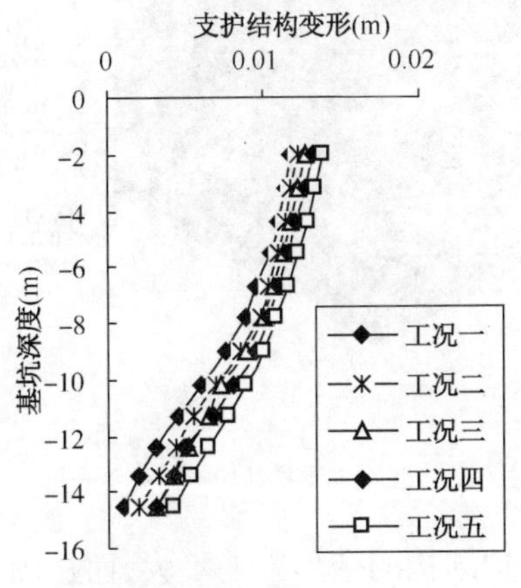

图 6-21　支护结构变形比较

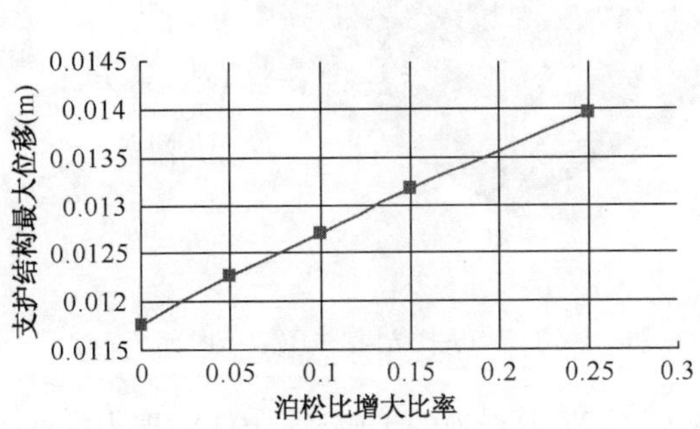

图 6-22　泊松比与支护结构最大位移关系曲线

3）黏聚力变化对支护结构的影响

考察土体黏聚力变化对支护结构的影响，按照表 6-4 中工况进行数值模拟，结构位移比较见图 6-23～图 6-28。

黏聚力工况数据表　　表 6-4

工况	一	二	三	四	五
黏聚力增大比率	0%	10%	20%	30%	50%

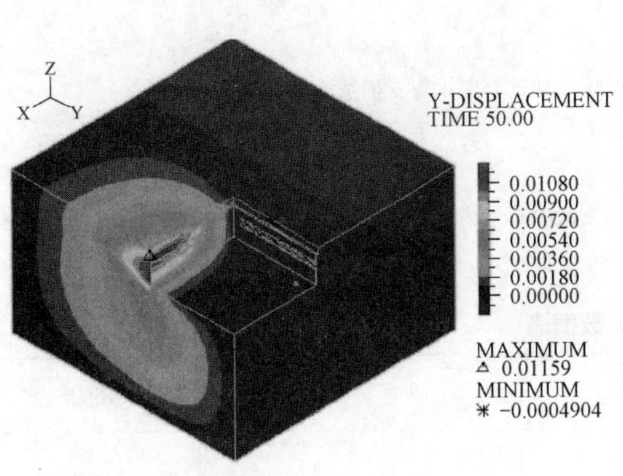

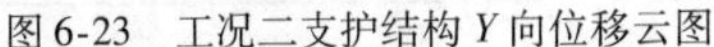

图 6-23　工况二支护结构 Y 向位移云图

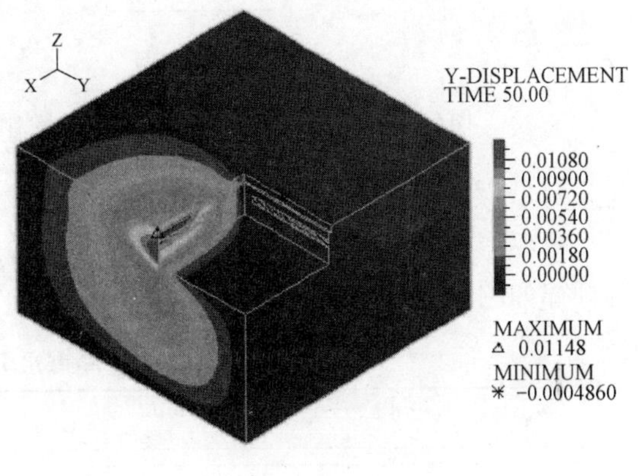

图 6-24　工况三支护结构 Y 向位移云图

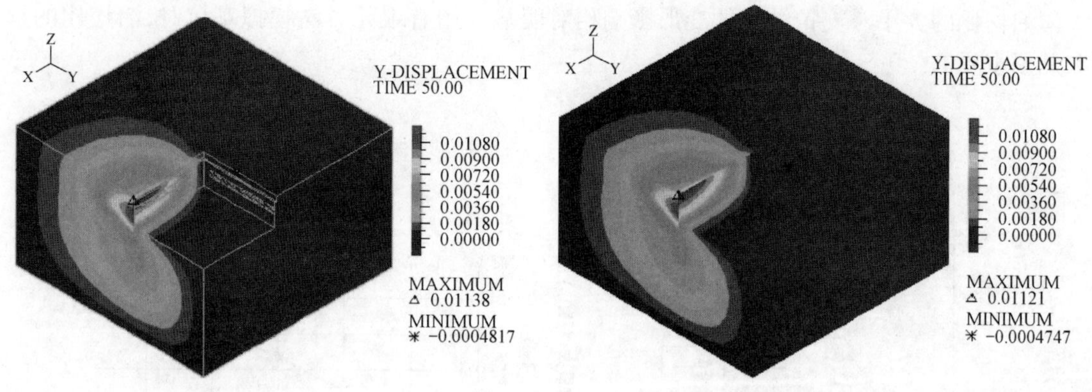

图 6-25　工况四支护结构 Y 向位移云图　　　　图 6-26　工况五支护结构 Y 向位移云图

从图 6-27 中直观的了解到，土体黏聚力的改变对支护结构的变形影响不大，而从图 6-28 中的曲线得知，随着土体黏聚力的增大，支护结构最大位移逐渐变小。

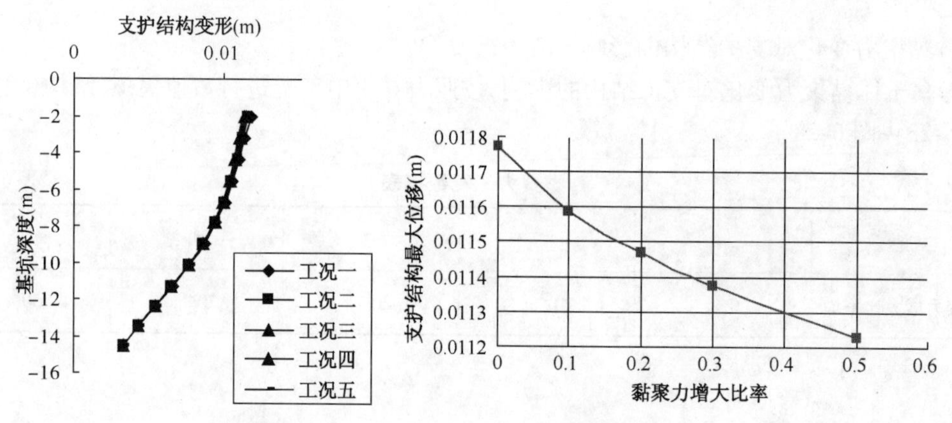

图 6-27　支护结构变形比较　　　　图 6-28　黏聚力变化与支护结构最大位移的关系

4）摩擦角变化对支护结构的影响

考察摩擦角变化对支护结构位移的影响，按照表 6-5 中工况进行数值模拟，得出结构位移的规律如图 6-29 ~ 图 6-34 所示。

摩擦角工况数据表　　　　表 6-5

工况	一	二	三	四	五
摩擦角增量(o)	0	5	10	15	25

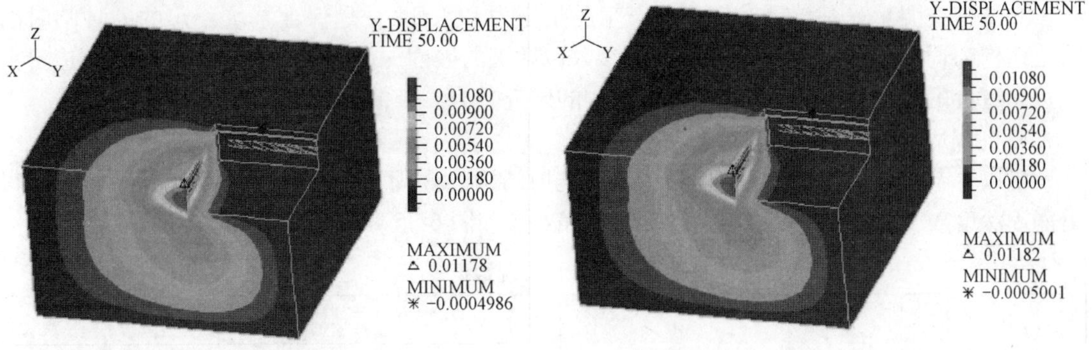

图 6-29　工况二支护结构 Y 向位移云图　　　图 6-30　工况三支护结构 Y 向位移云图

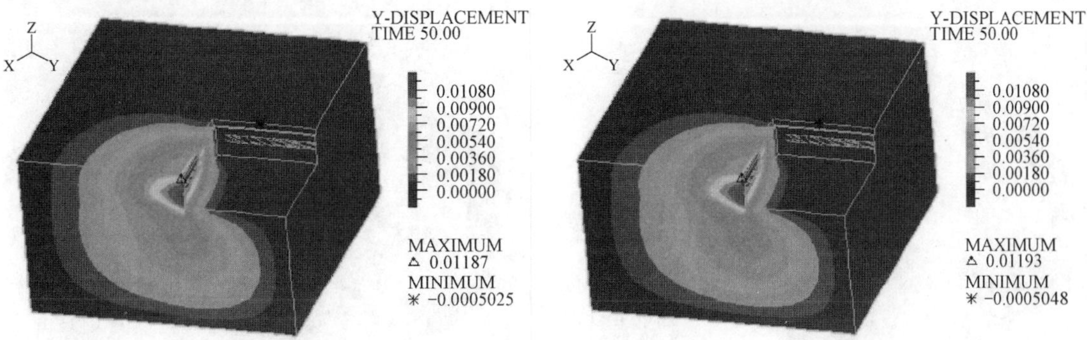

图 6-31　工况四支护结构 Y 向位移云图　　　图 6-32　工况五支护结构 Y 向位移云图

从图 6-33 中可以看出，摩擦角的变化对支护结构的位移影响不大，从图 6-34 中显示的摩擦角增量与支护结构最大位移关系曲线，得知摩擦角变化越大，支护结构的最大位移也越大，但最大位移增加的幅度很小。

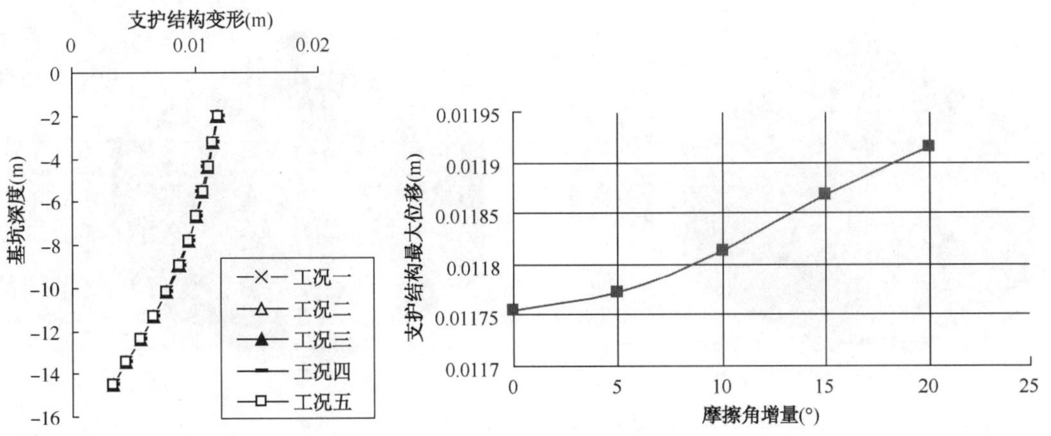

图 6-33　支护结构变形比较　　　图 6-34　摩擦角增量与支护结构最大位移的关系

6.2.3 灌注桩几何性状对支护结构的影响

灌注桩主要承受基坑开挖卸载所产生的土压力和水压力,是保证基坑稳定的一种临时的挡土结构。通常影响灌注桩变形的几何参数包括桩的嵌固深度和桩径。由于灌注桩的造价占工程总造价的比例较大,因此对这两个参数的研究具有一定的经济意义。

1)桩嵌固深度变化对支护结构的影响

仍以本节开始的模型参数为基准,改变支护结构的嵌固深度,考虑8种工况分别计算,得出嵌固深度对支护结构位移的影响规律,见表6-6和图6-35~图6-43。

桩嵌固深度工况数据表 表6-6

工况	一	二	三	四	五	六	七	八
嵌固深度(m)	2.7	3.2	3.7	4.2	4.7	5.2	5.7	6.2

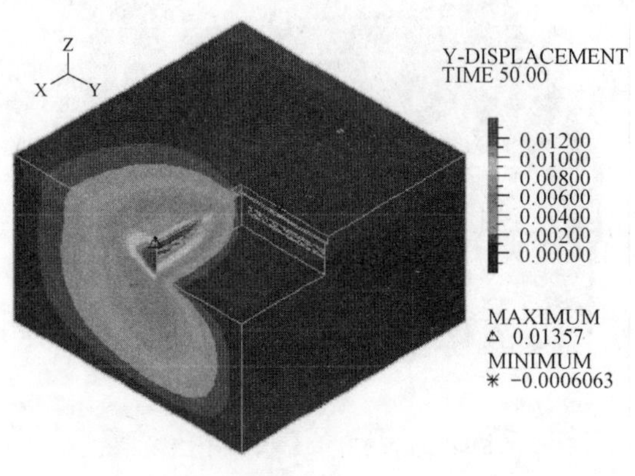

图6-35 工况一支护结构Y向位移云图

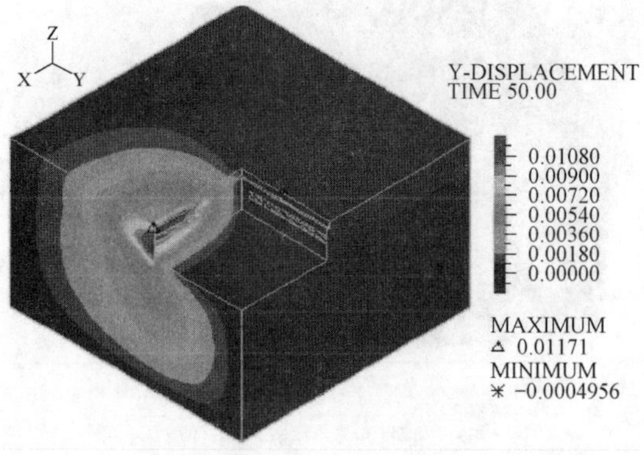

图6-36 工况二支护结构Y向位移云图

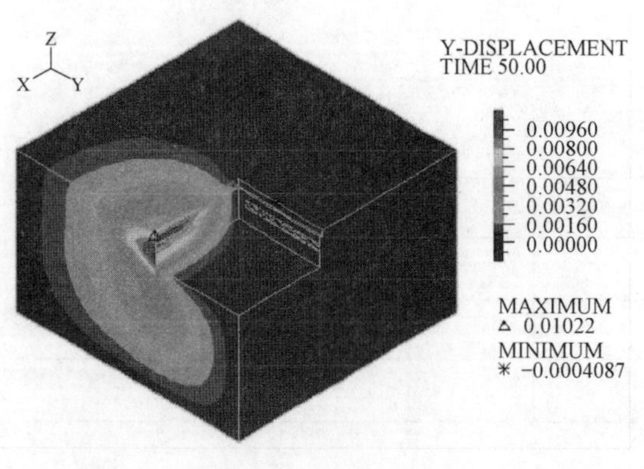

图6-37 工况三支护结构Y向位移云图

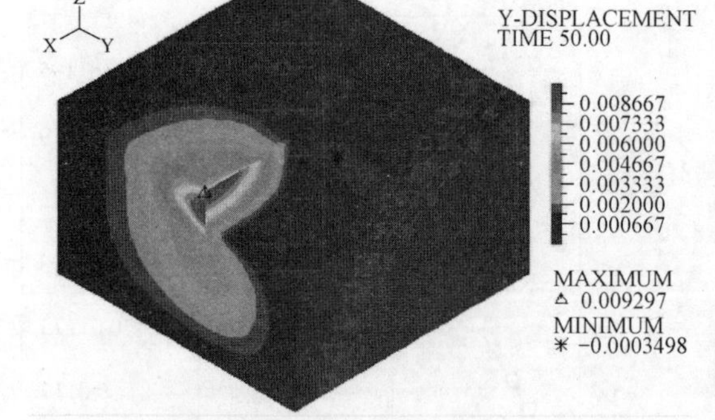

图6-38 工况四支护结构Y向位移云图

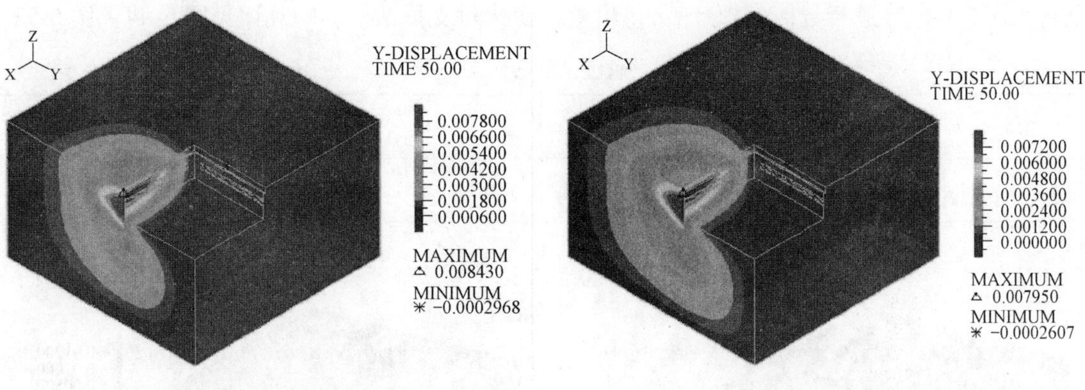

图 6-39　工况五支护结构 Y 向位移图

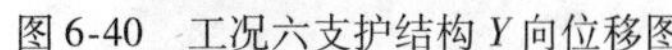

图 6-40　工况六支护结构 Y 向位移图

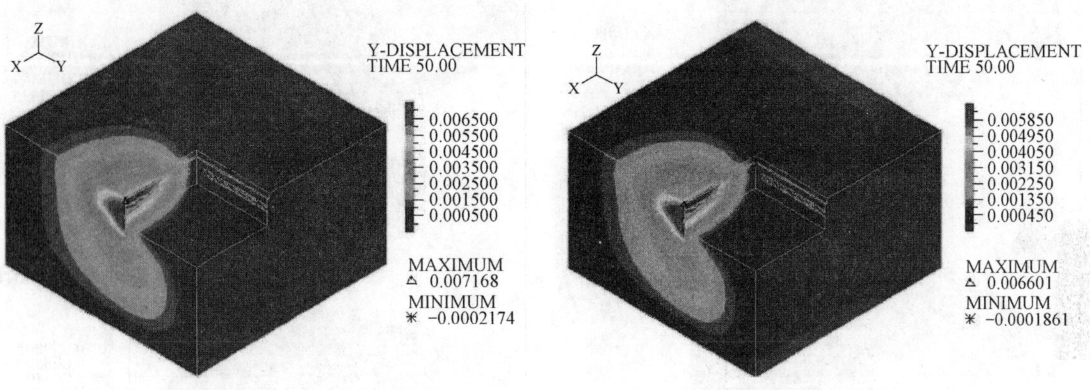

图 6-41　工况七支护结构 Y 向位移云图　　图 6-42　工况八支护结构 Y 向位移云图

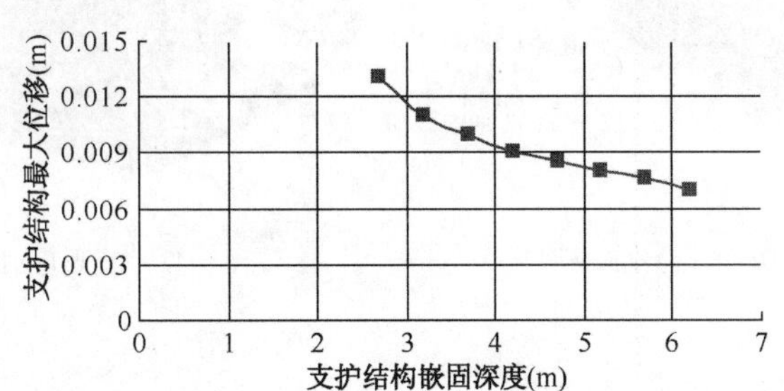

图 6-43　支护结构嵌固深度与最大位移的关系

分析图 6-35 ~ 图 6-43 得出，嵌固深度较小时，对支护结构的变形影响相对较大，嵌固深度逐渐变大到一定数值(如图 6-43 达到 4m)后，对支护结构的变形影响越来越小。从工程实践可知，当嵌固深度过小时，由于被动土压力不足而导致踢脚破坏。但靠增大嵌固深度达到减小支护结构变形也是不经济的，嵌固深度达到基坑稳定的要求即可。从上述分析可知，对于开挖深度为 11m 的桩锚支护基坑，嵌固深度一般设计 4m 为宜。

2)桩径变化对支护结构的影响

考察桩径变化对支护结构变形的影响，按照本工程其他条件不变的情况下，分别考虑以下几种工况(表6-7)进行数值模拟计算,得出桩径变化对支护结构影响规律见图6-44~图6-52。

桩径工况数据表 表6-7

工况	一	二	三	四	五	六	七
桩径(m)	0.5	0.55	0.6	0.65	0.7	0.75	0.8

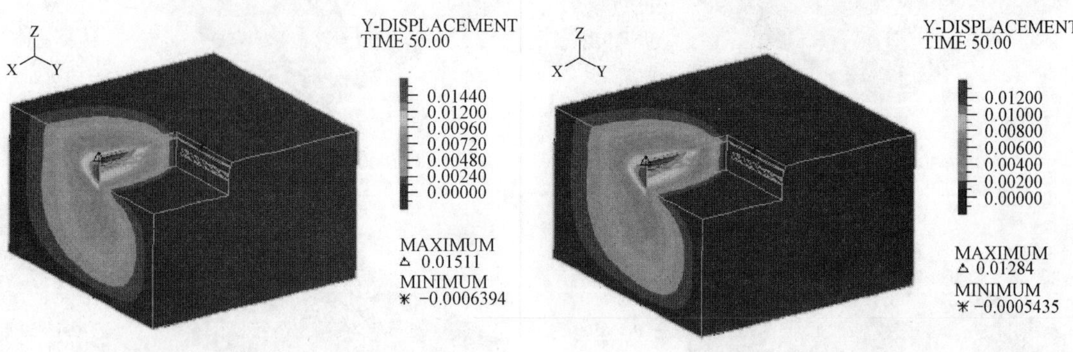

图6-44 工况一支护结构 Y 向位移云图

图6-45 工况二支护结构 Y 向位移云图

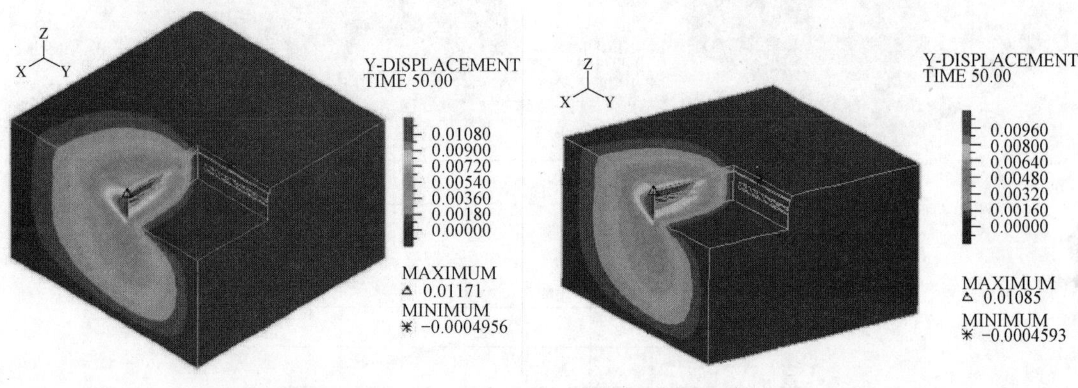

图6-46 工况三支护结构 Y 向位移云图

图6-47 工况四支护结构 Y 向位移云图

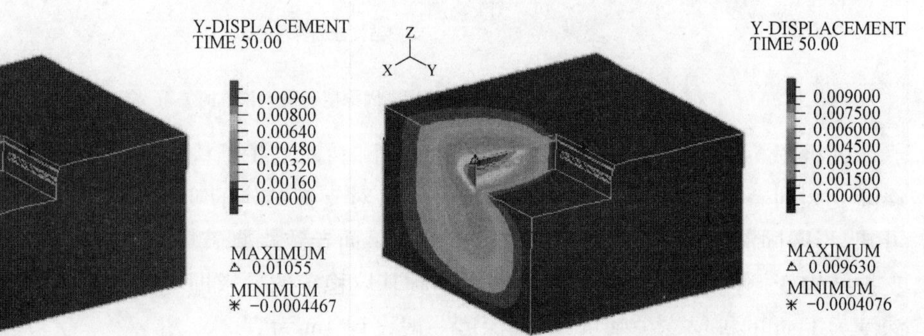

图6-48 工况五支护结构 Y 向位移云图

图6-49 工况六支护结构 Y 向位移云图

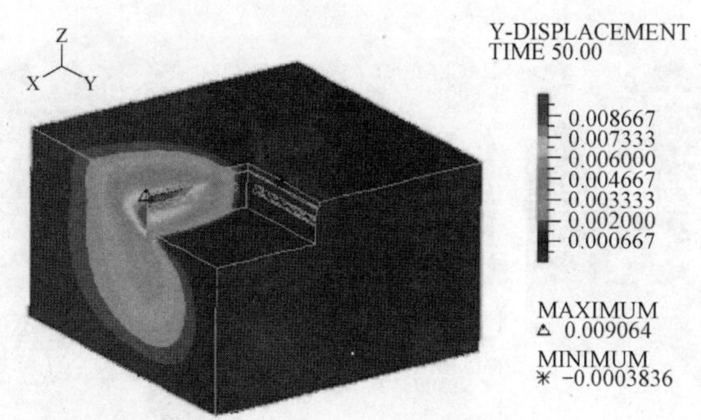

图 6-50　工况七支护结构 Y 向位移云图

分析图 6-44 ~ 图 6-52 得出，桩径较小时对支护结构的变形影响相对较大，而随着桩径逐渐增大到一定数值（如图 6-52 达到 0.6m）后，对支护结构的变形影响越来越小。从工程实践可知，当桩径过小时，由于结构刚度不足而导致破坏。但靠增大桩径达到减小支护结构变形也是不经济的。从上述分析可知，对于开挖深度为 11m 的桩锚支护基坑，桩径一般设计 0.6m 为宜。

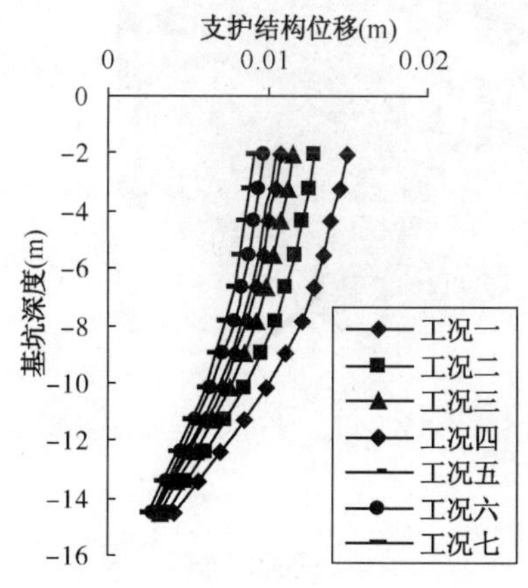

图 6-51　支护结构变形比较

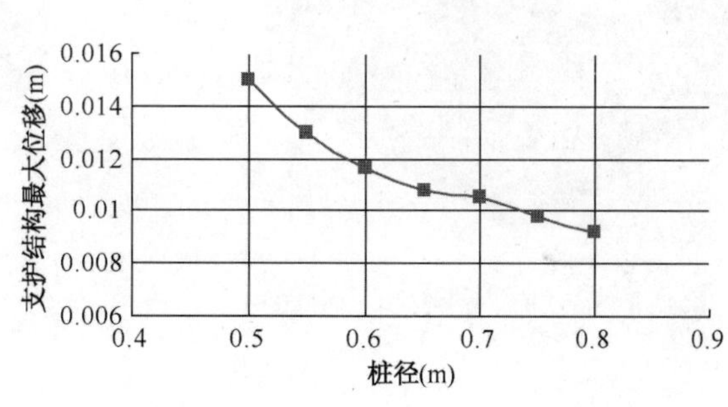

图 6-52　桩径变化与支护结构最大位移的关系

6.2.4　锚杆参数对支护结构的影响

1）锚杆倾角对支护结构的影响

考察锚杆的倾角对基坑支护结构变形的影响。仍按照原结构形式，两层锚杆共同改变倾角，按照表 6-8 中的工况分别进行数值模拟，得出结果如图 6-53 ~图 6-62 所示。

锚杆倾角工况数据表　　表 6-8

工况	一	二	三	四	五	六	七	八
锚杆倾角（°）	10	15	20	25	30	35	40	45

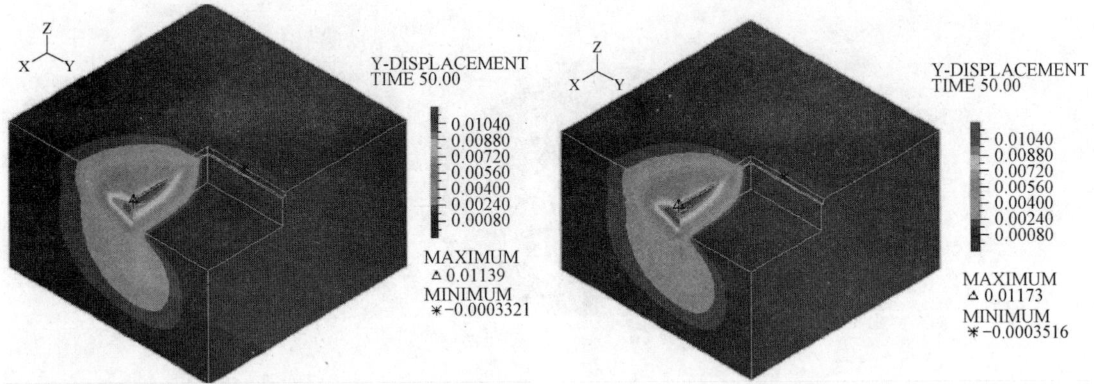

图6-53　工况一支护结构 Y 向位移云图　　图6-54　工况二支护结构 Y 向位移云图

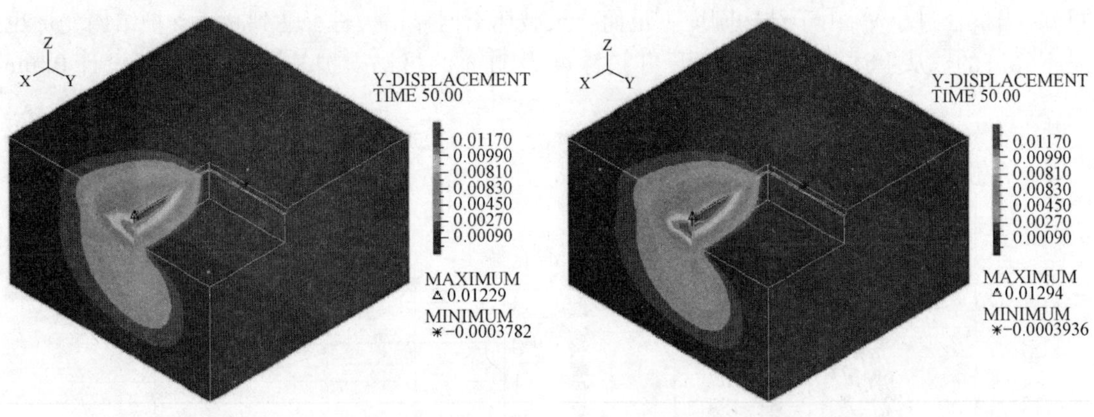

图6-55　工况三支护结构 Y 向位移云图　　图6-56　工况四支护结构 Y 向位移云图

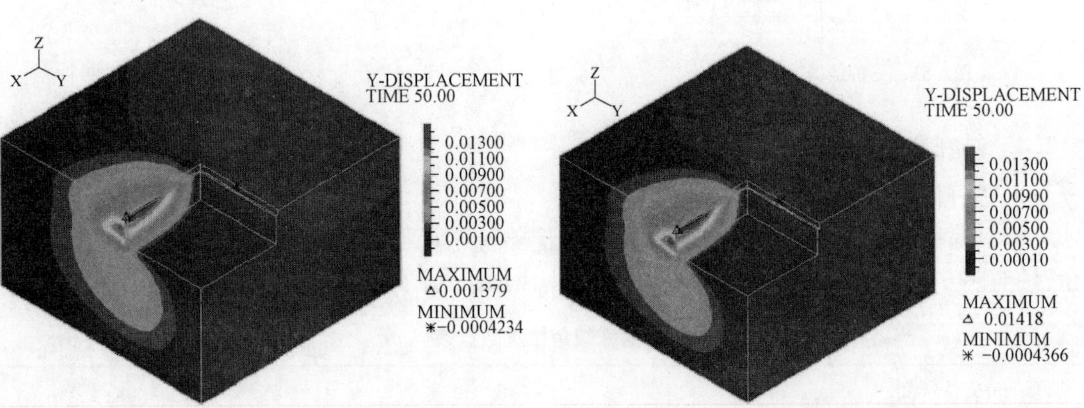

图6-57　工况五支护结构 Y 向位移云图　　图6-58　工况六支护结构 Y 向位移云图

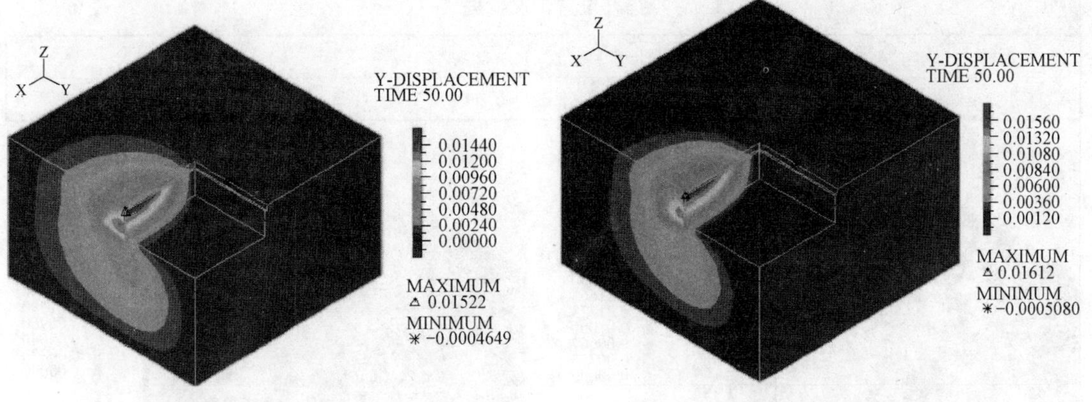

图 6-59　工况七支护结构 Y 向位移云图　　图 6-60　工况八支护结构 Y 向位移云图

由图 6-61 可知，随着锚杆倾角的增大，支护结构位移变大。分析其原因主要是锚固端与土体黏结将锚固力传递给腰梁，腰梁对桩有一水平约束作用，该作用即是锚固力的水平分力。而锚杆倾角增加，水平分力就变小，从而减小了对桩的约束，使支护结构位移变大。考虑到锚杆的施工方便，倾角不应过小或过大，一般在 10° ~ 45° 之间。而从图 6-62 中曲线发现，倾角 10° ~ 25° 之间支护结构的位移变化较小且平缓，在此范围内，不仅符合施工方便性，而且支护结构变形也较小，符合工程的安全性。

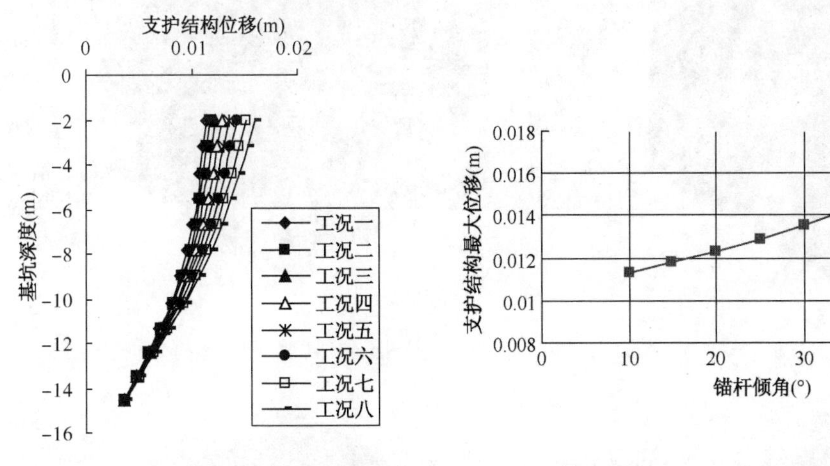

图 6-61　支护结构变形比较　　图 6-62　锚杆倾角与支护结构最大位移的关系

2）锚杆位置对支护结构的影响

考察锚杆施加位置对支护结构变形的影响，分两部分进行分析。第一部分采用一排锚杆，第二部分采用两排锚杆，按照表 6-9 和表 6-10 描述的工况进行数值模拟，影响结果如图6-63 ~ 图 6-71 所示。

（1）一排锚杆情况。由图 6-70、图 6-71 中可知，当施加一根锚杆的时候，锚杆位置离支护结构顶端越近，则支护结构的位移就越小，施加锚杆位置越深，则支护结构的位移就越大。但根据规范要求锚杆离地表应不小于 4m。

锚杆位置工况数据表 表6-9

工况	A	B	C	D	E	F	G
基坑深度(m)	3.21	4.37	5.53	6.69	7.85	9.01	10.17

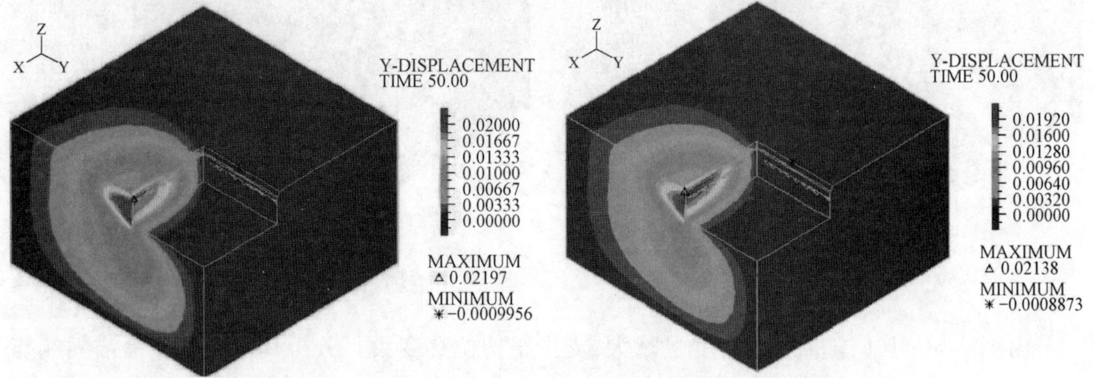

图6-63 工况A支护结构Y向位移云图

图6-64 工况B支护结构Y向位移云图

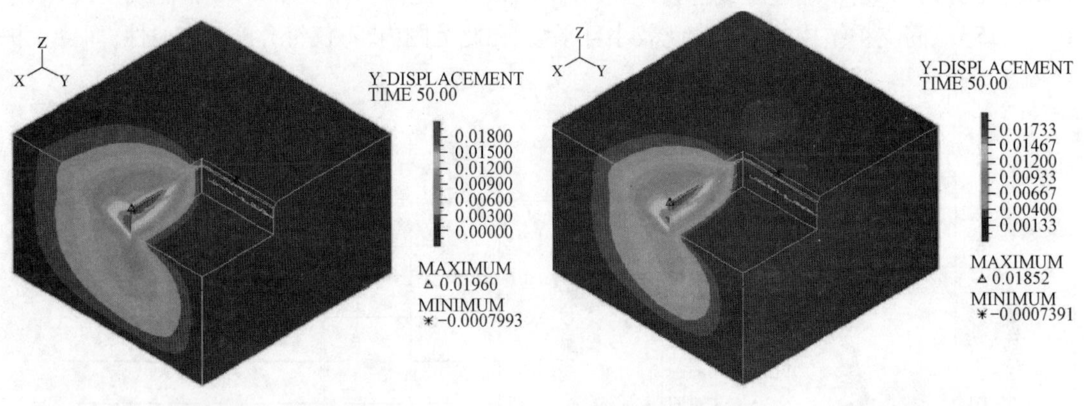

图6-65 工况C支护结构Y向位移云图

图6-66 工况D支护结构Y向位移云图

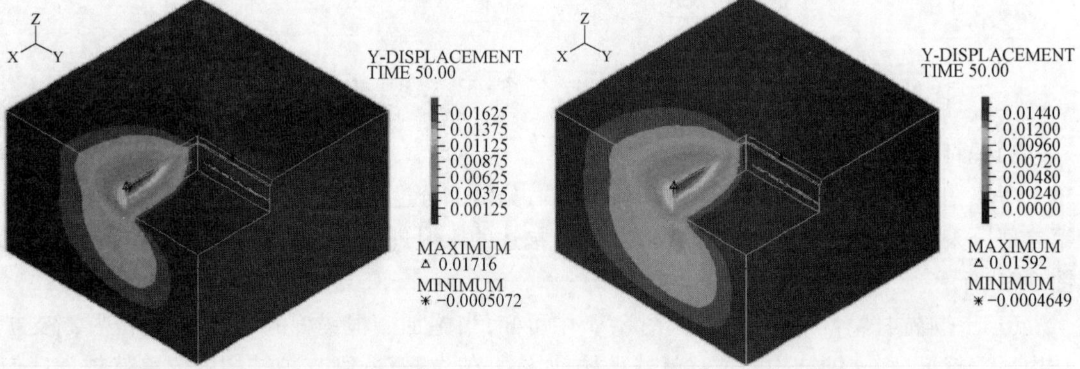

图6-67 工况E支护结构Y向位移云图

图6-68 工况F支护结构Y向位移云图

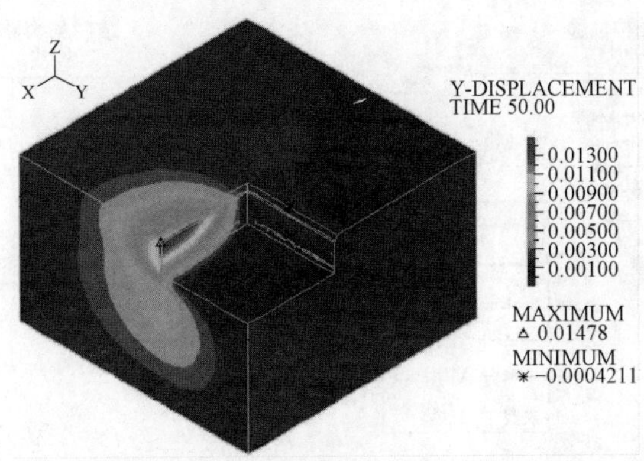

图 6-69　工况 G 支护结构 Y 向位移云图

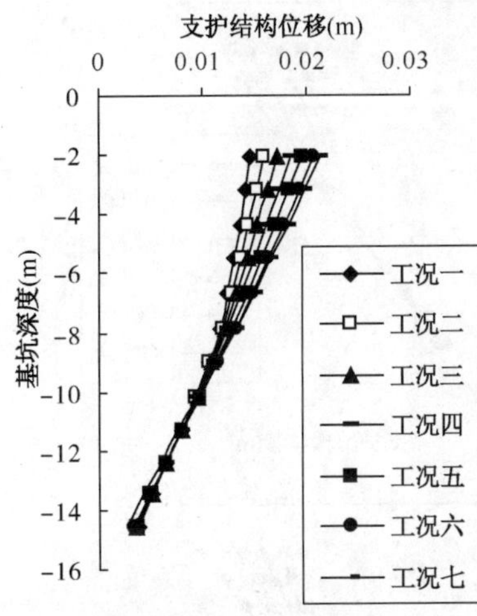

图 6-70　支护结构整体位移比较

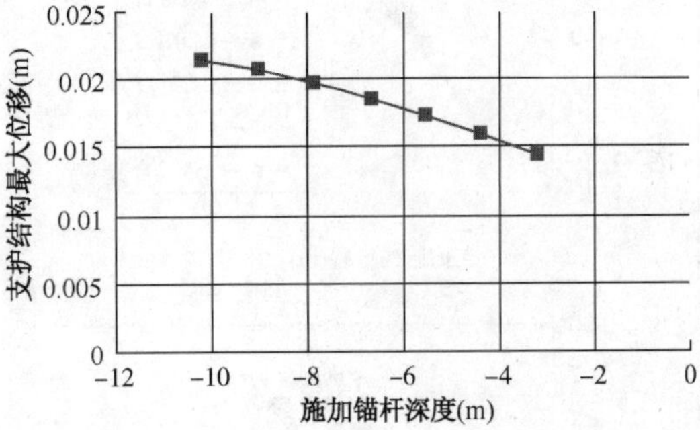

图 6-71　锚杆深度与支护结构最大位移的关系

(2)两排锚杆情况。表 6-10 为锚杆位置的组合表,其中大写字母代表表 6-9 中的工况,对两排锚杆进行排列,得出表中的工况组合数据。按照该表进行数值模拟运算,得出各组合情况下的支护结构变形曲线如图 6-72 中 7 种情况。

锚杆位置工况组合表　　表 6-10

第一排 第二排	A	B	C	D	E	F	G
A		BA	CA	DA	EA	FA	GA
B	AB		CB	DB	EB	FB	GB
C	AC	BC		DC	EC	FC	GC
D	AD	BD	CD		ED	FD	GD
E	AE	BE	CE	DE		FE	GE
F	AF	BF	CF	DF	EF		GF
G	AG	BG	CG	DG	EG	FG	

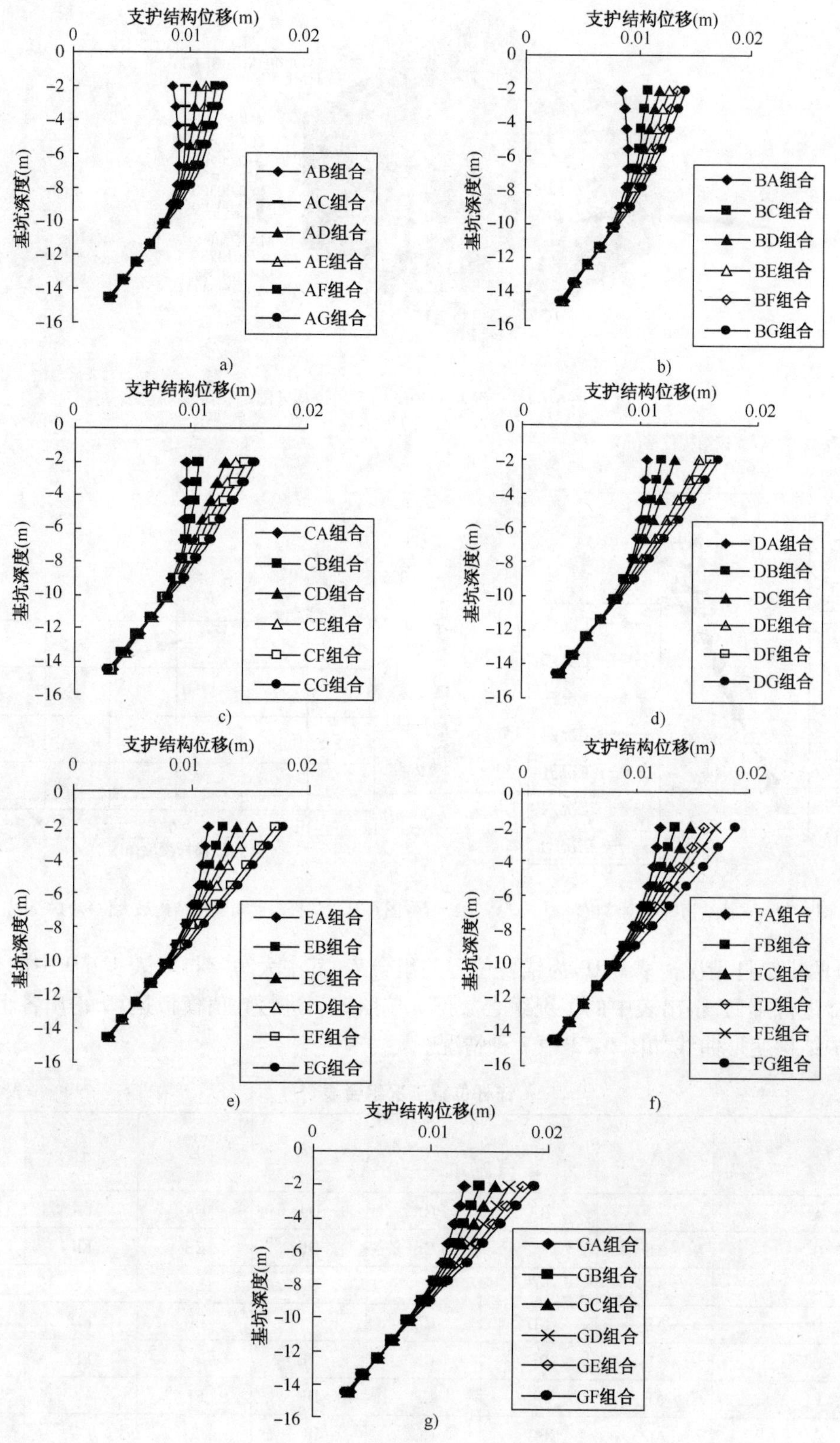

图6-72 各列工况组合支护结构位移比较

从图 6-72 中得知，每列组合中，支护结构位移较小的都是第一排锚杆靠近支护结构顶端的那一组合，第一排锚杆的施加位置对支护结果的位移影响很大，如图 6-73 ~ 图 6-78 所示。

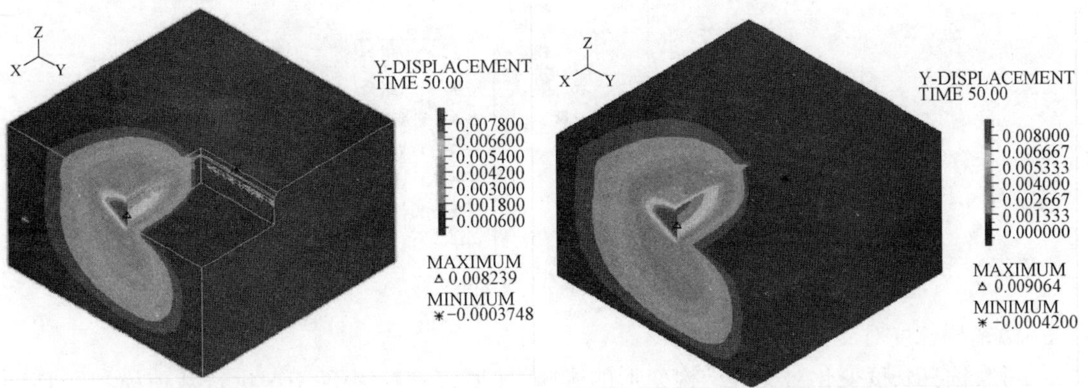

图 6-73　工况 AB 支护结构 Y 向位移云图　　图 6-74　工况 AC 支护结构 Y 向位移云图

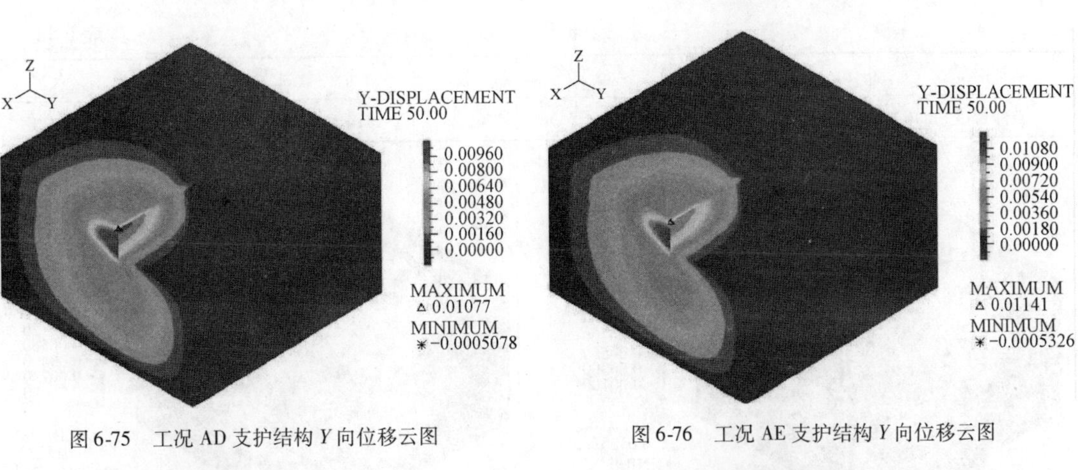

图 6-75　工况 AD 支护结构 Y 向位移云图　　图 6-76　工况 AE 支护结构 Y 向位移云图

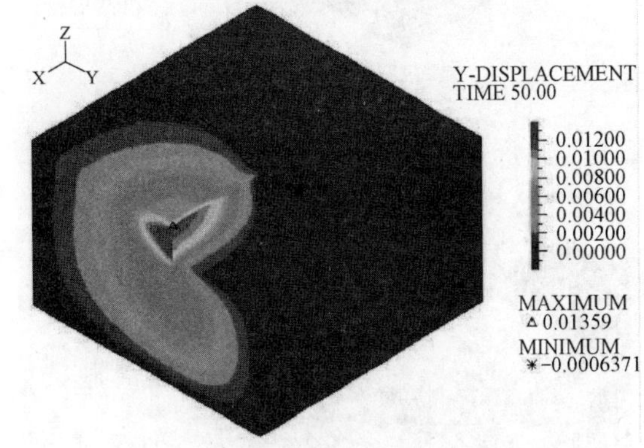

图 6-77　工况 AF 支护结构 Y 向位移云图　　图 6-78　工况 AG 支护结构 Y 向位移云图

将每列中最小位移的组合进行比较，发现两排锚杆都靠近支护结构顶端的组合产生的位移最小，见图 6-79，与一排锚杆情况相同。

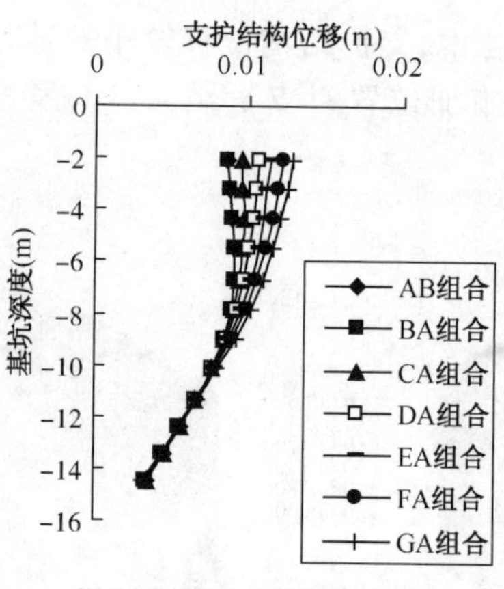

图6-79　最小变形组合比较

3)锚杆长度对支护结构的影响

考察锚杆长度变化对支护结构变形的影响,按照表6-11中的工况进行数值模拟,结果见图6-80~图6-86。

锚杆长度工况表

表6-11

工况	一	二	三	四	五	六
锚杆长度(m)	8	10	12	14	16	18

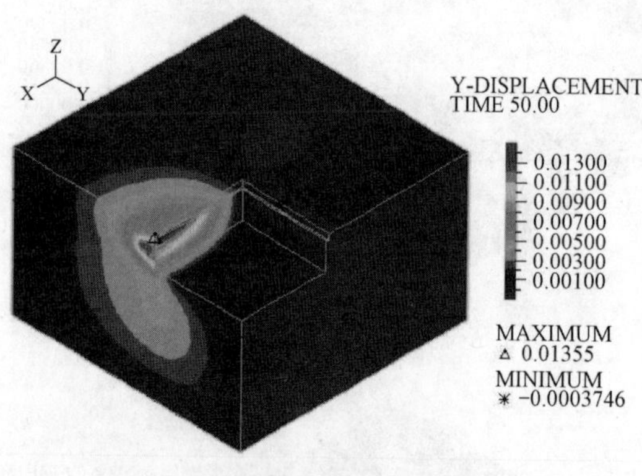

图6-80　工况一支护结构 Y 向位移云图

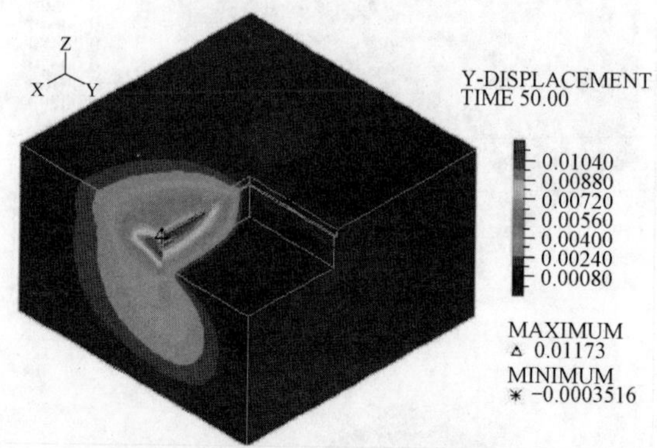

图6-81　工况二支护结构 Y 向位移云图

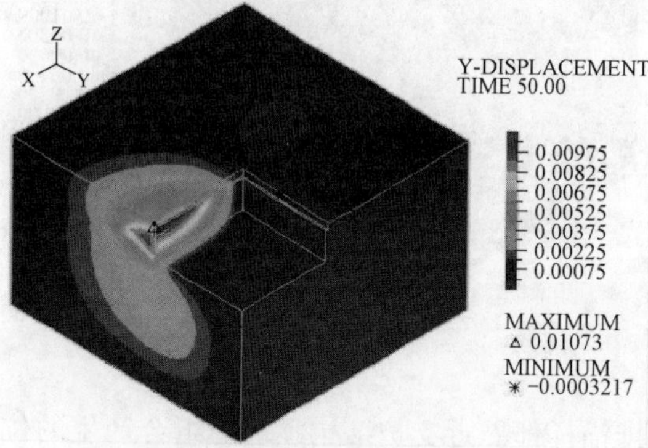

图6-82　工况三支护结构 Y 向位移云图

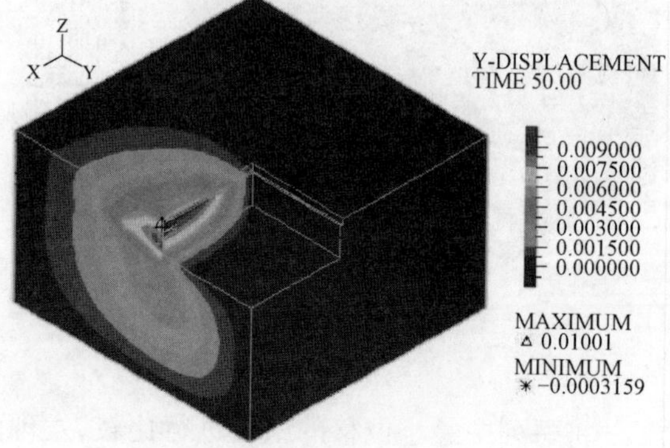

图6-83　工况四支护结构 Y 向位移云图

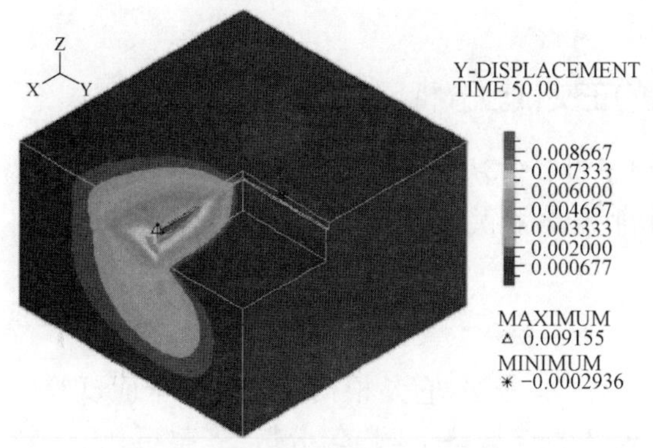

图 6-84　工况五支护结构 Y 向位移云图

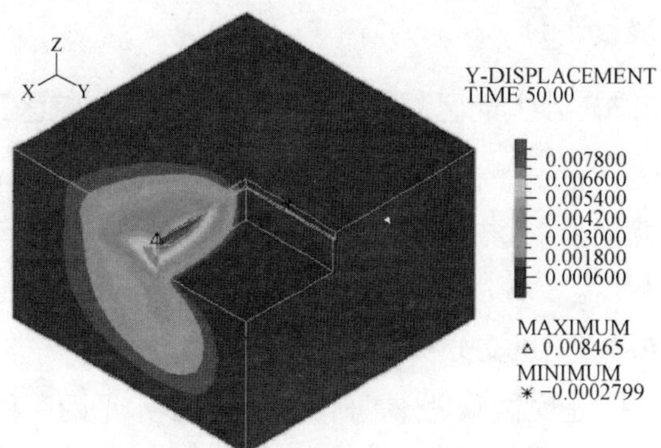

图 6-85　工况六支护结构 Y 向位移云图

从图 6-80 ~ 图 6-86 分析可知，锚杆长度的变化对支护结构的变形影响很大，锚杆越长与土体相互黏结形成的锚固力就越大，对支护结构的约束也越强，支护结构的变形也就越小。经对图 6-86 曲线分析可得，锚杆长度 11 ~ 14m，曲线比较平缓并符合实际情况，因此对于开挖 11m 的桩锚支护基坑锚杆长度设计 11 ~ 14m 为宜。

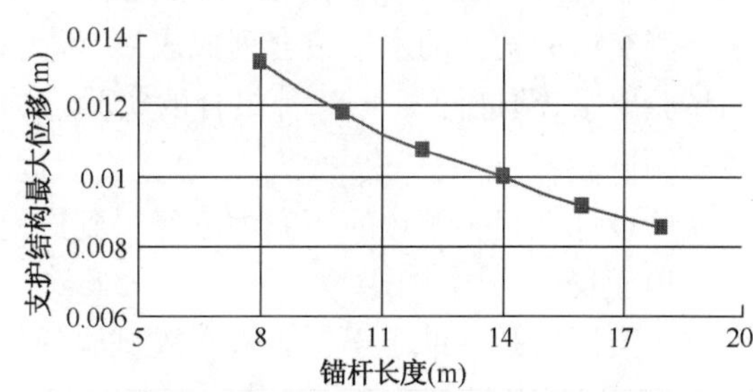

图 6-86　锚杆长度与支护结构最大位移关系

6.2.5　小结

通过改变土体模量、泊松比、黏聚力、摩擦角，支护结构中的桩嵌固深度、桩径、锚杆倾角、锚杆施加位置、锚杆长度等诸多因素，使用 ADINA 对基坑进行大量的数值模拟，得出影响支护结构变形的规律，并进行分析，得出以下结论：

(1) 土体参数中，土体模量与泊松比的变化对支护结构变形影响较大，黏聚力和摩擦角的影响不很明显，其中黏聚力的影响要比摩擦角大。

(2) 本工程土体共分四层，其中第一、二、三层土在坑底以上，其模量的改变对支护结构影响较小。第四层土为支护结构提供被动压力，其模量改变对支护结构变形影响较大。

(3) 当锚杆嵌固深度在相对较浅范围内变化时，对支护结构的影响较大；而当增大到一定程度(4m)，其变化对支护结构变形影响减弱。对于开挖深度为 11m 的桩锚支护基坑，嵌固深度一般设计 4m 为宜。

(4) 改变桩径即改变了支护结构的刚度，桩径增大减小了支护结构的变形，桩径大到一定值时对支护结构变形影响不大。对于开挖深度为 11m 的桩锚支护基坑，桩径一般设计 0.6m 为宜。

(5) 锚杆倾角变大，则支护结构的变形也变大。锚杆倾角在 10° ~ 25°之间支护结构的位移变化较小且平缓，在此范围内不仅符合施工方便性，而且符合工程的安全性。

(6) 锚杆施加的位置对支护结构变形影响很大，锚杆位置越靠近桩顶，支护结构的变形越小。两排锚杆的情况与一排锚杆相同，而且从变形曲线图中发现，第一排锚杆的位置起到关键作用，实际施工时，一般设计为离地表 4m。

(7) 锚杆越长，支护结构的变形越小。对于开挖深度为 11m 的桩锚支护基坑，锚杆长度一般设计 11 ~ 14m 为宜。

6.3 砂土地区深基坑支护结构变形影响因素的正交试验分析

正交试验设计是基于方差分析模型的部分因子设计方法,在水平比较少的情况下具有很高的效率,经常用来对试验进行统筹安排,可尽快找出各相关因素对基坑支护结构变形的影响程度。

6.3.1 正交分析法

正交试验设计是研究多因素多水平的一种设计试验方法,它是根据正交性从全面试验中挑选出部分有代表性的点进行试验。这些有代表性的点具备了“均匀分散,齐整可比”的特点[33,34]。正交试验是一种高效率、快速、经济的实验设计方法。日本著名的统计学家田口玄一将正交试验选择的水平组合列成表格,称为正交表。例如做一个三因素三水平的试验,按全面试验要求,须进行 $3^3=27$ 种组合的实验,且尚未考虑每一组合的重复数。若按 $L_9(3^3)$ 正交表安排试验,只需做 9 次,按 $L_{18}(3^7)$ 正交表进行 18 次实验,显然大大减少了工作量。因而正交实验设计在很多领域的研究中已经得到广泛应用。

1)正交表

正交试验是借助于正交表来布置试验的。因此,首先要搞清楚正交表的含义。比如,需做一 A、B、C 三因子试验,A 分为 A_1、A_2 二个水平,B 分为 B_1、B_2 二个水平,C 分为 C_1、C_2 二个水平。显然,该试验共有 8 个处理组合。这 8 个处理组合可用数字来简单表示,如 $A_1B_1C_1$ 可简记为“111”,$A_1B_1C_2$ 可简记为“112”等。这样,如若写出“221”,则表示这是处理组合 $A_2B_2C_1$,即因子 A 取 A_2、因子 B 取 B_2、因子 C 取 C_1 所构成的组合。

如果我们希望把试验布置成正交试验,从 8 个处理组合中挑选一部分处理组合来做才有代表性,这可查正交表得到回答。二水平的最简单一张正交表是 $L_4(2^3)$,转录如表 6-12。

$L_4(2^3)$ 表 6-12

处理号 \ 列号	1	2	3
1	1	1	1
2	1	2	2
3	2	1	2
4	2	2	1

由表 6-12 可知,应该选 4 个处理组合来做试验。这 4 个处理组合就是 4 个横行所示的数字 111、122、212、221。由此可知,$L_4(2^3)$的含义是:L 表示它是一张正交表,括号内的底数 2 表示参数的每个因子都是二水平的;指数 3 表示它有 3 列,即最多能安排三个因子的试验;L 右下角的数字 4 表示它有 4 个横行,用它安排试验每区组需设置 4 个小区,并在这 4 个小区上随即安排 111、122、212、221 这 4 个处理。二水平的正交表还有 $L_8(2^7)$、$L_{12}(2^{11})$、$L_{16}(2^{15})$等;三水平的正交表有 $L_9(3^4)$、$L_{27}(3^{13})$等。此外还有一种混合型的正交表,如 $L_8(4\times24)$,它表示第 1 列应安排四水平的因子。另 4 列只能安排二水平的因子。共做 8 个处理组合的试验。

正交表具有以下两项性质：

(1)每一列中，不同的数字出现的次数相等。例如在两水平正交表中，任何一列都有数码“1”和“2”，且任何一列中它们出现的次数都是相等的；如在三水平正交表中，任何一列都有“1”、“2”、“3”，且在任一列的出现数均相等。

(2)任意两列中数字的排列方式齐全而且均衡。例如在两水平正交表中，任何两列(同一横行内)有序对子共有 4 种：(1,1)、(1,2)、(2,1)、(2,2)。每种对数出现次数相等。在三水平情况下，任何两列(同一横行内)有序对共有 9 种：(1,1)、(1,2)、(1,3)、(2,1)、(2,2)、(2,3)、(3,1)、(3,2)、(3,3)，且每对出现数也均相等。

以上两点充分体现了正交表的两大优越性，即“均匀分散性，整齐可比性”。通俗地说，每个因素的每个水平与另一个因素各水平各碰一次，这就是正交性。

2)正交试验结果分析

对正交试验结果的分析，通常采用两种方法：一种是直观分析法或称极差分析法；另一种是方差分析法。以下标 i 表示因素水平号，下标 j 表示不同的因素。因素 j 的极差 R_j 计算公式如下：

$$R_j = \max_i\{K_{ij}\} - \min_i\{K_{ij}\} \tag{6-1}$$

式中：K_{ij}——因素 j 水平号为 i 的各试验结果之和。

一般的说，各因素的极差是不相等的，这说明各因素的水平改变时对试验结果的影响是不相同的。极差越大，说明这个因素的水平改变时对试验结果的影响也越大。极差最大的因素，就是因素的水平改变对试验结果影响最大的因素，也就是最主要的因素；极差次大的因素，也就是次主要的因素；依此类推。

正交表的空白列可表示试验误差。如果空白列的极差比所有因素的极差还要大，则说明因素之间可能存在有不可忽略的交互作用，或者忽略了对试验结果有重要影响的因素。

挑选因素的最优水平可确定各因素的最优组合方案。若指标越大越好，则应该选取使统计参数 K_{ij} 大的水平；反之，若指标越小越好，则应取使 K_{ij} 小的那个水平。

实际确定最优方案时，还应区分因素的主次。对于主要因素，一定要按有利于指标的要求选取最高的水平；而对于不重要的因素，则可根据有利于提高效率、降价消耗等目的来考虑取别的水平。

极差分析方法的优点是方法简单、直观、计算量较少、便于普及和推广，缺点是不够精确。采用方差分析可以弥补极差分析的不足。

若用 n 行 t 列 r 水平正交表 $L_n(r^t)$ 安排试验，总的试验次数为 n，实验结果为 y_1、y_2、…、y_n，则数据的总偏差平方和 S_T 为：

$$S_T = \sum_{i=1}^{n}(y_i - \bar{y})^2 = \sum_{i=1}^{n}y_i^2 - n\bar{y}^2 = \sum_{i=1}^{n}y_i^2 - \frac{T^2}{n} \tag{6-2}$$

$$\bar{y} = \frac{1}{n}\sum_{i=1}^{n}y_i \tag{6-3}$$

$$T = \sum_{i=1}^{n}y_i \tag{6-4}$$

因素 j 所引起的数据的偏差平方和(组间平方和)为:

$$S_j = \sum_{i=1}^{r} n_i(\bar{y}_i - \bar{y})^2 = \sum_{i=1}^{r} n_i \bar{y}_i^2 - n\bar{y}^2 = \sum_{i=1}^{r} n_i \bar{y}_i^2 - \frac{T^2}{n} \tag{6-5}$$

式中:r——因素 j 的水平数;

n_i——因素 j 在水平 i 下所做的试验次数;

y_i——因素 j 在水平 j 所对应的试验结果的平均值。

用正交表安排试验时,每一个因素的任一水平的试验次数都是相等的。

设因素 j 的每一个水平的试验次数为 s,则:

$$n_i = s \tag{6-6}$$

$$n = r \cdot s \tag{6-7}$$

$$\bar{y}_i = \bar{K}_{ij} = \frac{K_{ij}}{s} \tag{6-8}$$

于是 S_j 可表示为:

$$S_j = \frac{1}{s}\sum_{i=1}^{r} K_{ij}^2 - \frac{1}{n}(\sum_{i=1}^{n} y_i)^2 = \frac{r}{n}\sum_{i=1}^{r} K_{ij}^2 - \frac{T^2}{n} \tag{6-9}$$

用正交表安排试验时,总偏差平方和 S_T 可分解为各因素偏差平方和 S_j 之和,即

$$S_T = \sum_{j=1}^{i} S_j \tag{6-10}$$

其中 S_T 的自由度 $f_r = n - 1$;S_j 的自由度 $f_j = r - 1$。

假设试验结果是服从正态分布的随即变量。正交表空白列的偏差平方和不是由任何因素所引起的,因此是误差所引起的。故误差平方和 S_e 为所有空白列的偏差平方和之总和,S_e 自由度 f_e 为所有空白列自由度之和,即

$$S_e = \Sigma S_{列空} \tag{6-11}$$

$$f_e = \Sigma f_{列空} \tag{6-12}$$

平方和除以自由度称为平均平方,$\bar{S}_A$ 表示因素 A 间平均平方,$\bar{S}_B$ 表示因素 B 间平均平方,以此类推。$\bar{S}_e$ 表示误差平均平方,即

$$S_j = \frac{S_j}{f_j}(j = A, B, \cdots) \tag{6-13}$$

$$S_j = \frac{S_e}{f_e} \tag{6-14}$$

判别试验结果对各因素的水平变化是否敏感可用假设检验进行。

假设检验的思想方法是:提出一个假设,把它与试验数据进行对照,判断是否舍弃它。其步骤如下:

(1)设假设 H_0 正确,可导出一个试验结论,设此结论为 R_0;

(2)再根据试验得出一个试验结论,与理论结论相对应,设为 R_1;

(3)比较 R_0 与 R_1,若 R_0 与 R_1 没有大的差异,则没有理由怀疑 H_0,从而判定为:“不舍弃

H_0”(采用H_0);若R_0与R_1有较大的差异,则可以怀疑H_0,此时判定为:“舍弃H_0”。

单因素敏感性分析可假设H_0为因素A各水平间没有差异,即$H_0:\sigma_A^2 = 0$。

由试验结果得到A间平均平方$\overline{S}_A$和误差平均平方$\overline{S}_e$,若假设H_0成立,则$\overline{S}_A$与$\overline{S}_e$之比接近于1。

可利用数理统计中关于F分布的理论定量分析舍弃H_0的标准。若y_i服从自由度为f_1的x^2分布,y_2服从自由度为f_2的x^2分布,并且y_i、y_2相互独立,则$\frac{y_1}{f_1}\Big/\frac{y_2}{f_2}$服从自由度为$(f_1,f_2)$的F分布。F分布是连续分布,分布模数是两个自由度$(f_1,f_2)$,称$f_1$为分子自由度,称$f_2$为分母自由度。在自由度为$(f_1,f_2)$的F分布中,某点右侧面积为$P$,也就是F比此值大的概率为$P$,把这个值写为$F_{f2}^{f1}(P)$。若检验的显著性水平给定为$\alpha$时,则可以把$F_{f2}^{f1}(\alpha)$作为临界值来检验假设。

可以证明,平方和乘以某数将服从x^2分布,或者在某条件下服从x^2分布。x^2分布的模数是自由度。自由度不同,x^2分布形状也不同。方差分析中的自由度就是x^2分布的自由度。

因此,$\frac{S_e}{\sigma^2}$服从自由度为f_A的x^2分布。当假设H_0成立,$\sigma_A^2 = 0$时,$\frac{S_e}{\sigma^2}$也服从自由度为f_A的x^2分布。又S_A与S_e相互独立,所以$\frac{S_A}{f_A \cdot \sigma^2}\Big/\frac{S_e}{f_e \cdot \sigma^2} = \frac{\overline{S}_A}{\overline{S}_e}$服从自由度为$(f_A,f_e)$的F分布。这就是假定$H_0$正确时的理论结论$R_0$。而试验结论$R_1$要与理论结论$R_0$相比较。给定显著性水平$\alpha$,分子自由度$f_1 = f_A$,分母自由度$f_2 = f_e$,查F分布表得出$F_{f2}^{f1}(\alpha)$。所以显著性水平$\alpha$下假设$H_0:\sigma_A^2 = 0$的检验是:

$$\begin{cases} \dfrac{\overline{S}_A}{\overline{S}_e} > F_{f_e}^{f_A}(a) \Rightarrow 舍弃H_0 \\ \dfrac{\overline{S}_A}{\overline{S}_e} \leqslant F_{f_e}^{f_A}(a) \Rightarrow 舍弃H_0 \end{cases} \tag{6-15}$$

舍弃H_0即认为因素A对试验结果的影响是显著的;不舍弃H_0即认为因素A对试验结果的影响不显著。

3)正交试验实施步骤

(1)根据所分析的问题确定影响试验结果的因素个数及各因素的水平数;

(2)根据因素水平数选择适用的正交表;

(3)安排各因素在正交表中的位置,完成表头设计;

(4)按照正交表确定各行中因素的水平值明确试验方案,正交表的每一行就是一个试验方案;

(5)按照规定的方案做试验,得到各次试验的结果指标;

(6)采用极差分析法确定因素的主次顺序及最优方案;

(7)采用方差分析法确定因素的显著性水平。

6.3.2　深基坑支护变形正交试验

由于采用三维有限元模型对基坑进行数值模拟,按照优化设计的方法寻找规律计算量比较大,所以采用正交试验的方法可以高效且准确地找出影响因素对支护结构的影响规律和作用程度。

一般情况下,正交试验方法是用在真实试验中的。在实验室中,对实际的试验物品做实验,用正交试验方法来分析其结果。而基坑开挖是比较庞大的工程,若按照真实试验的方法在如今的试验条件和经费上都难以满足,采用数值模拟可以解决这样的问题。数值模拟相当于在计算机上做试验,计算结果即是试验结果,仍按照正交试验方法来安排试验,并分析其结果。

1)计算模型

采用有限元方法,使用ADINA软件进行数值模拟,仍以6.2中的部分基坑模型为分析目标。

2)数学计算模型

按照有限元方法进行模拟计算,若把每次对部分基坑模型模拟的结果作为一次试验,把支护结构的最大位移作为试验指标来考察,则支护结构变形影响参数的敏感性分析可转化为以支护结构最大位移为考察对象的单指标多因素的显著性分析。

单指标多因素的显著性分析可采用线性模型如下:

$$Y = \beta_0 + \beta_1 X_1 + \cdots + \beta_P X_P + e \tag{6-16}$$

式中:β_0——常数项;

β_1——自变量 X_1 的回归系数,依此类推;

e——随机误差,服从标准正态分布。

对于某个因素变量 X_i 对指标 Y 的显著性次序分析,不要求做定量结论,只要求辩明自变量 X_i 对因变量 Y 的显著性影响次序。因此无须求解线性模型中的回归系数,只需按回归系数的要求设计试验。此时,正交试验可满足线性模型回归系数的要求。

采用有限元方法计算部分基坑模型,考察支护结构的最大位移值越小,表明支护结构整体变形越小。

3)支护结构变形影响因素

影响支护结构变形的因素,正如第四章中提出的一些因素:

①土体参数:弹性模量、泊松比、黏聚力、摩擦角;

②桩的几何参数:桩径和桩嵌固深度;

③锚杆的相关参数:锚杆倾角、锚杆施加位置、锚杆长度。

根据以上这些因素,设定分析所用的参数:土体弹性模量 E,泊松比 ν,黏聚力 c,摩擦角 θ,桩嵌固深度 L,桩径 d,锚杆倾角 ϕ,锚杆位置 S,锚杆长度 T。参数取值范围按一般基坑工程确定,并将其设置为4个水平。为了减少由于水平次序引起的系统误差,各因素水平的次序随机排列。参数取值范围和按抽签方式确定的因素水平次序见表6-13。

各参数取值范围及水平 表6-13

因素 / 水平	E (MPa)	ν	c (KPa)	θ (°)	L (m)	d (m)	ϕ (°)	S (m)	T (m)
1	12	0.2	10	10	2.7	0.5	10	3.21	8
2	25	0.3	20	18	3.7	0.6	15	5.53	12
3	34	0.25	30	28	5.2	0.7	25	7.85	16
4	54	0.4	42.7	38	6.2	0.8	45	9.01	18
范围	12~54	0.2~0.4	10~42.7	10~38	2.7~6.2	0.5~0.8	10~45	3.21~9.01	8~18

4）正交试验设计

根据以上确定的影响因素、因素水平，将进行 9 因素 4 水平试验分析。全面试验需要进行 $4^9=262144$ 次，采用正交试验法。可选用 $L_n(4^m)$ 型正交表，不考虑因素之间的相互作用，选取 $L_{32}(4^9)$ 正交表安排试验，即 9 因素 4 水平正交试验的最少试验次数为 32 次，是全面试验的 0.12‰。不考虑因素之间的交互作用，只需将各因素分别填在 $L_{32}(4^9)$ 正交表的上方与列号对应的位置上（表 6-14）。

正交表头设计　　表 6-14

因素	E	v	c	θ	L	d	ϕ	S	T
列号	1	2	3	4	5	6	7	8	9

把 $L_{32}(4^9)$ 正交表中各列的数字“1”、“2”、“3”分别看成是该列所填因素在各个试验中的水平数，正交表每一行就是一个试验方案，则可得到 32 个试验方案。

5）试验运行及结果整理

采用有限元软件 ADINA 运算，按照正交表的规定做 32 次数值模拟，得出支护结构最大位移，试验方案及位移计算结果见表 6-15。

正交试验设计及计算结果　　表 6-15

列号	1	2	3	4	5	6	7	8	9	位移
因素	E	v	c	θ	L	d	ϕ	S	T	(mm)
实验 1	1(12)	1(0.2)	1(10)	1(10)	1(2.7)	1(0.5)	1(10)	1(3.21)	1(8)	18.48
实验 2	1	2(0.3)	2(20)	2(18)	2(3.7)	2(0.6)	2(15)	2(5.53)	2(12)	18.48
实验 3	1	3(0.25)	3(30)	3(28)	3(5.2)	3(0.7)	3(25)	3(7.85)	3(16)	18.03
实验 4	1	4(0.4)	4(42.7)	4(38)	4(6.2)	4(0.8)	4(45)	4(9.01)	4(18)	18.62
实验 5	2(25)	1	1	2	2	3	3	4	4	17.64
实验 6	2	2	2	1	1	4	4	3	3	17.78
实验 7	2	3	3	4	4	1	1	2	2	17.5
实验 8	2	4	4	3	3	2	2	1	1	17.36
实验 9	3(34)	1	2	3	4	1	2	3	4	16.52
实验 10	3	2	1	4	3	2	1	4	3	17.08
实验 11	3	3	4	1	2	3	4	1	2	16.66
实验 12	3	4	3	2	1	4	3	2	1	17.22
实验 13	4(54)	1	2	4	3	3	4	2	1	15.4
实验 14	4	2	1	3	4	4	3	1	2	14.42
实验 15	4	3	4	2	1	1	2	4	3	17.5
实验 16	4	4	3	1	2	2	1	3	4	16.24
实验 17	1	1	4	1	4	2	3	2	3	17.78
实验 18	1	2	3	2	3	1	4	1	4	18.06
实验 19	1	3	2	3	2	4	1	4	1	18.9
实验 20	1	4	1	4	1	3	2	3	2	18.9
实验 21	2	1	4	2	3	4	1	3	2	16.8

续上表

列号	1	2	3	4	5	6	7	8	9	位移
因素	E	ν	c	θ	L	d	ϕ	S	T	(mm)
实验22	2	2	3	1	4	3	2	4	1	17.78
实验23	2	3	2	4	1	2	3	1	4	17.36
实验24	2	4	1	3	2	1	4	2	3	18.34
实验25	3	1	3	3	1	2	4	4	2	18.62
实验26	3	2	4	4	2	1	3	3	1	18.06
实验27	3	3	1	1	3	4	2	2	4	15.54
实验28	3	4	2	2	4	3	1	1	3	15.26
实验29	4	1	3	4	2	4	2	1	3	14.56
实验30	4	2	4	3	1	3	1	2	4	15.26
实验31	4	3	1	2	4	2	4	3	1	16.52
实验32	4	4	2	1	3	1	3	4	2	17.22

6)极差分析

对正交试验结果进行极差分析,见表6-16。

正交试验极差分析表 表6-16

因素	E	ν	c	θ	L	d	ϕ	S	T
均值1	18.406	16.975	17.115	17.185	17.640	17.710	16.940	16.520	17.465
均值2	17.570	17.115	17.115	17.185	17.360	17.430	17.080	16.940	17.325
均值3	16.870	17.251	17.251	16.181	16.936	16.866	17.216	17.356	17.041
均值4	15.890	17.395	17.255	16.185	16.800	16.730	17.500	17.920	16.905
极差	2.516	0.420	0.140	0.004	0.840	0.980	0.560	1.400	0.560

从极差分析表中可知,影响支护结构最大位移的因素中,参数敏感性由大到小依次排列为:弹性模量,锚杆位置,桩径,桩嵌固深度,锚杆长度,锚杆倾角,泊松比,黏聚力,摩擦角。

7)效应曲线分析

效应曲线图也称为贡献效应图,根据均差和极差计算结果绘制成曲线,如图6-87所示。

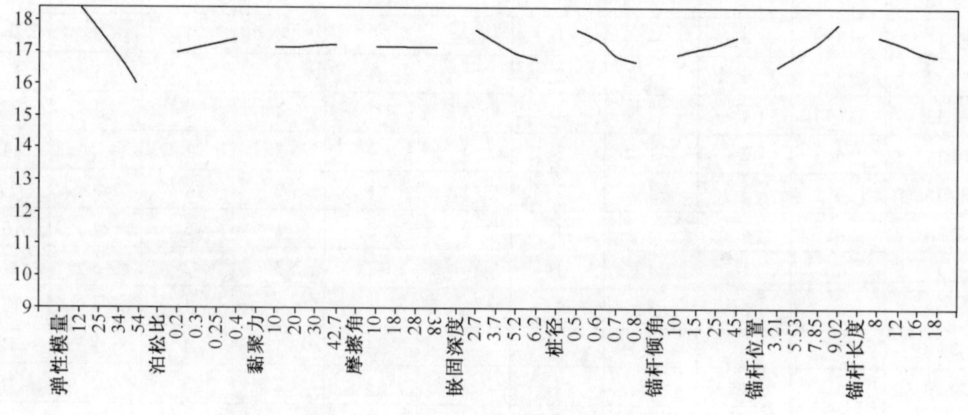

图6-87 支护结构最大位移贡献效应图

从图 6-87 中可直观地看出各因素对支护结构变形的影响规律,这与前一章中单因素分析的结果相同,验证了单因素分析的结论。并且图中可大致看出各因素的对支护结构变形影响的显著性,如果要准确地分析其显著性还需要做方差分析。

8)方差分析

由对极差及效应曲线图的分析得知,土体的摩擦角、黏聚力敏感性最差,对支护结构位移影响最小。由于摩擦角的敏感性过低,若以它为误差列进行分析,很难区分其他参数的显著性,所以将黏聚力看成方差分析的误差列。取 F 分布显著性水平分别为 1 ~ 0.1,方差分析见表 6-17、表 6-18。

正交试验方差分析表($\alpha = 0.05$)　　表 6-17

因素	偏差平方和	自由度	均方和	$F_{比}$	$F_{临界值}$	显著性
弹性模量	27.327	3	9.109	178.608	9.28	*
泊松比	0.780	3	0.26	5.098	9.28	
黏聚力	0.153	3	0.051	1.000	9.28	
摩擦角	0.000	3	0	0.000	9.28	
嵌固深度	3.582	3	1.194	23.412	9.28	*
桩径	5.154	3	1.718	33.686	9.28	*
锚杆倾角	1.370	3	0.456667	8.954	9.28	
锚杆位置	8.574	3	2.858	56.039	9.28	*
锚杆长度	1.576	3	0.525333	10.301	9.28	*
误差	0.15	3	0.05			

从表 6-17 和表 6-18 两表中分析得知,引起支护结构变形的因素中,显著性比较高的是土体弹性模量、锚杆位置、桩径、桩嵌固深度、锚杆长度,显著性一般的是锚杆倾角,土体的泊松比、黏聚力、摩擦角对支护结构变形影响不明显。

正交试验方差分析表($\alpha = 0.10$)　　表 6-18

因素	偏差平方和	自由度	均方和	$F_{比}$	$F_{临界值}$	显著性
弹性模量	27.327	3	9.109	178.608	5.39	*
泊松比	0.780	3	0.26	5.098	5.39	
黏聚力	0.153	3	0.051	1.000	5.39	
摩擦角	0.000	3	0	0.000	5.39	
嵌固深度	3.582	3	1.194	23.412	5.39	*
桩径	5.154	3	1.718	33.686	5.39	*
锚杆倾角	1.370	3	0.456667	8.954	5.39	*
锚杆位置	8.574	3	2.858	56.039	5.39	*
锚杆长度	1.576	3	0.525333	10.301	5.39	*
误差	0.15	3	0.05			

6.3.3 小结

本节采用真实试验中的数据处理方法——正交试验设计方法，以有限元方法模拟得到的基坑支护结构变形为试验对象，根据因素数目，选取适当的水平，选用合适的正交表，进行数值模拟试验，得出以下结论：

（1）通过正交试验设计方法对基坑数值模拟试验，得出的极差分析表中可知，影响支护结构最大位移的因素中，参数敏感性由大到小依次排列为：弹性模量、锚杆位置、桩径、桩嵌固深度、锚杆长度、锚杆倾角、泊松比、黏聚力、摩擦角。

（2）通过试验数据分析得到的贡献效应图中描述了各个因素对支护结构最大位移的影响规律，与第4章中考虑单因素影响得出的规律基本相同，说明将正交试验设计方法应用到数值模拟试验中是可行的，而且采用很少的试验次数，增加了对试验对象的分析效率。

（3）通过对模拟数据的方差分析中得知，引起支护结构变形的因素中，土体弹性模量、锚杆位置、桩径、桩嵌固深度、锚杆长度显著性比较高，显著性一般的是锚杆倾角，土体的泊松比、黏聚力、摩擦角对支护结构变形影响不明显。

第 7 章　深基坑开挖过程之 $FLAC^{3D}$ 分析

7.1　引言

沿海软土地区，地层多以淤泥质软土为主，其天然含水率大、透水性差、压缩性高、承载能力低、土层分布复杂，深基坑设计和施工面临着更多困难，工程事故明显增多。在地质条件差的沿海软土地区进行深基坑开挖与支护已成为高层建筑工程建设中的难点和热点，对土力学研究提出了许多有待研究解决的课题。这些问题的研究对于既安全又经济地设计支护结构、减少工程事故是十分重要的。

沿海软土地区的营口红运广场深基坑工程，主体支护设计为新型双排桩支护，由前后两排平行桩、桩顶冠梁、桩排顶间拉梁共同构成空间受力刚架。与其他支护结构相比，双排桩支护结构自身具备很多优点：双排桩的抗侧移刚度远大于单排悬臂桩结构，其内力分布也明显优于悬臂结构；双排桩支护的围护深度比其他围护结构深；双排桩支护结构不需设置内支撑，施工比较方便，可以缩短施工工期。很多已建成工程的经验表明，双排桩具有很好的应用前景，特别对于沿海软土地层，会带来更好地效果。

双排桩 + 锚索支护形式，是在双排桩支护基础上施加锚索所形成的新型桩锚结构。它由双排桩结构和预应力锚索组成，是比双排桩具有更大侧向刚度的超静定结构，能更有效控制变形；与传统拉锚结构相比，可以在很大程度上消除锚杆越出红线所带来的隐患问题，无需太多场地，对环境的要求也比较低；在同样采用锚杆的情况下，双排桩 + 锚索比单排桩 + 锚索要经济得多，因为前者桩的直径小且锚索用量少，施工方便且造价低，具有良好的经济效果。

通过以上分析可以认为，对营口红运广场这样开挖深度在 10m 左右的软土基坑，采用双排桩 + 锚索的支护方式在安全和经济效益上是非常适宜的，这也与基坑受力特点相契合。

目前，双排桩结构已在少数实际工程中得到了应用，并作为新版《建筑基坑支护技术规程》(JGJ120 - 2012)的新增内容，给出了一种设计计算的简化实用方法[49]。该方法是针对前后排桩矩形布置的简单情形给出，不能计算双排桩 + 锚索的复合支护体系。双排桩 + 锚索支护是十分复杂的基坑支护方式，规范没有对该结构作出规定，其桩 - 土共同作用的机理尚不十分清楚，难以进行解析计算，也难以给出统一的设计方法。桩距、排距、桩径、桩体不同的刚度、桩间土体受力、变形的影响等还有待进一步探讨和深入研究，对前后排桩、冠梁、拉梁、锚索多种支护的受力性状及其变形协调作用的研究都很少。可见，对双排桩 + 锚索的新型支护方式，迫切需要开展深入的理论和模拟研究，以便指导深基坑工程实践。

本章采用 $FLAC^{3D}$ 软件，开展现场基坑双排桩 + 锚索支护及开挖全过程数值模拟研究，给出开挖过程中和开挖结束后的应力场和位移场分布，监测变形状态，剖析开挖过程对基坑土体的影响，验证设计方案的可行性，及时调整现场施工的支护参数和支护措施，并校核现场位移监测结果，提出合理建议，达到加快施工进度、确保施工安全的目的。

7.2 有限差分法及 FLAC 软件介绍

7.2.1 有限差分法

有限差分方法(FDM)是计算机数值模拟最早采用的方法,至今仍被广泛运用。该方法将求解域划分为差分网格,用有限个网格节点代替连续的求解域。有限差分法以 Taylor 级数展开等方法,把控制方程中的导数用网格节点上的函数值的差商代替进行离散,从而建立以网格节点上的值为未知数的代数方程组。该方法是一种直接将微分问题变为代数问题的近似数值解法,数学概念直观,表达简单,是发展较早且比较成熟的数值方法。

差分格式从格式的精度来划分,有一阶格式、二阶格式和高阶格式;从差分的空间形式来考虑,可分为中心格式和逆风格式;考虑时间因子的影响,差分格式还可以分为显格式、隐格式、显隐交替格式等。

目前常见的差分格式,主要是上述几种形式的组合,不同的组合构成不同的差分格式。差分方法主要适用于有结构网格。网格的步长一般根据实际地形的情况和柯朗稳定条件来决定。

构造差分的方法有多种形式,目前主要采用的是泰勒级数展开方法。其基本的差分表达式主要有三种形式:一阶向前差分、一阶向后差分、一阶中心差分和二阶中心差分等。其中前两种格式为一阶计算精度,后两种格式为二阶计算精度。通过对时间和空间这几种不同差分格式的组合,可以组合成不同的差分计算格式。

7.2.2 FLAC 软件介绍

1)FLAC 概述[28,40]

FLAC(Fast Lagrangian Analysis of Continua,连续介质快速拉格朗日分析)是由 Cundall 和美国 ITASCA 公司开发的有限差分数值计算程序。该程序自 1986 年问世后,经不断改版,已经日趋完善。前国际岩石力学学会主席 C. Fairhurst 评价它:“现在它是国际上广泛应用的可靠程序”。

FLAC 是主要为地质和岩土工程应用而开发的,程序中包括了反映岩土材料力学效应的特殊计算功能,可解算岩土类材料的高度非线性(包括应变硬化/软化)、不可逆剪切破坏和压密、黏弹(蠕变)、孔隙介质的固—流耦合、热—力耦合以及动力学行为等。

FLAC 根据计算对象的形状用单元和区域构成相应网格,每个单元在外载和边界约束条件下,按照约定的线性或非线性应力—应变关系产生力学响应,特别适合分析材料达到屈服极限后产生的塑性流动,适合模拟大变形和扭曲。FLAC 允许输入多种材料类型,亦可在计算过程中改变某个局部的材料参数,增强了程序使用的灵活性,极大地方便了在计算上的处理。FLAC 采用显式算法来获得模型全部运动方程(包括内变量)的时间步长解,可以追踪材料的渐进破坏和垮落,特别适用于分析渐进破坏和失稳以及模拟大变形,这对研究工程地质问题非常重要。FLAC 程序具有强大的后处理功能,用户可以直接在屏幕上绘制或以文件形式创建和输出打印多种形式的图形。使用者还可根据需要,将若干个变量合并在同一幅图形中进行研究分析。

FLAC 具有 5 种计算模式:

①静力模式:这是 FLAC 的默认模式,通过动态松弛法得静态解;

②动力模式:用户可以直接输入加速度、速度或应力波作为系统的边界条件或初始条件,边界可以是吸收边界和自由边界,动力计算可以与渗流问题相耦合;

③蠕变模式:有 Maxwell 模型、双指数模型、参考蠕变模型、黏塑性模型、脆盐模型 5 种蠕变本构模型可供选择以模拟材料的应力—应变—时间关系;

④渗流模式:可以模拟地下水流、孔隙压力耗散以及可变形孔隙介质与其间的黏性流体的耦合,它可以与静力、动力或温度计算耦合,也可以单独计算;

⑤温度模式:可以模拟材料中的瞬态热传导以及温度应力,它可以与静力、动力或渗流计算耦合,也可单独计算。

FLAC 具有内嵌语言 FISH,用户可据此编制计算程序,以适应复杂计算、创建新的本构模型和实现各种特殊功能等。

2)FLAC－3D 简介[41]

FLAC－3D(Three Dimensional Fast Lagrangian Analysis of Continue)是 FLAC 的三维分析程序,能较好地模拟三维岩土材料在达到强度极限或屈服极限时发生的破坏或塑性流动的力学行为。

FLAC－3D 采用显式有限差分格式来求解场的控制微分方程,将计算区域划分为若干四面体单元,每个单元在给定的边界条件下遵循指定的线性或非线性本构关系,如果单元应力使得材料屈服或产生塑性流动,则单元网格可以随着材料的变形而变形。这种算法非常适合材料的弹塑性分析、大变形分析以及模拟施工过程。

对 FLAC－3D 的特点评述如下:

①FLAC－3D 可以实现三维模拟和分析。它采用了混合离散方法来模拟材料的屈服或塑性流动行为,这种方法比有限元方法中通常采用的降阶积分更为合理。

②FLAC－3D 采用动态的运动方程进行求解,即使问题在本质上是静力问题。这使得 FLAC－3D 很容易模拟动态问题,如振动、失稳、大变形等。

③FLAC－3D 采用显式方法进行求解。对显式法来说,非线性本构关系与线性本构关系并无算法上的差别,对于已知的应变增量,可很方便地求出应力增量,并得到不平衡力,就同实际中的物理过程一样,可以跟踪系统的演化过程。

④FLAC－3D 运行对计算机的配置要求较高。对于线性问题,FLAC－3D 较之 FLAC－2D 和其他有限元分析程序,需花费更多的计算时间;在模拟非线性问题、大变形问题或动态问题时,FLAC－3D 显得更为有效。

⑤FLAC－3D 的收敛速度取决于系统的最大固有周期与最小固有周期的比值,这使得它对某些问题的模拟效率非常低,如单元尺寸或材料弹性模量相差很大的情况。

FLAC－3D 提供了 10 种基本的本构关系模型,包括:空单元模型;各向同性弹性模型;横观各向同性弹性模型;Drucker－Prager(德鲁克－布拉格)塑性模型;Mohr－Coulomb(莫尔－库伦)塑性模型;统一节理塑性模型;应变硬化/软化塑性模型;双线性应变硬化/软化一致节理模型;双屈服模型;改进的剑桥(Cam－clay)模型。所有模型都能通过相同的迭代数值计算格式得到解决:给定前一步的应力条件和当前步的整体应变增量,能够计算出对应的应变增量和新的应力条件。

FLAC－3D 可模拟多种结构形式:

①对于通常的岩体、土体或其他材料实体,用 8 节点六面体单元模拟。

②包含梁单元、锚单元、桩单元、壳单元4种结构单元。可用来模拟岩土工程中的人工结构如支护、衬砌、锚索、岩栓、土工织物、摩擦桩、板桩等。

③网格中可以有界面,这种界面将计算网格分割成若干部分,界面两边的网格可以分离,也可以发生滑动,因此,界面可以模拟节理、断层或虚拟的物理边界。

3)FLAC－3D的求解流程

采用FLAC/FLAC^{3D}进行数值模拟时,有三个基本部分,即有限差分网格、本构关系和材料特性、边界和初始条件[40]必须指定。

网格用来定义分析模型的几何形状;本构关系和与之对应的材料特性用来表征模型在外力作用下的力学响应特性;边界和初始条件则用来定义模型的初始状态(即边界条件发生变化或者受到扰动之前,模型所处的状态)。

在定义完这些条件之后,即可进行求解获得模型的初始状态;接着,执行开挖或变更其他模拟条件,进而求解获得模型对模拟条件变更后作出的响应。图7-1给出的是FLAC/FLAC^{3D}的一般求解流程。

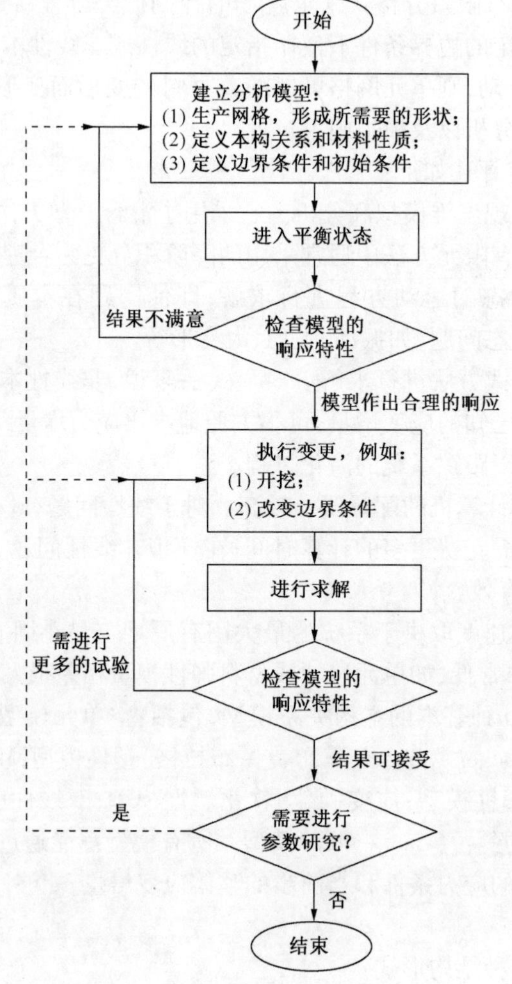

图7-1 FLAC/FLAC^{3D}的一般求解流程

对于多单元模型复杂问题,如动力分析、多场耦合分析等的模拟,可以按这一求解流程,先采用简单模型(单元数较少的模型)观察类似模拟条件下的响应,接着再进行复杂问题的模拟以使之更有效率。

7.3 计算模型建立

7.3.1 现场基坑支护布置图

图 7-2 为基坑开挖平面布置图,图 7-3 为基坑典型剖面支护立面图。

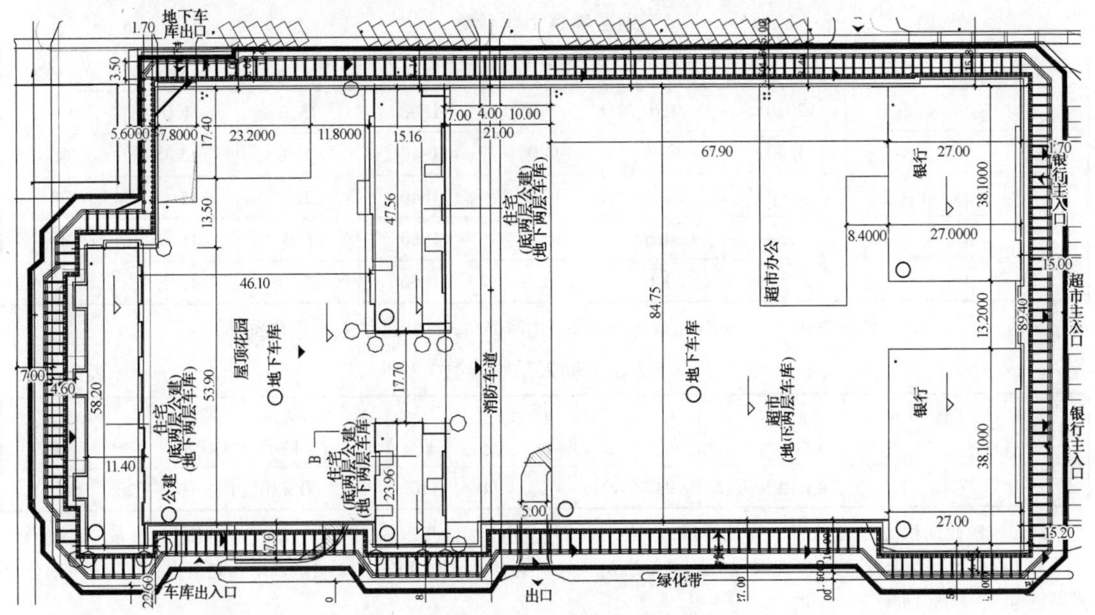

图 7-2　基坑开挖平面布置图(尺寸单位:m)

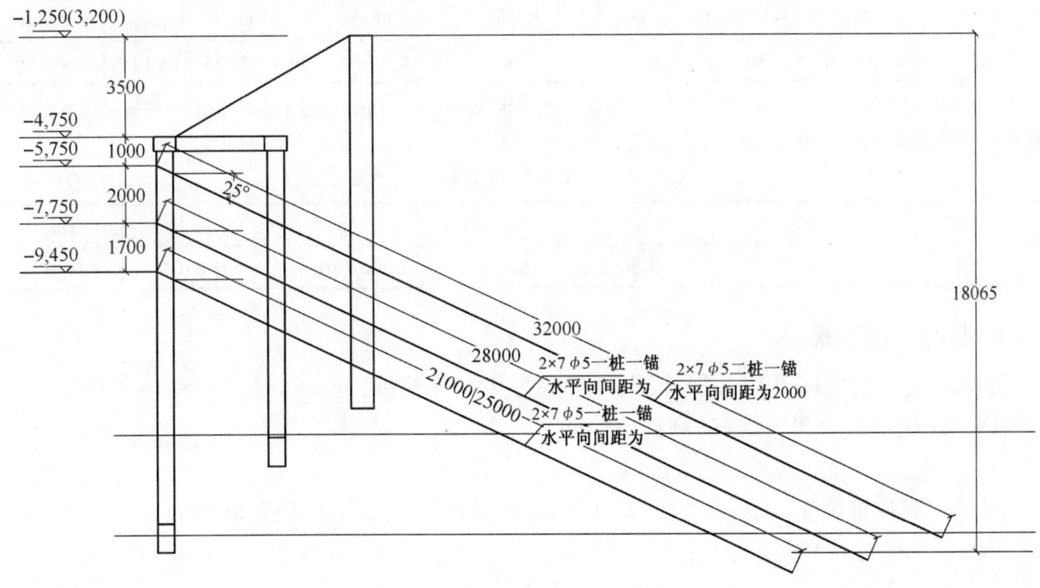

图 7-3　基坑支护立面图(尺寸单位:mm)

7.3.2 本构模型及参数选取

采用 Mohr - Coulomb 准则。

中心基坑开挖区采用 8 节点六面块体网格(brick),周围区域采用 14 节点六面体外围渐变放射网格(radtunnel);桩、梁、锚索采用不同结构单元模拟:前后排支护桩采用桩单元(pile),前后排桩顶冠梁及拉梁采用梁单元(beam),锚索采用预应力锚索单元(cable)。

岩土地层、支护桩、锚索、冠梁、拉梁等材料的计算参数,依据实验室试验和地质报告提供的数据取值。模型输入中的初始参数值见表 7-1 ~表 7-4。

地层物理力学参数　　表 7-1

地层编号	分类	H(m)	B(MPa)	S(MPa)	ρ(kg/m^3)	ϕ(°)	c(kPa)	R_t(kPa)
①	杂填土	2.20	7.0	3.2	1800	15.0	4.0	0.14
②	黏性土	1.90	18.6	9.0	1840	2.0	15.0	30
③	黏性土	6.90	20.6	10.6	1840	2.2	15.0	38
④	黏性土	7.80	20.6	10.6	1850	3.0	16.0	47
⑤	黏性土	未钻透	20.6	10.6	1860	12.0	16.5	50

注:H—土层厚;B—体积模量;S—剪切模量;ρ—密度;ϕ—内摩擦角;c—黏聚力;R_t—抗拉强度。

支护桩输入结构参数　　表 7-2

参数	A (m^2)	ρ (g/cm^3)	E (Pa)	μ	I_y (m^4)	I_z (m^4)	P (m)	J (m^4)	C_s (kPa)	ϕ_s (°)	K_s (kPa)	c_n (kPa)	ϕ_n (°)	K_n (kPa)
取值	0.2827	2.5	28×10^9	0.2	0.248	0.248	4.71	0	10	20	50×10^5	10×10^3	20	50×10^3

注:A—横截面积;ρ—密度;E—弹性模量;μ—泊松比;I_y—对 y 惯性矩;I_z—对 z 惯性矩;P—外圈长度;J—极惯性矩;C_s—剪切耦合单元黏聚力;ϕ_s—剪切耦合单元摩擦角;K_s—剪切耦合单元刚度;c_n—法向耦合单元黏聚力;ϕ_n—法向耦合单元摩擦角;K_n—法向耦合单元刚度。

锚索输入结构参数　　表 7-3

参数	E(Pa)	c_g(kPa)	ϕ_g(°)	K_g(kPa)	F_c(kPa)	F_t(kPa)	A(m^2)	P_{re}(N)
取值	2.05×10^{11}	10×10^5	25	2×10^7	1.0×10^5	30×10^5	5.54×10^{-3}	60×10^3

注:E—弹性模量;c_g—单位长度上水泥浆黏结力;ϕ_g—水泥浆摩擦角;K_g—单位长度上水泥浆刚度;F_c—抗压强度;A—横截面积;F_t—抗拉强度;P_{re}—锚索预加力。

梁输入结构参数　　表 7-4

参数	E(Pa)	μ	A(m^2)	I_y(m^4)	I_z(m^4)	J(m^4)
取值	2.0×10^{11}	0.30	6×10^{-3}	200×10^{-6}	200×10^{-6}	0

7.3.3 模拟开挖过程

针对现场基坑实际开挖过程,模拟分析定为 9 个开挖步:

①$_1$ 步:开挖前的初始状态(高程 30.0m)。

②$_2$ 步:上部 3.5m 放坡(至高程 26.5m)。

③$_3$ 步:双排桩施工,前排桩顶冠梁、前后排桩顶间拉梁施工(高程 26.5m)。

④$_{4-1}$步:基坑第 1 次开挖(至高程 24.8m)。

⑤$_{4-2}$步:基坑第 1 排锚索安装(锚头高程 25.3m)。

⑥$_{5-1}$步：基坑第 2 次开挖（至高程 22.8m）。

⑦$_{5-2}$步：基坑第 2 排锚索安装（锚头高程 23.3m）。

⑧$_{6-1}$步：基坑第 3 次开挖到坑底高程（至高程 20.5m）。

⑨$_{6-2}$步：基坑第 3 排锚索安装（锚头高程 21.3m）。

注：以模拟区底部（$z=0$）为高程 0 点。

支护桩外围的水泥土搅拌帷幕桩在模拟中未予分析。由于本工程采用帷幕止水工艺，模拟区按照无水状态考虑，不涉及地下水渗流的影响。

7.3.4　开挖模拟步骤分析

模拟程序直接针对现场开挖过程进行模拟。表 7-5 为开挖过程模拟步骤表及各开挖过程的单元数、循环数、所用机时。所用计算机为 HP dx2310 MT：Intel Pentium E5200 2.5G 处理器，2G 内存，320G 硬盘。经试算，为保证 FLAC^{3D}运行满足收敛精度要求，并考虑到运行时间的限制，将程序迭代终止标准设定为：Mech. Ratio $<1\times10^{-4}$（不平衡率控制）和 Step = 3 000（迭代步数控制）。

开挖过程模拟步骤分析表　　表 7-5

开挖步	状　态	高程（m）	实体单元数	网格节点数	结构单元数	结构节点数	计算循环数	运算时间（s）
1	未开挖	30	28 980	31 682	0	0	1 028	1 253
2	放坡开挖	26.5	28 980	31 682	0	0	1 403	2 825
3	双排支护桩、冠梁和拉梁施工	26.5	28 980	31 682	3 449	3 728	2 528	4 685
4 - 1	支护段第 1 次开挖	24.8	28 980	31 682	3 449	3 728	2 890	5 207
4 - 2	第 1 排锚索施工	25.3	28 980	31 682	8 792	9 345	489	3 206
5 - 1	支护段第 2 次开挖	22.8	28 980	31 682	8 792	9 345	2 024	1 006
5 - 2	第 2 排锚索施工	23.3	28 980	31 682	12 902	13 729	381	2 968
6 - 1	支护段第 3 次开挖	20.5	28 980	31 682	12 902	13 729	3 000	6 982
6 - 2	第 3 排锚索施工	21.3	28 980	31 682	16 327	17 428	918	4 559

注：模拟区域上边界（即地表）高程 30m，模拟区域下边界高程 0m。

三维网格单元利用程序的三维网格生成器进行剖分，对基坑开挖区域范围进行人工网格加密，外围网格尺寸采用渐变方式逐渐增大。

程序总运算时间约 9h，由表 7-5 可见，随着开挖的深入，每个时步的计算时间增加较快：第 1 步的运算效率为 1.22s/时步，而 6 - 2 步的运算效率达 4.96s/时步，说明随着运算的深入，三维分析对计算机硬件配置的要求很高，运算时必须综合考虑计算效率和求解精度的平衡问题。

7.3.5　模拟区域设定及网格剖分

1）全区域网格剖分

考虑到边界效应的影响，剖析深基坑的具体形态特征和客观的工程水文地质条件，确定模型的计算范围。本基坑模拟计算区域取为：基坑南北方向（x 方向）模拟长度 360m，东西方向模拟宽度 200m（y 方向），高度方向模拟至地表以下 30m（z 方向）。基坑开挖区范围为：南北方向模拟长度 180m，东西方向模拟宽度 90m。

全区域的初始状态网格划分情况见图7-4,全区域开挖完成后的网格情况见图7-5。

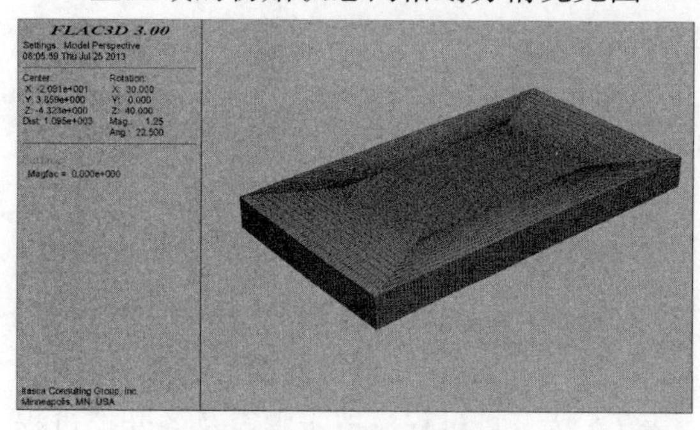

图7-4　全区域的初始网格图

图7-5　全区域开挖后的网格图

2)模拟计算区域网格剖分

本次计算分析的基坑范围大,但平面形状较简单,且基本对称。为减少计算量,选取整体的1/4区域作为分析对象(取东南部区域),整个基坑区域中心点设为坐标原点(坐标:0,0,0)。边界条件设定为:南、北边界x方向固定,东、西边界y方向固定,底边界z方向固定,顶边界为位移自由边界。计算区域地层的初始状态网格划分见图7-6,开挖后的地层网格及支护布置见图7-7a)(开挖后地层网格)和图7-7b)(开挖后支护结构)。

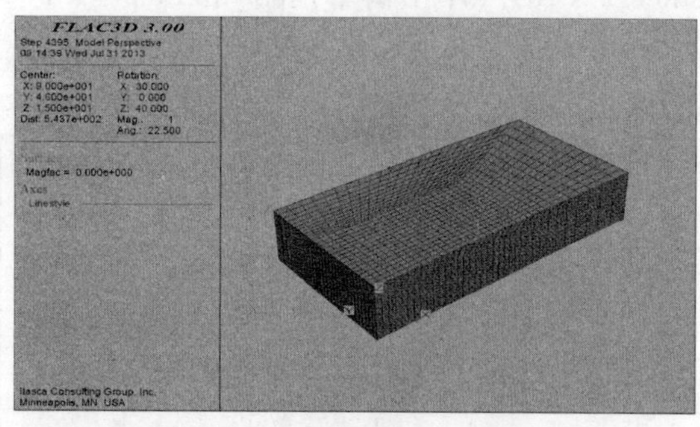

图7-6　1/4区域初始地层网格剖分

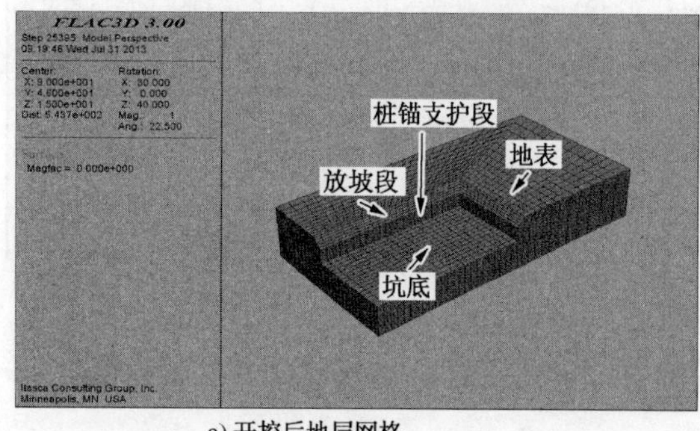

a)开挖后地层网格

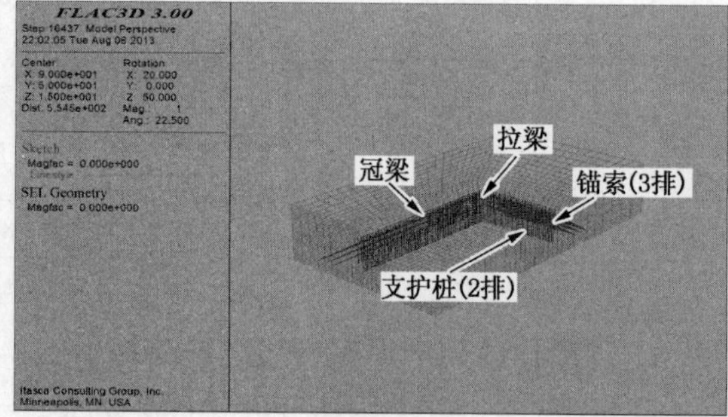

b)开挖后支护结构

图7-7　1/4区域

7.4　程序模拟结果

利用FISH语言编制模拟程序,将岩土体物理力学参数和支护参数输入程序,采用上述求解方法,进行数值模拟分析,得到现场开挖各步的应力、应变和位移,并利用后处理模块绘出相应图形。

7.4.1　不平衡力

图7-8为最大不平衡力变化图。

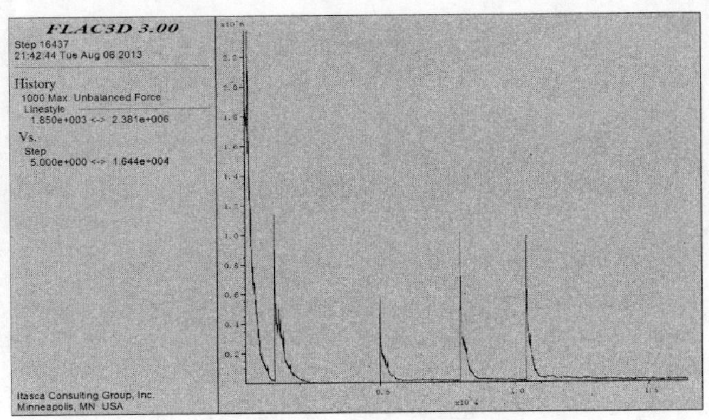

图 7-8　最大不平衡力变化图

7.4.2　应力分布

图 7-9 ~ 图 7-17 为各开挖步结束时的最大主应力(σ_1)和最小主应力(σ_3)云图。

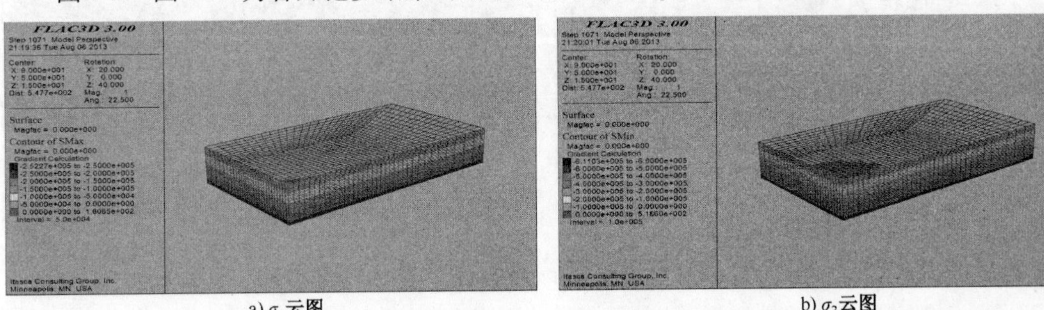

a) σ_1云图　　b) σ_3云图

图 7-9　1 步之 σ_1 和 σ_3 云图

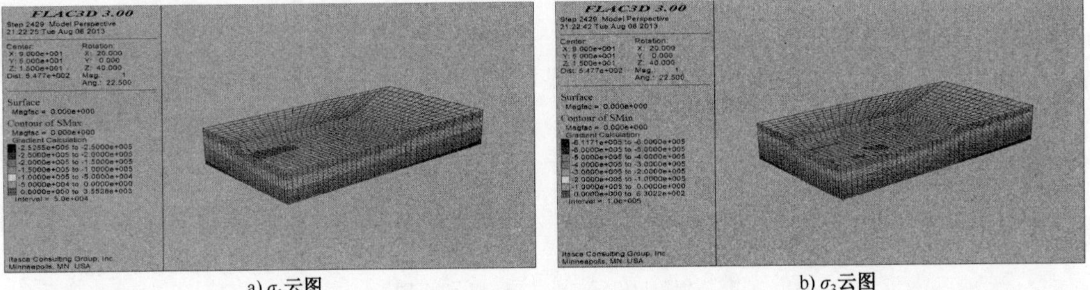

a) σ_1云图　　b) σ_3云图

图 7-10　2 步之 σ_1 和 σ_3 云图

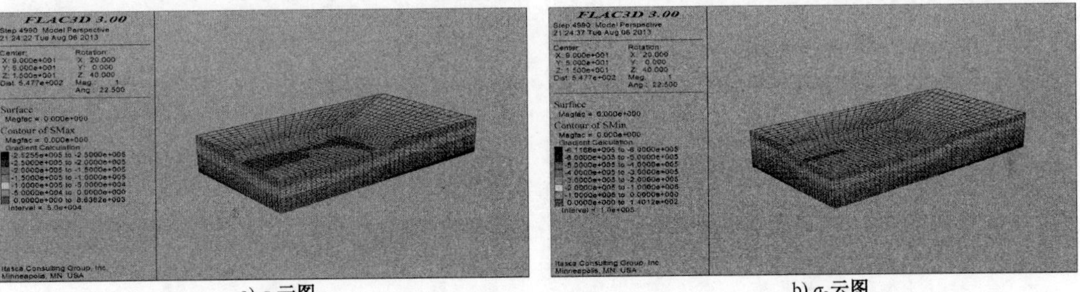

a) σ_1云图　　b) σ_3云图

图 7-11　3 步之 σ_1 和 σ_3 云图

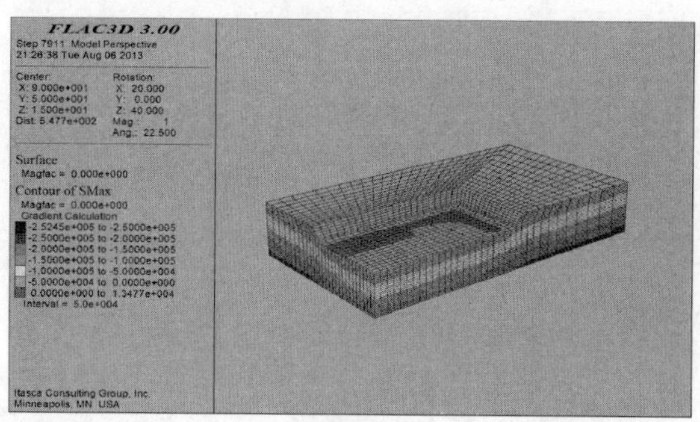

a) σ_1云图

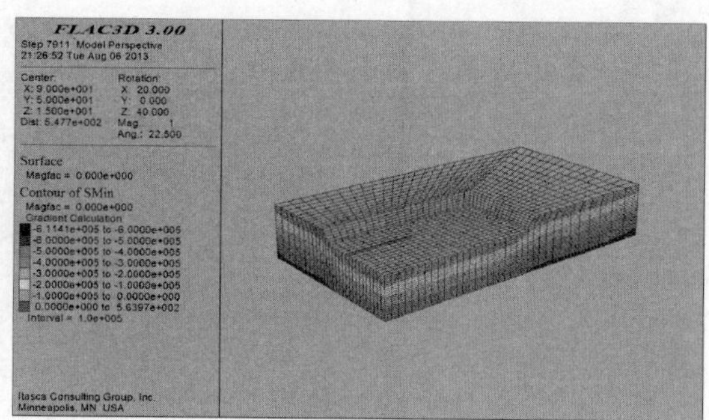

b) σ_3云图

图7-12　4-1步之σ_1和σ_3云图

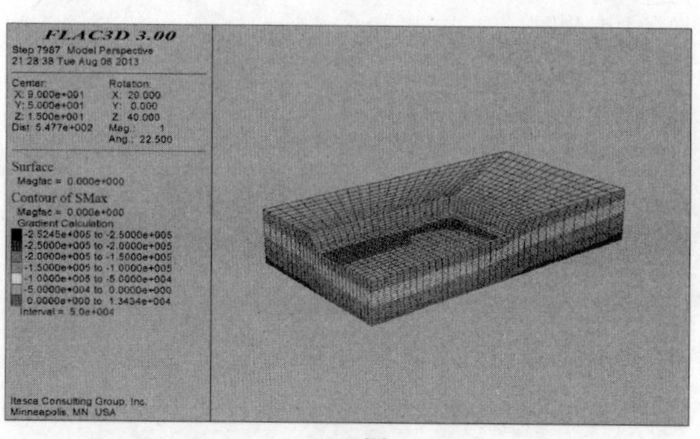

a) σ_1云图

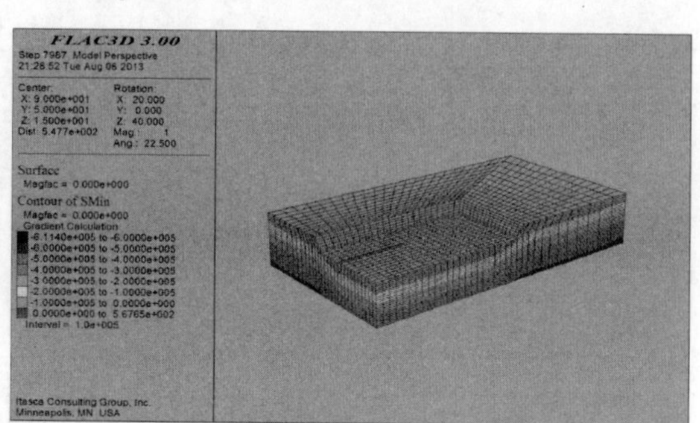

b) σ_3云图

图7-13　4-2步之σ_1和σ_3云图

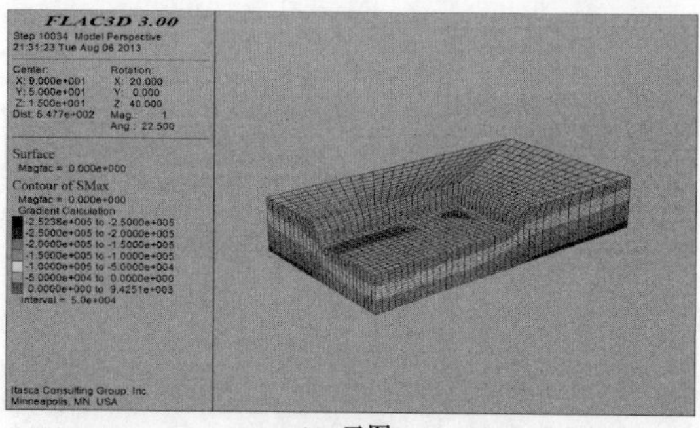

a) σ_1云图

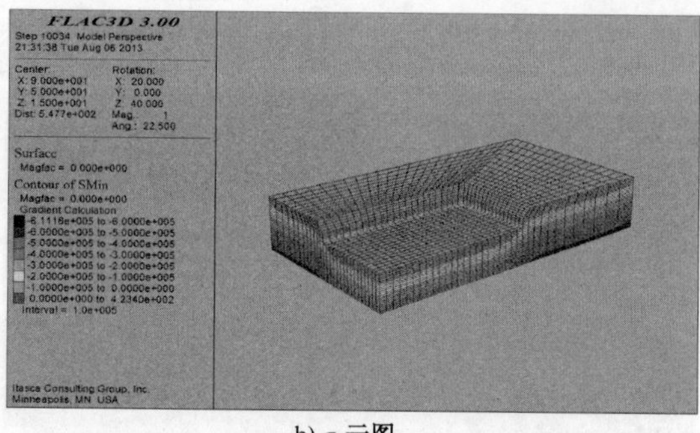

b) σ_3云图

图7-14　5-1步之σ_1和σ_3云图

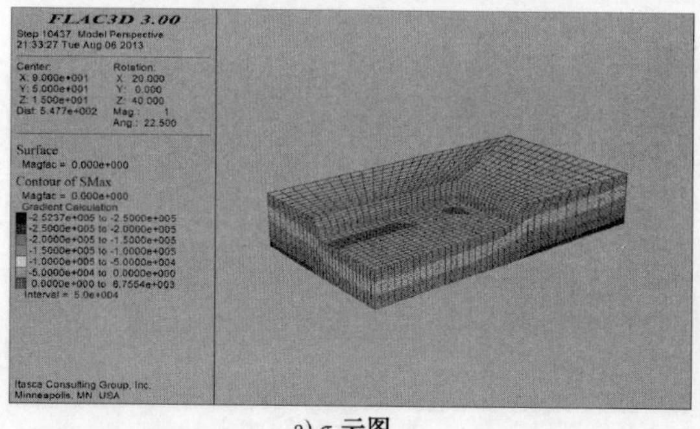

a) σ_1云图

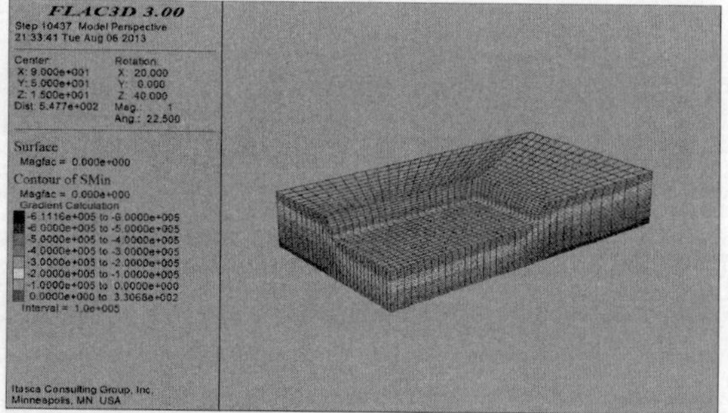

b) σ_3云图

图7-15　5-2步之σ_1和σ_3云图

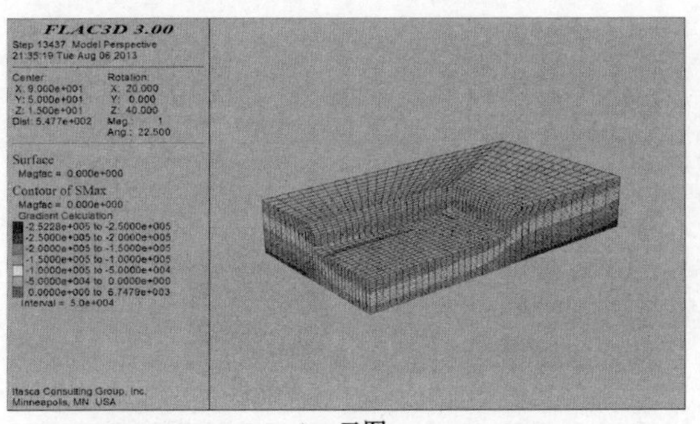

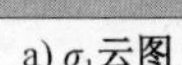

a) σ_1云图

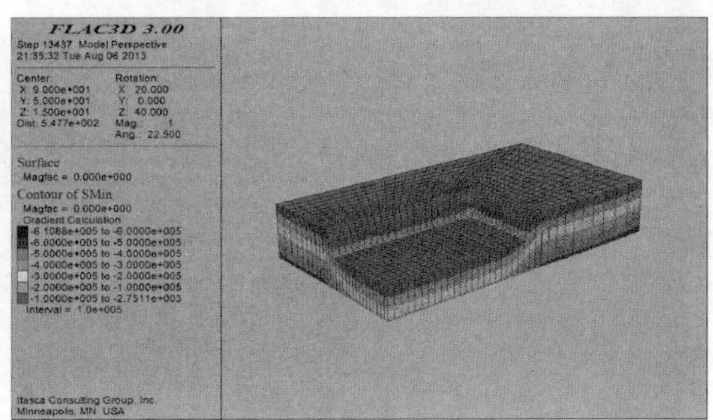

b) σ_3云图

图 7-16　6－1 步之 σ_1 和 σ_3 云图

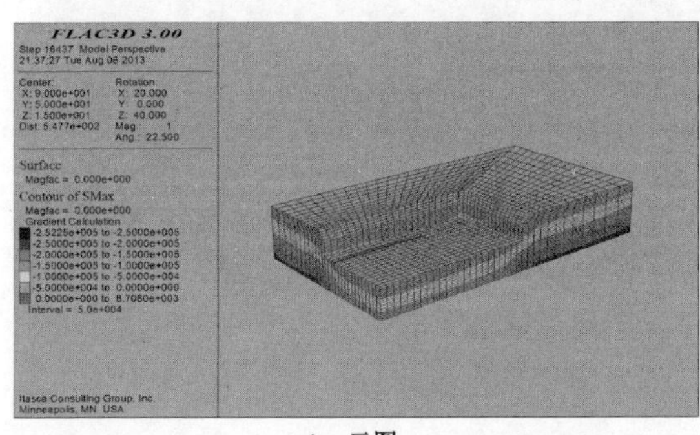

a) σ_1云图

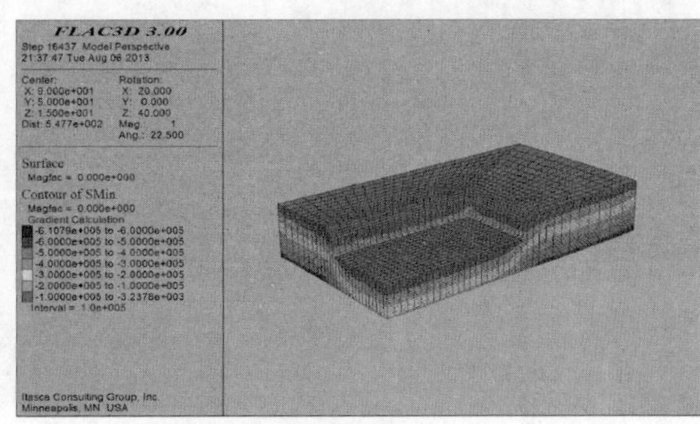

b) σ_3云图

图 7-17　6－2 步之 σ_1 和 σ_3 云图

7.4.3　塑性区分布

图 7-18 为基坑各开挖步的单元弹塑性状态图,图中显示出弹性、现剪切破坏、现拉伸破坏、曾剪切破坏、曾拉伸破坏等不同的单元状态。

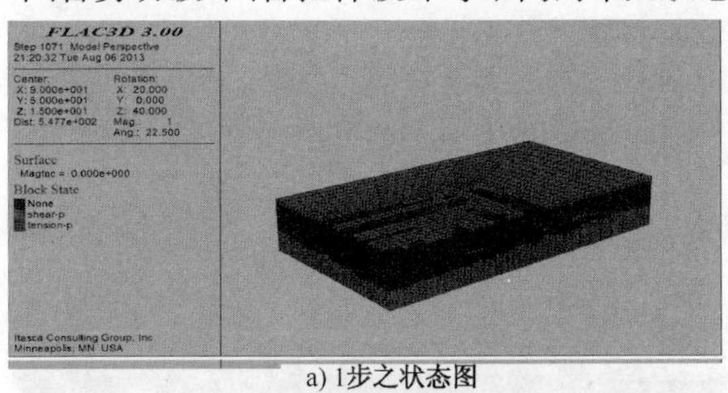

a) 1步之状态图

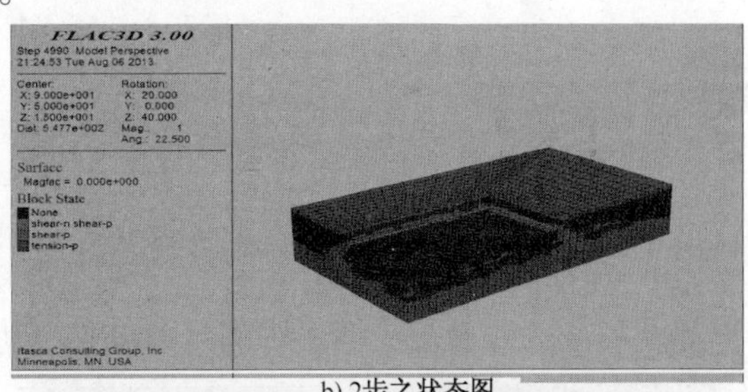

b) 2步之状态图

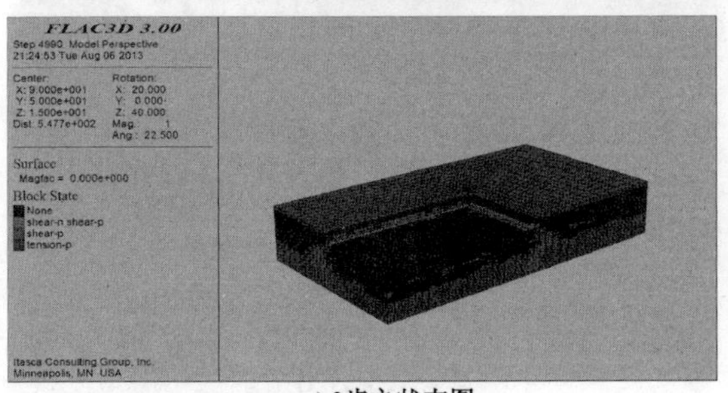

c) 3步之状态图

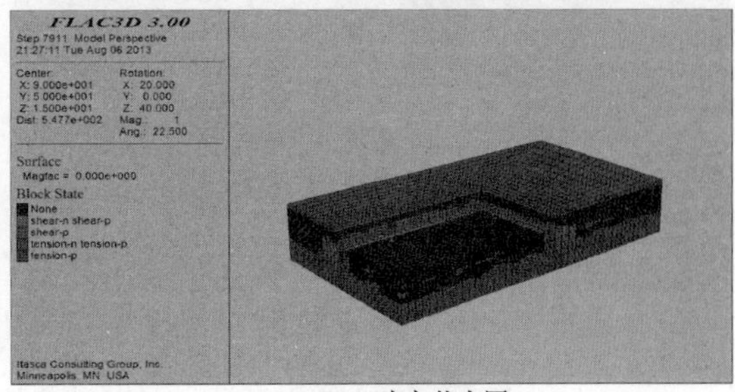

d) 4-1步之状态图

图　7-18

e) 4-2步之状态图

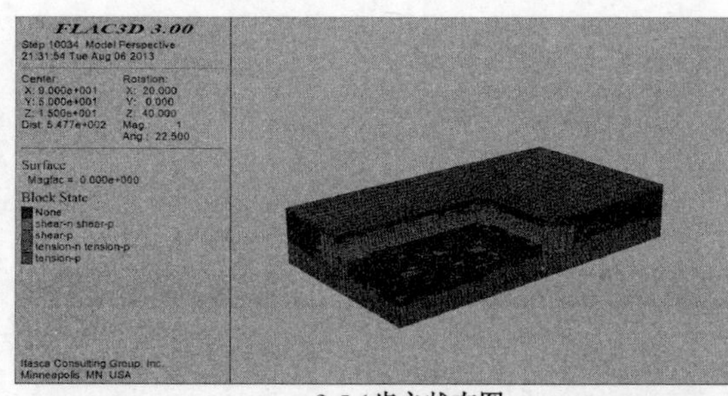

f) 5-1步之状态图

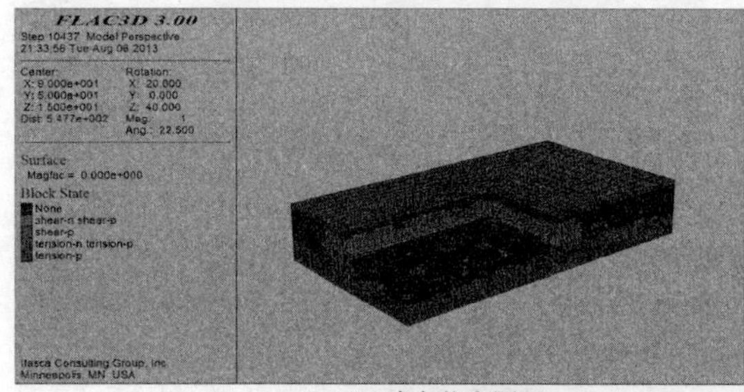

g) 5-2步之状态图

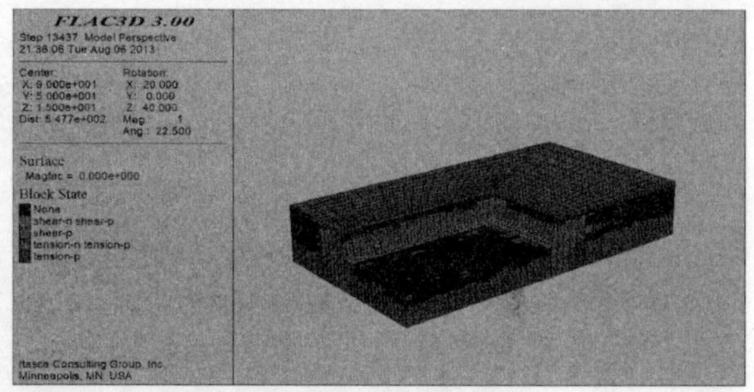

h) 6-1步之状态图

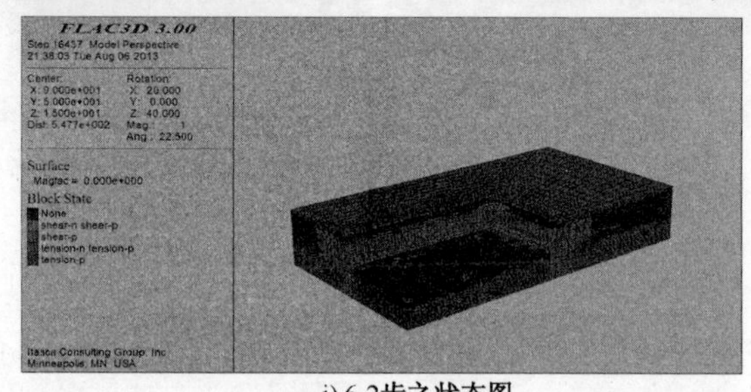

i) 6-2步之状态图

图 7-18　基坑开挖各步的单元状态图

7.4.4　位移分布

给出各步运算平衡终止时的 z 向、x 向和 y 向单元云图。

注:第 1 步初始地层平衡计算完成后,将位移重新置零,以显示出由于基坑开挖所引起的位移变化。

1)竖向位移(z 向单元)

图 7-19 为各开挖步结束时的竖向位移(z 向单元)云图。

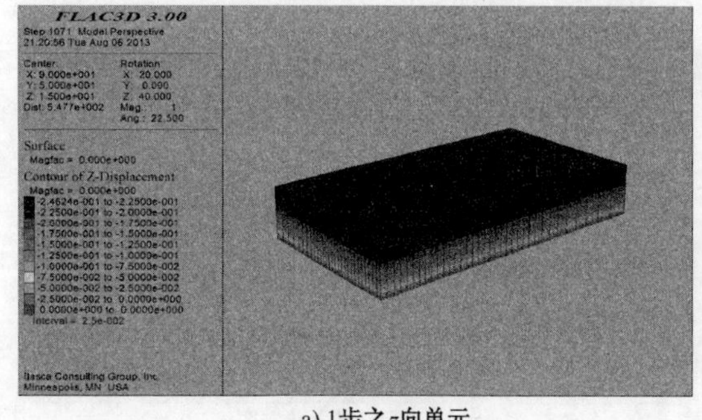

a) 1步之z向单元

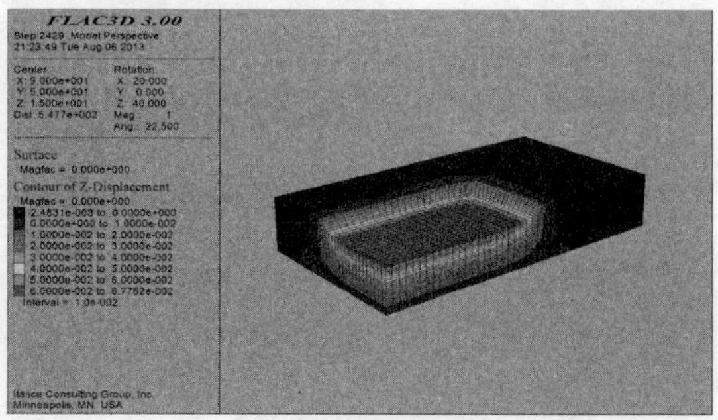

b) 2步之z向单元

图　7-19

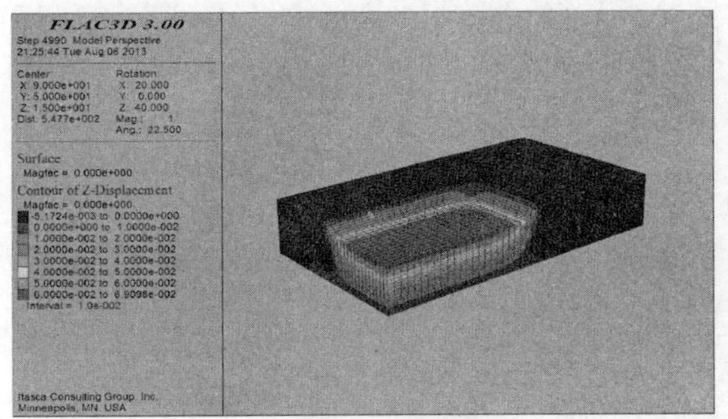

c) 3步之z向单元

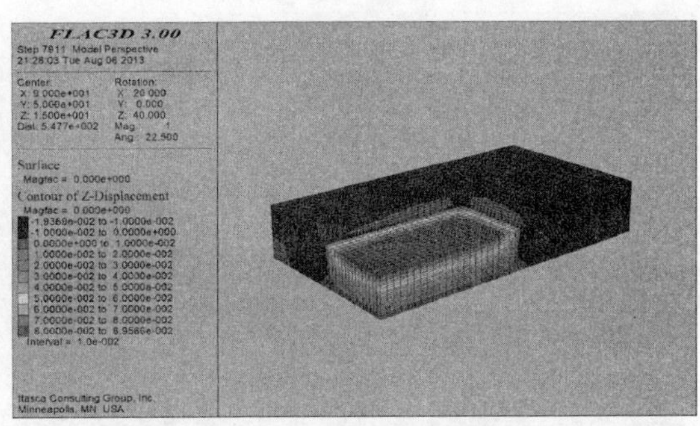

d) 4-1步之z向单元

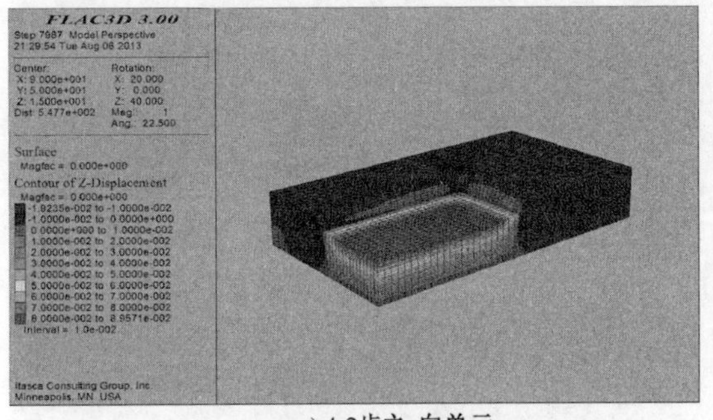

e) 4-2步之z向单元

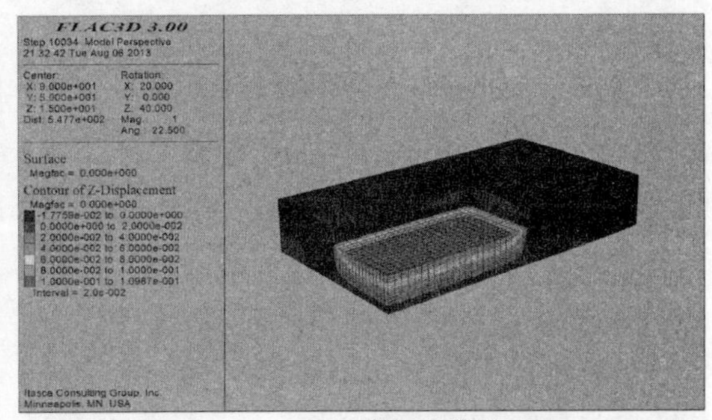

f) 5-1步之z向单元

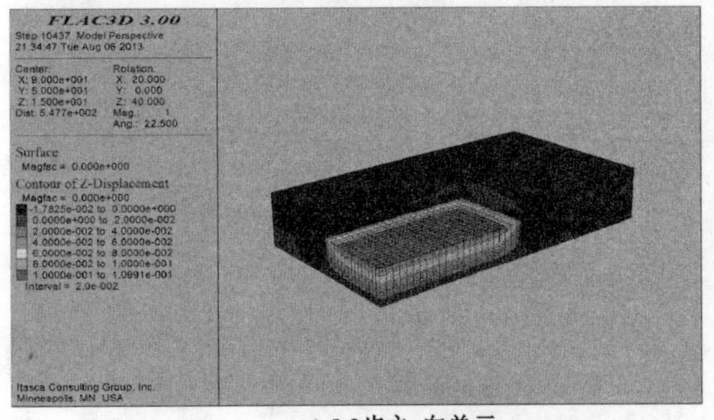

g) 5-2步之z向单元

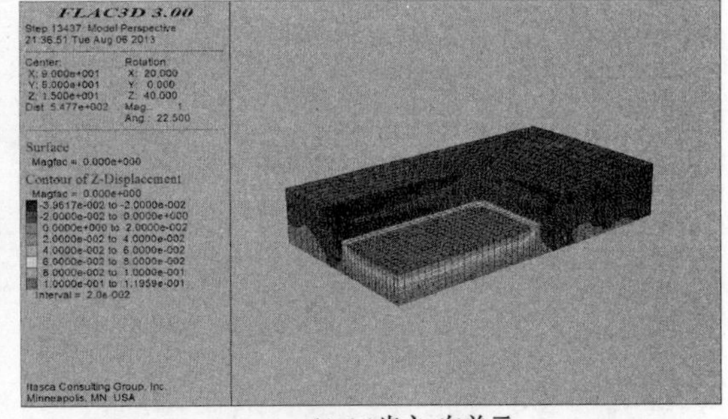

h) 6-1步之z向单元

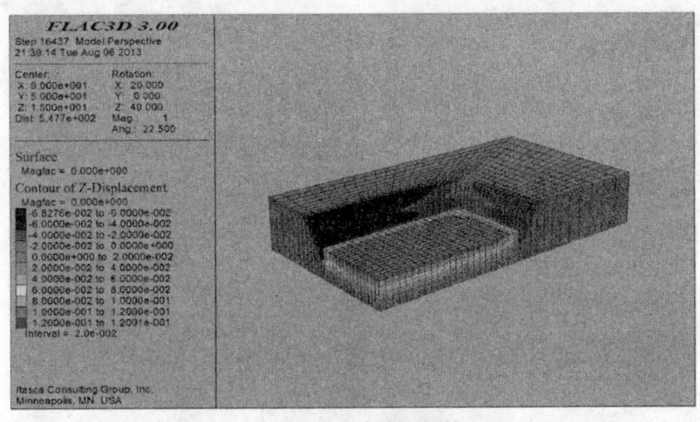

i) 6-2步之z向单元

图 7-19　开挖结束时竖向位移云图

2）水平位移（x 向单元）

图 7-20 为各开挖步结束时的南北向位移（x 向单元）云图。

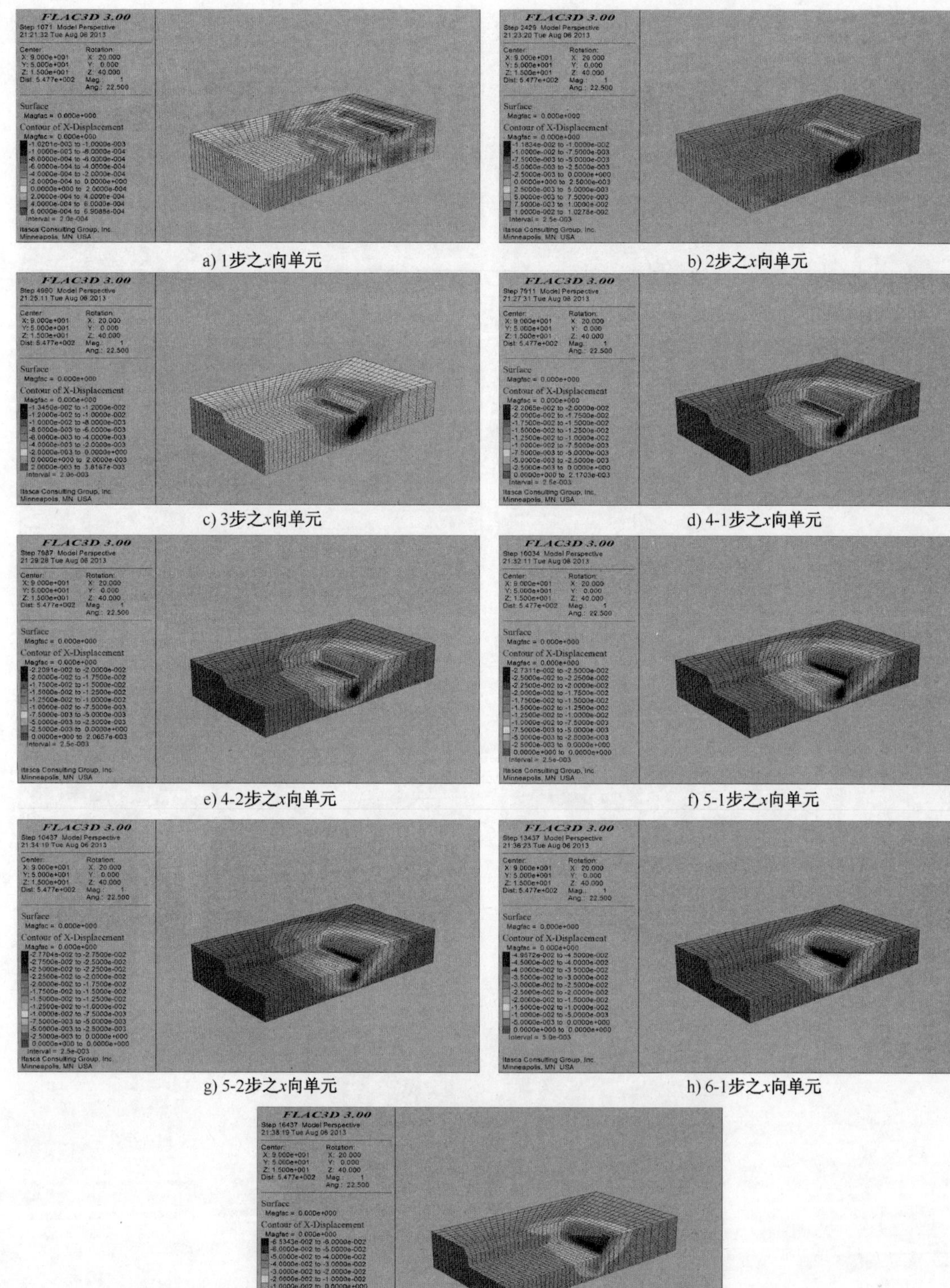

a) 1步之x向单元

b) 2步之x向单元

c) 3步之x向单元

d) 4-1步之x向单元

e) 4-2步之x向单元

f) 5-1步之x向单元

g) 5-2步之x向单元

h) 6-1步之x向单元

i) 6-2步之x向单元

图 7-20　开挖结束时 x 向位移云图

3）水平位移（y 向单元）

图 7-21 为各开挖步结束时的东西向位移（y 向单元）云图。

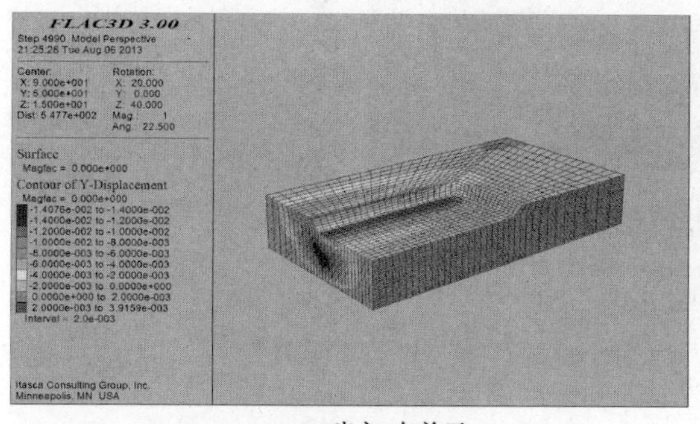

a) 1步之y向单元

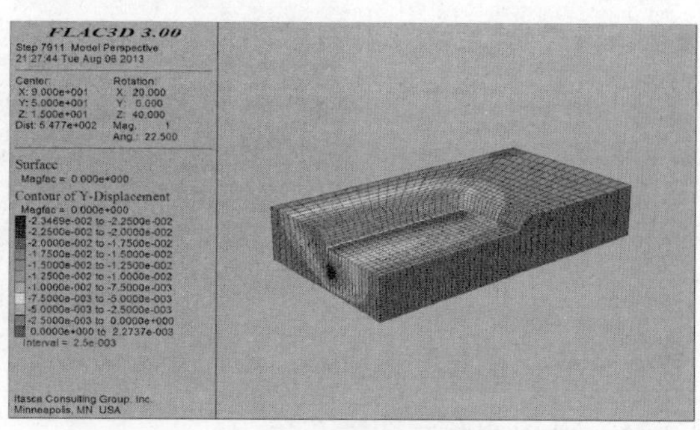

b) 2步之y向单元

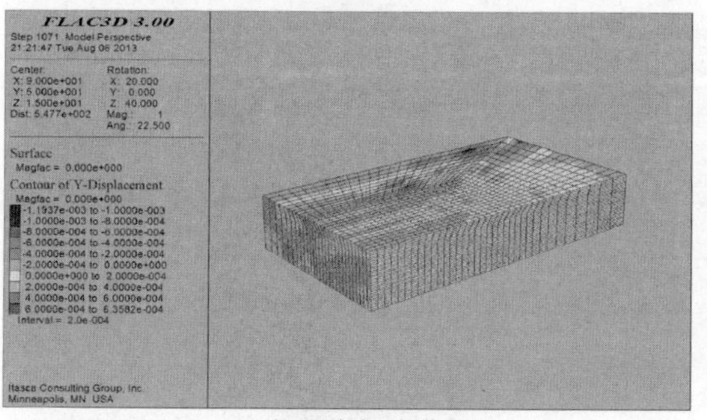

c) 3步之y向单元

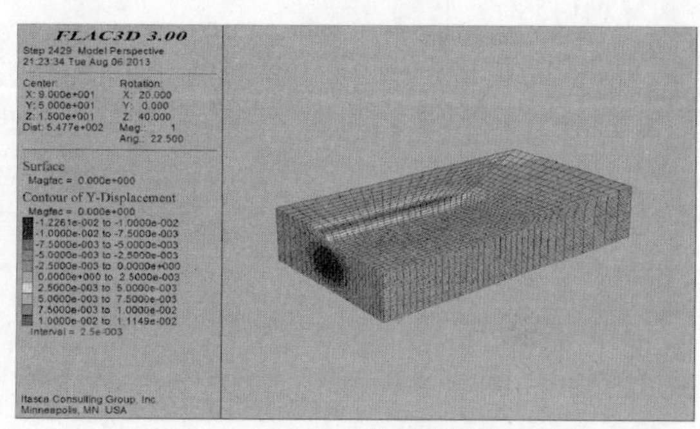

d) 4-1步之y向单元

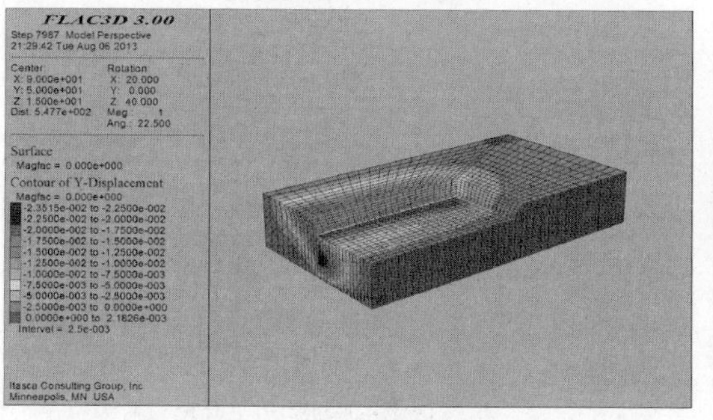

e) 4-2步之y向单元

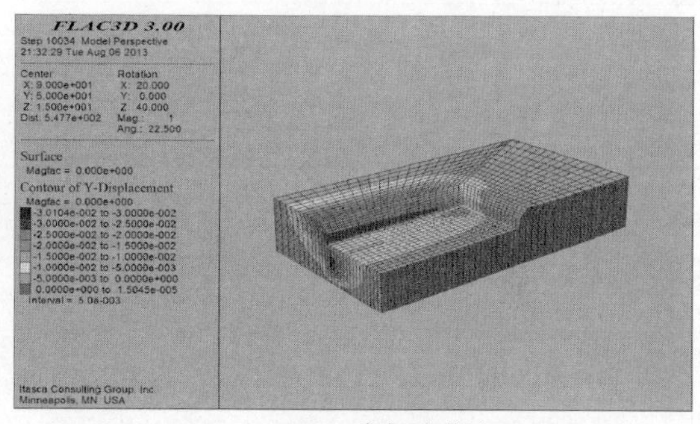

f) 5-1步之y向单元

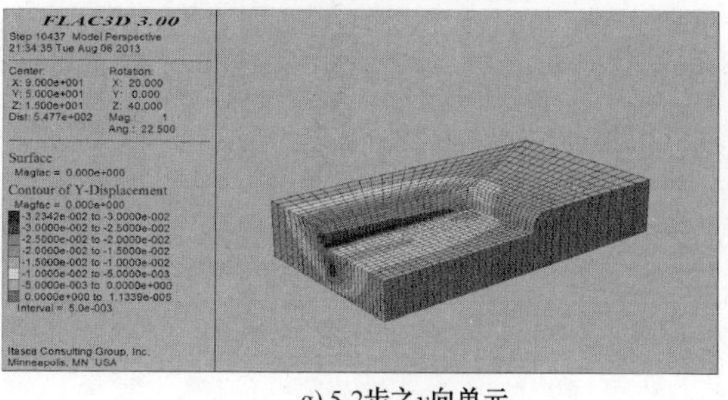

g) 5-2步之y向单元

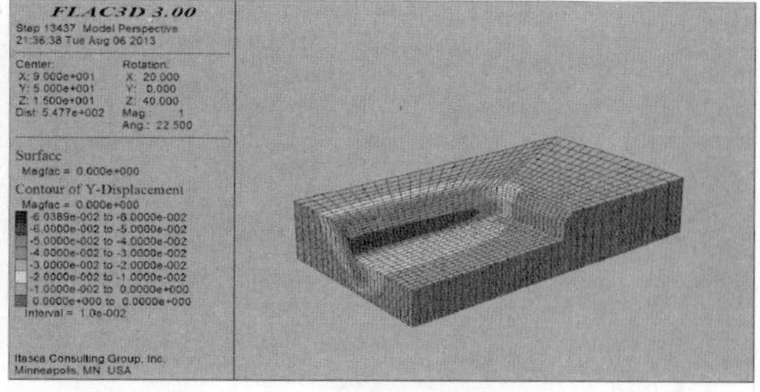

h) 6-1步之y向单元

图　7-21

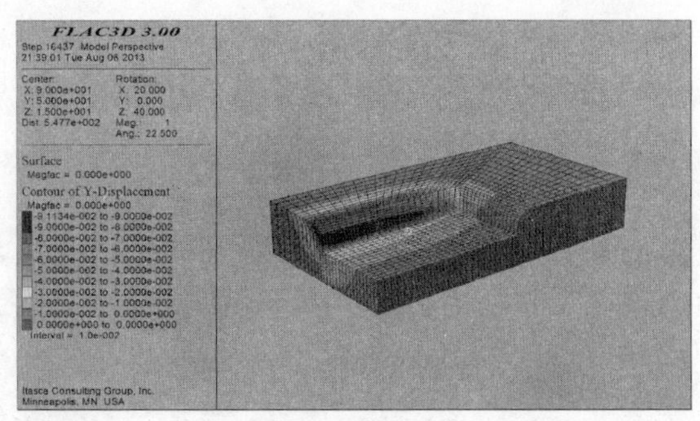

i) 6-2步之y向单元

图7-21　开挖结束时 y 向位移云图

7.4.5　模拟监测及剖面分析

1)基坑模拟监测点布置

本模拟计算共布设18个位移模拟监测点,其中:桩顶水平位移监测点8个,地表沉降监测点8个,坑底隆起监测点2个。每5个时步监测1次。各模拟监测点见表7-6。

基坑模拟监测点说明　　表7-6

监测点ID	坐标(x,y,z)	监测内容	分　类
1	(0,45,26.5)	ydis	桩顶水平位移模拟监测
2	(30,45,26.5)	ydis	桩顶水平位移模拟监测
3	(60,45,26.5)	ydis	桩顶水平位移模拟监测
4	(90,45,26.5)	ydis	桩顶水平位移模拟监测
5	(90,45,26.5)	xdis	桩顶水平位移模拟监测
6	(90,32,26.5)	xdis	桩顶水平位移模拟监测
7	(90,17,26.5)	xdis	桩顶水平位移模拟监测
8	(90,0,26.5)	xdis	桩顶水平位移模拟监测
9	(0,0,26.5)	zdis	基坑中心隆起模拟监测
10	(0,0,20.5)	zdis	基坑中心隆起模拟监测
11	(0,72,30)	zdis	基坑周边沉降模拟监测
12	(30,72,30)	zdis	基坑周边沉降模拟监测
13	(60,72,30)	zdis	基坑周边沉降模拟监测
14	(90,72,30)	zdis	基坑周边沉降模拟监测
15	(115,47,30)	zdis	基坑周边沉降模拟监测
16	(115,32,30)	zdis	基坑周边沉降模拟监测
17	(115,17,30)	zdis	基坑周边沉降模拟监测
18	(115,0,30)	zdis	基坑周边沉降模拟监测

2)侧壁水平位移

(1)基坑东侧坑壁。图7-22为基坑东侧桩顶1~4位移监测点(对应现场实际测点)的 y 向位移变化图。

图 7-23 为基坑东侧坑壁垂直面的 y 向位移切片图。

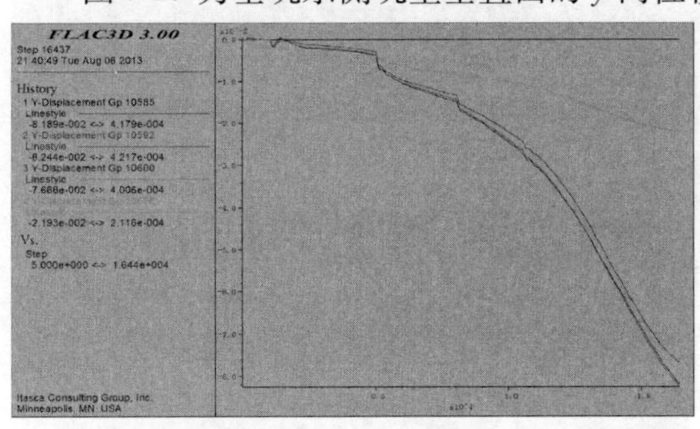

图 7-22　基坑东侧桩顶冠梁 4 个监测点 y 向单元位移变化图

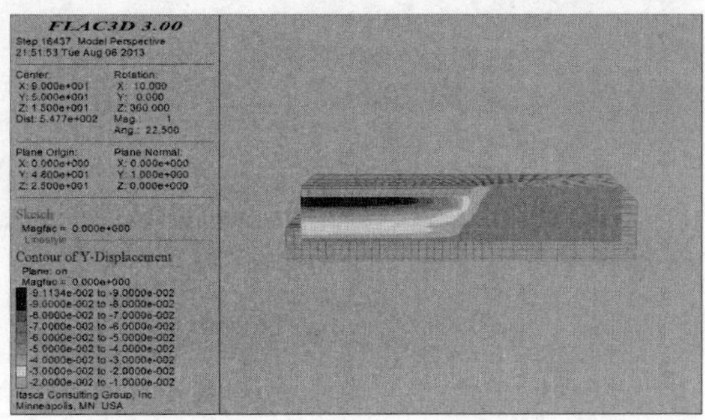

图 7-23　基坑东侧坑壁 y 向单元位移切片图

（2）基坑南侧坑壁。图 7-24 为基坑南侧桩顶 5～8 个监测点（对应现场实际测点）的 x 向位移变化图。

图 7-25 为基坑南侧坑壁垂直面的 x 向位移切片图。

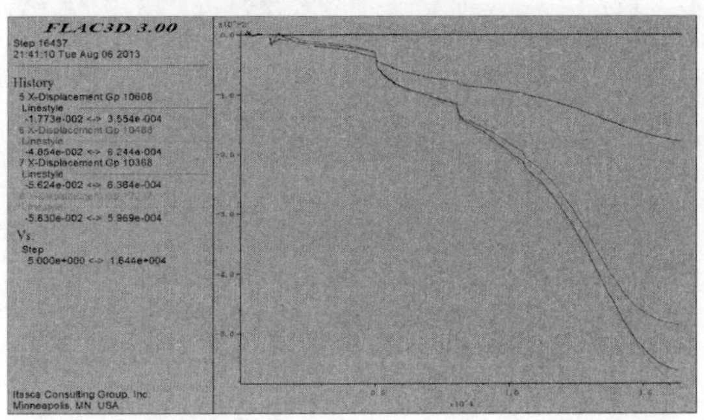

图 7-24　基坑南侧桩顶冠梁 4 个监测点 x 向单元位移变化图

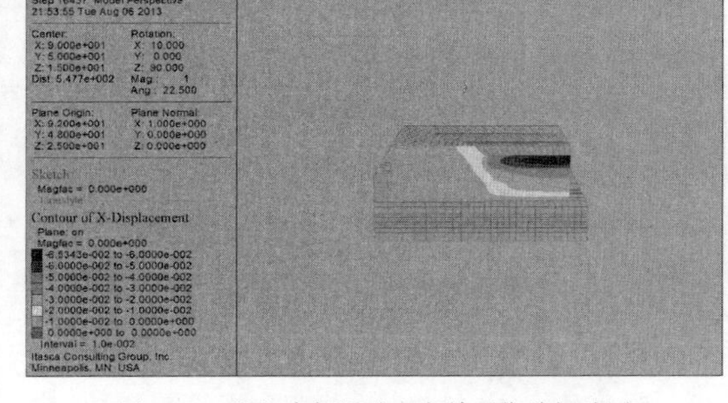

图 7-25　基坑南侧坑壁 x 向单元位移切片图

3）周边沉降

（1）基坑东部。图 7-26 为基坑东部地表土体 11～14 沉降监测点（对应现场实际测点）z 向单元位移变化图。

图 7-27 为基坑东部沉降监测点所在垂直面的 z 向单元位移切片图。

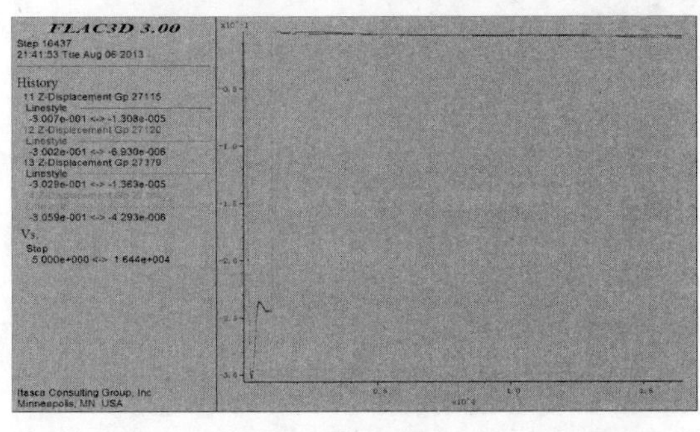

图 7-26　基坑东部周边土体 4 个监测点 z 向单元位移变化图

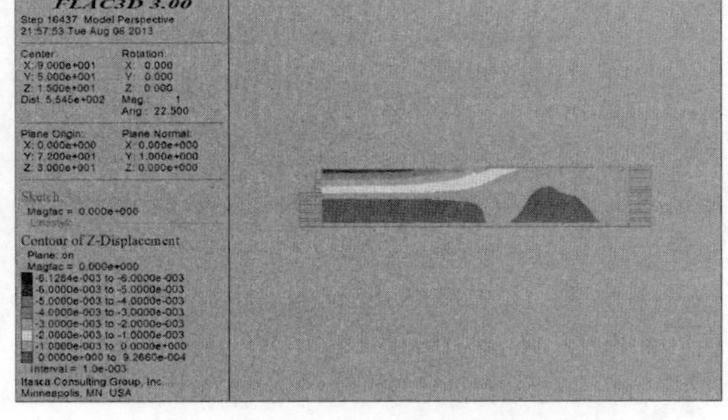

图 7-27　基坑东部 z 向单元位移切片图

（2）基坑南部。图 7-28 为基坑南部地表土体 15～18 沉降监测点（对应现场实际测点）z 向单元位移变化图。

图 7-29 为基坑南部沉降监测点所在垂直面的 z 向单元位移切片图。

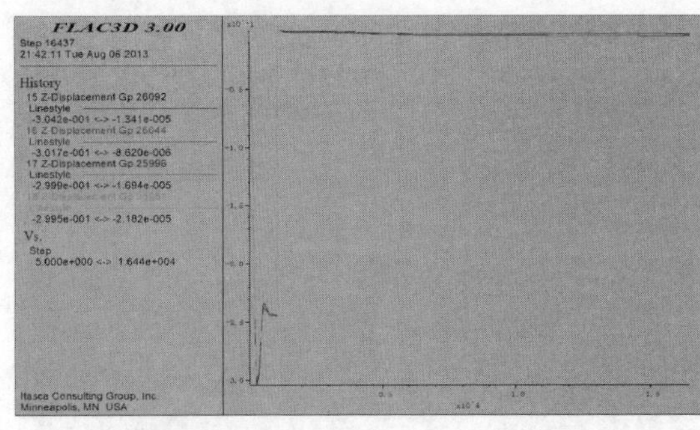

图 7-28 基坑南部周边土体 4 个监测点 z 向单元位移变化图

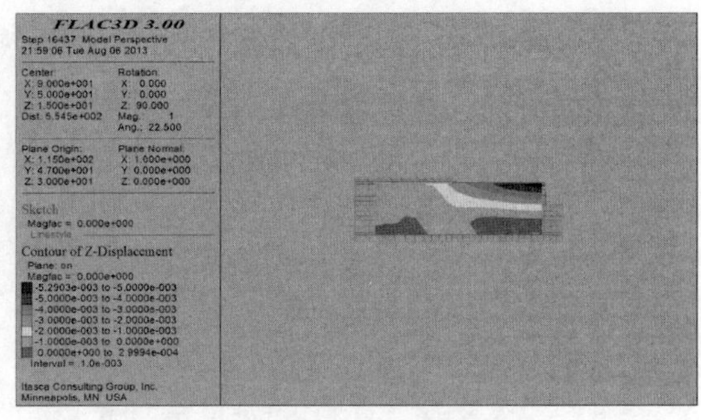

图 7-29 基坑南部 z 向单元位移切片图

4）坑底隆起

图 7-30 为基坑中心 9、10 竖向位移监测点的 z 向单元位移（坑底隆起）变化图。

图 7-31 为基坑开挖后坑底水平面的 z 向单元位移切片图。

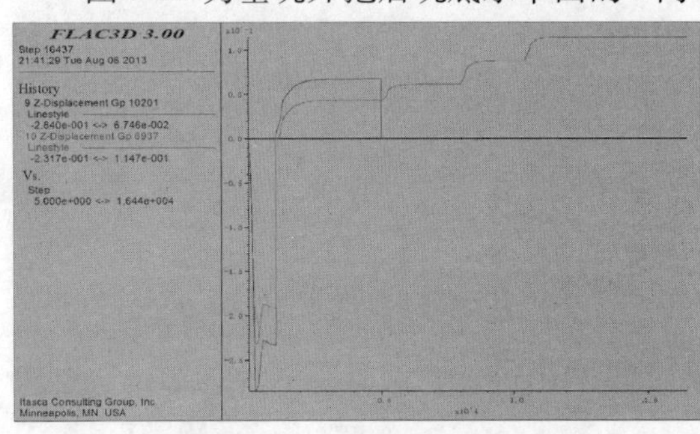

图 7-30 基坑坑底 2 个监测点 z 向单元位移变化图

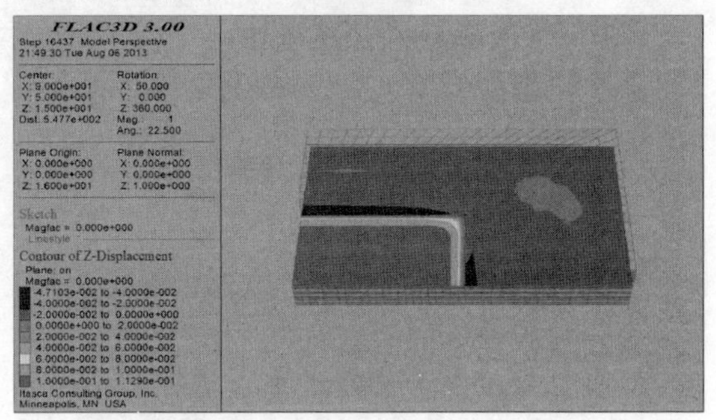

图 7-31 基坑坑底水平面的 z 向单元位移切片图

5）地表沉降

图 7-32 为基坑地表水平面的 z 向单元位移（地表沉降）切片图。

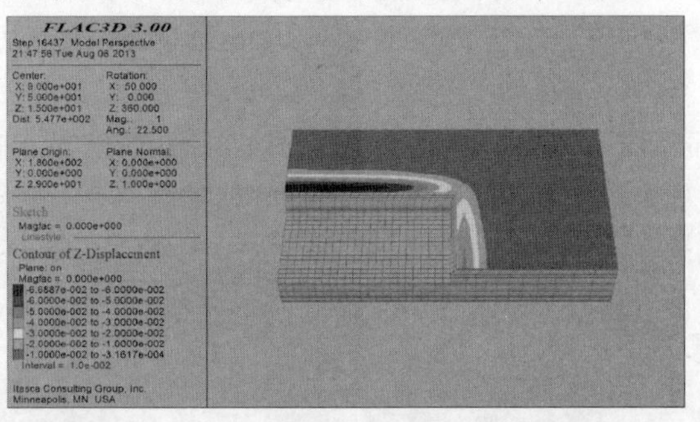

图 7-32 基坑地表水平面的 z 向单元位移切片图

6）矢量及变形规律分析

图 7-33a）为基坑南北对称剖面（$y=0$）位移矢量图及变形云图；图 7-33b）为基坑东西对称剖面（$x=0$）位移矢量图及变形云图。

7.4.6 结构分析

1）支护桩结构

现场布设双排支护桩，绘出两排桩的弯矩见图 7-34。

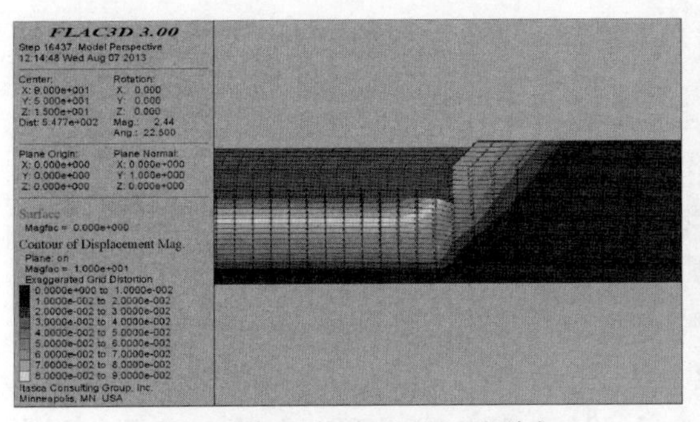

a) y=0剖面位移矢量图及变形云图(局部放大)

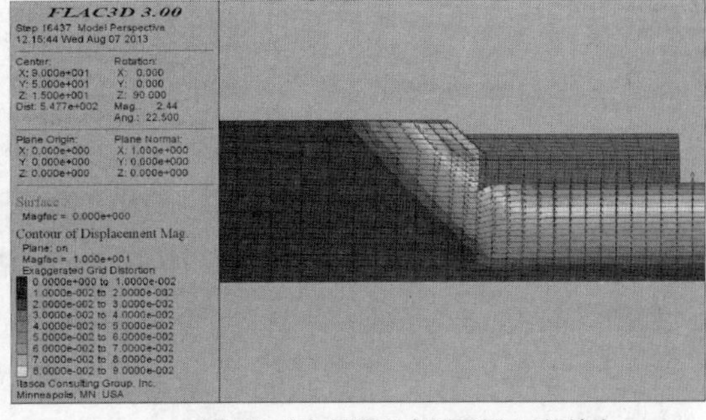

b) x=0剖面位移矢量图及变形云图(局部放大)

图 7-33　基坑两对称剖面位移和变形云图

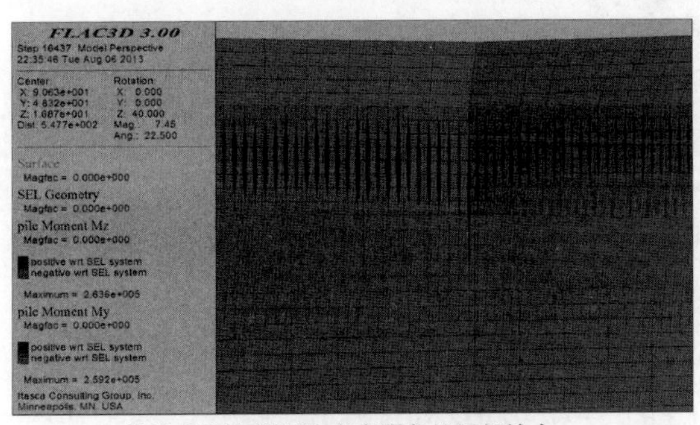

a) 前排支护桩弯矩图(东南阴角处局部放大)

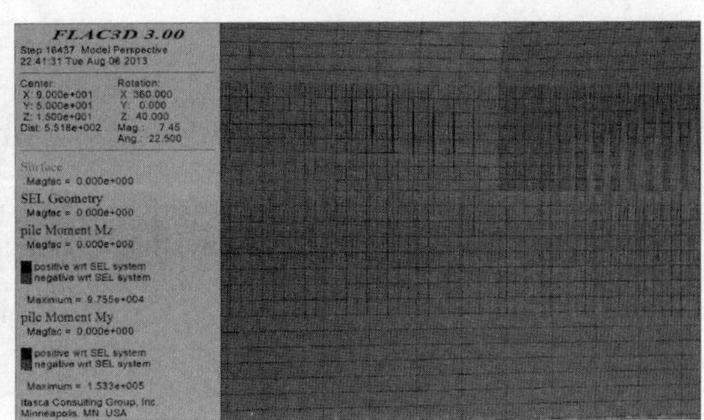

b) 后排支护桩弯矩图(东南阴角处局部放大)

图 7-34　支护桩弯矩云图

2)锚索结构

现场布设 3 排锚索,绘出两方向支护桩上的 3 排锚索轴向应力见图 7-35。

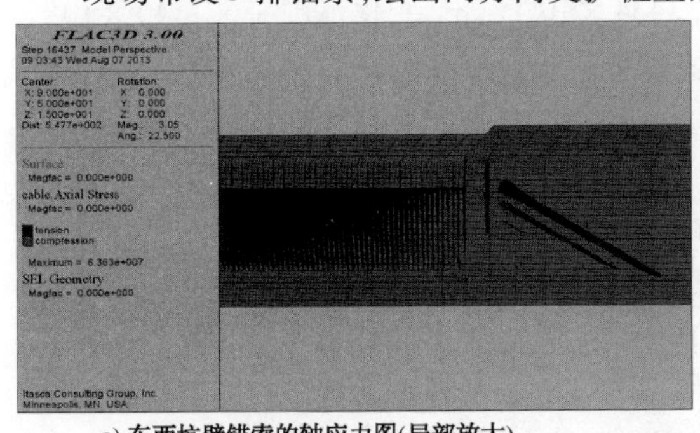

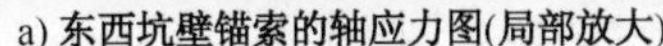

a) 东西坑壁锚索的轴应力图(局部放大)

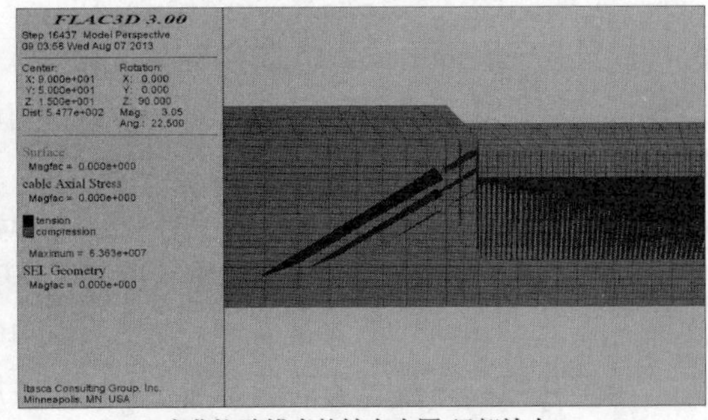

b) 南北坑壁锚索的轴应力图(局部放大)

图 7-35　坑壁锚索轴应力云图

7.5　计算结果分析

7.5.1　不平衡力分析

观察不平衡力的变化,可以体现出基坑开挖及支护过程对其稳定性的影响。从最大不平衡力的变化图 7-8 中,清楚地显示出由于基坑开挖和支护循环的不断进行,一再打破围岩自身的平衡状态,并在最后趋于稳定的过程。可见,开挖步对平衡力的影响更大,在放坡开挖(2 步)、第 1 次开挖(4－1 步)、第 2 次开挖(5－1 步)和第 3 次开挖(6－1 步)中,不平衡力产生的波动最大，运算步骤与机时也较多；而支护步对不平衡力产生的影响较小。

7.5.2 应力分布规律

从应力云图（图7-9～图7-17）和塑性区分布图（图7-18）可以看出：

（1）初始地应力状态（第1步）的模拟结果表明：基坑开挖之前，拟开挖地层经运算达平衡状态后，未见出现剪切破坏和拉伸破坏单元，说明地层当前处于弹性状态。从初始主应力图可以看出这种状态下的应力均匀分布情况，随着深度的增加，主应力逐渐增加。

（2）地表3.5m放坡开挖后（第2步），对应力状态的影响较大，此时主应力的均匀分布状态被打破，有主拉应力出现。其中：σ_1 变化范围 -2.5255×10^5 ～3.5528×10^3Pa，σ_3 变化范围 -6.1171×10^5 ～6.3022×10^2Pa。从屈服状态可见，由于开挖不深，有少量剪切塑性区出现但范围不大，塑性区主要产生在基坑东、南侧壁坑底中部。

（3）双排桩及其冠（拉）梁施工完成后（第3步），由于未进行开挖而对土体预加固，经统计：σ_1 变化范围 -2.5255×10^5 ～8.6382×10^3Pa，σ_3 变化范围 -6.1168×10^5 ～1.4012×10^2Pa，可见桩施工对土体应力状态总体影响不大。由于支护作用，最大拉应力略有减小。从屈服状态可见，该步与上一步的屈服状态基本没有变化。

（4）基坑支护段第1次开挖（至方程24.8m）后（第4－1步），主应力状态产生明显变化，此时主应力的均匀分布状态被进一步打破，其中：σ_1 变化范围 -2.5245×10^5 ～1.3477×10^4Pa，σ_3 变化范围 -6.1141×10^5 ～5.6397×10^2Pa。主应力最小值（压应力）变化不大，最大值（拉应力）较之上一步增加一倍左右。从屈服状态可见，随着开挖的加深和主应力的增大，有新的剪切塑性区出现，主要位于基坑东侧壁和南侧壁坑底的中部，范围不大。

（5）基坑第1排锚索安装（锚头高程25.3m）后（第4－2步），由于未进行开挖而对土体预加固，经统计：σ_1 变化范围 -2.5245×10^5 ～1.3434×10^4Pa，σ_3 变化范围 -6.1140×10^5 ～5.6765×10^2Pa，可见锚索施工对土体的应力状态影响不大。从屈服状态可见，该步与上一步的屈服状态变化不大，但在分布上个别塑性区出现了不连续现象。产生这种现象的原因是锚索的端头应力集中，这符合锚索作用机理的。

（6）基坑支护段第2次开挖（至高程22.8m）后（第5－1步），主应力状态产生明显变化，此时主应力的均匀分布状态被进一步打破，其中：σ_1 变化范围 -2.5238×10^5 ～9.4251×10^3Pa，σ_3 变化范围 -6.1118×10^5 ～4.2340×10^2Pa。较之上一步，由于第1排锚索的施加，开挖并未引起主应力最大值的明显变化，可见该层锚索对第2次开挖起到了有效的保护作用。从屈服状态可见，随着开挖的加深，在基坑东、南侧壁下部出现了新的剪切塑性区且连成片，在基坑东侧地表出现了一定范围的拉伸破坏区，说明东侧基坑可能有较大变形。

（7）基坑第2排锚索安装（锚头高程23.3m）后（第5－2步），由于未进行开挖而对土体预加固，经统计：σ_1 变化范围 -2.5237×10^5 ～8.75541×10^3Pa，σ_3 变化范围 -6.1116×10^5 ～3.3068×10^2Pa，可见锚索施工对土体的应力状态影响不大。从屈服状态可见，该步与上一步的屈服状态变化不大。

（8）基坑支护段第3次开挖（至高程20.5）后（第6－1步），主应力状态变化较大，主应力的均匀分布状态被进一步打破，其中：σ_1 变化范围 -2.5228×10^5 ～6.7479×10^3Pa。σ_3 变化范围 -6.1088×10^5 ～ -2.7511×10^3Pa。较之上一步，由于第2排锚索的施加，开挖并未引起最大主应力的明显变化,但最小主应力变化明显,其最大值由拉应力变为压应力,可见该层锚索对第 2 次开挖起到了有效的保护作用,并使土体最小主应力转为较合理的全受压状态。从屈服状态可见,随着开挖的进一步加深,在基坑东、南侧壁下部出现了新的剪切塑性区且向深部扩展,在基坑南侧地表出现了一定范围的拉伸破坏区,东侧地表拉伸破坏区范围也有所扩大,说明东、南侧基坑均可能有较大变形。

(9)基坑第 3 排锚索安装(锚头高程 21.3m)后(第 6 - 2 步),由于未进行开挖而对土体预加固,经统计:σ_1 变化范围 $-2.5225\times10^5 \sim 8.7080\times10^3$Pa,$\sigma_3$ 变化范围 $-6.1079\times10^5 \sim -3.2378\times10^3$Pa,可见锚索施工对土体的应力状态影响不大。从屈服状态可见,该步与上一步的屈服状态变化不大。至此,基坑全部开挖完毕,基坑已达稳定应力状态。

7.5.3　位移分布规律

1)竖向位移(z 向单元)

z 向单元反映出基坑开挖引起的垂直沉降(或隆起)情况。从位移云图(图 7-19)可以看出:

(1)1 步,位移变化范围:$-2.4624\times10^{-1}\sim0$。由于土体要达到位移平衡状态,产生较大初始沉降,计算结果表明,沉降值接近由于开挖所引起的总沉降量(该步运算位移重新置零)。

(2)2 步,位移变化范围:$-2.4831\times10^{-3}\sim6.7762\times10^{-2}$。可见,由于基坑开挖的进行,打破位移平衡状态,其中沉降位移(负值)不大,但坑底最大隆起位移(正值)6.78cm,说明即使仅开挖 3.5m 的表土层,仍然会引起一定的坑底隆起(回弹),这也反映出软土地区基坑开挖应力释放敏感的特点。

(3)3 步,位移变化范围:$-5.1724\times10^{-3}\sim6.9098\times10^{-2}$。双排桩及其冠(拉)梁产生对土体预加固效应,不会引起土体位移的太大变化,但由于施工的扰动和随着施工时间较长,基坑地表沉降变形有微量发展。但坑底隆起基本没有变化,说明桩加固起到了控制变形发展的作用。

(4)4 - 1 步,位移变化范围:$-1.9369\times10^{-2}\sim8.9566\times10^{-2}$。可见,由于基坑进一步开挖,竖向变形(包括沉降和隆起)均有较大增长,说明软土地区开挖时对变形的敏感特征。

(5)4 - 2 步,位移变化范围:$-1.9235\times10^{-2}\sim8.9571\times10^{-2}$。可见,第 1 排锚索的施加起到了控制竖向变形进一步增长的作用,变形基本保持不变,未继续发展。

(6)5 - 1 步,位移变化范围:$-1.7759\times10^{-2}\sim1.0987\times10^{-1}$。可见,由于基坑进一步开挖,竖向变形(包括沉降和隆起)均有较大增长,最大坑底隆起值达 109mm,进一步说明软土地区开挖引起变形的敏感特征。

(7)5 - 2 步,位移变化范围:$-1.7825\times10^{-2}\sim1.0991\times10^{-1}$。可见,第 2 排锚索的施加起到了控制竖向变形进一步增长的作用,变形基本保持不变,未继续发展。

(8)6 - 1 步,位移变化范围:$-3.9617\times10^{-2}\sim1.1959\times10^{-1}$。可见,由于基坑进一步开挖,竖向变形(包括沉降和隆起)又有进一步较大增长,最大沉降值达 39.6m,最大坑底隆起值达 119.6mm,说明软土地区开挖引起变形的敏感性。由于位移值较大,说明尽快施加锚索加固措施的必要性。

(9)6－2 步,位移变化范围:$-6.8276\times10^{-2}\sim1.2001\times10^{-1}$。可见,第 3 排锚索的施加起到了控制竖向变形进一步增长的作用,变形基本保持不变,未继续发展。

2)南北向水平位移(x 向单元)

x 位移反映出基坑开挖引起的南北方向位移情况。从位移云图(图 7-20)中可以看出:

(1)1 步,位移变化范围:$-1.0201\times10^{-3}\sim6.9088\times10^{-4}$。由于土体要达到应力和位移平衡状态,产生的水平变形不大(该步运算后,x 位移重新置零)。

(2)2 步,位移变化范围:$-1.1834\times10^{-2}\sim1.0278\times10^{-2}$。可见,由于基坑开挖的进行,打破位移平衡状态,$x$ 位移产生较大变化,特别是向坑内方向位移(x 负值)的增长更大一些,说明基坑开挖导致邻近土体向坑内变形的趋势。但变形值总体不大。

(3)3 步,位移变化范围:$-1.3450\times10^{-2}\sim3.8167\times10^{-3}$。双排桩及其冠(拉)梁产生对土体预加固效应,土体位移没有太大变化,说明桩加固起到了控制水平变形发展的作用。

(4)4－1 步,位移变化范围:$-2.2065\times10^{-2}\sim2.1703\times10^{-3}$。可见,由于基坑进一步开挖,$x$ 位移变形有较大增长,而向坑内方向位移增大更为明显一些,此时最大负向位移点大约位于基坑短边的深部,说明支护桩产生整体移动变形的趋势。

(5)4－2 步,位移变化范围:$-2.2091\times10^{-2}\sim2.0657\times10^{-3}$。可见,第 1 排锚索的施加起到了控制水平变形进一步增长的作用,水平变形基本保持不变,未继续发展。

(6)5－1 步,位移变化范围:$-2.7311\times10^{-2}\sim0$。可见,由于基坑进一步开挖,基坑整体均产生向坑内移动的趋势(均产生负向变形),x 位移有进一步增长。此时,最大位移点大约位于基坑短边的深部和开挖坑底部位,说明支护桩整体移动变形趋势明显。

(7)5－2 步,位移变化范围:$-2.7704\times10^{-2}\sim0$。可见,第 2 排锚索的施加起到了控制水平变形进一步增长的作用,水平变形基本保持不变,未继续发展。

(8)6－1 步,位移变化范围:$-4.9572\times10^{-2}\sim0$。可见,由于基坑进一步开挖,基坑整体均产生向坑内更明显的移动趋势(均产生负向变形),x 位移有进一步较大增长。此时,最大位移点转移到东西向基坑顶部,说明随着基坑开挖到底,支护桩产生整体移动趋势变缓,而坑顶由于侧向土压力作用其水平位移增长较快,支护桩产生悬臂变形特征。

(9)6－2 步,位移变化范围:$-6.5343\times10^{-2}\sim0$。可见,第 3 排锚索的施加起到了控制水平变形进一步增长的作用,水平变形基本保持不变,未继续发展。

3)东西向水平位移(y 向单元)

y 位移反映出基坑开挖引起的东西方向位移情况。

从位移云图(图 7-21)可见,y 向单元与 x 向单元位移分布的变化规律一致,只是位移值略大一点。在此,仅给出位移在各开挖步的变化范围,不再进行具体分析。

(1)1 步,位移变化范围:$-1.1937\times10^{-3}\sim6.3582\times10^{-4}$。(该步运算后,位移重新置零)

(2)2 步,位移变化范围:$-1.2261\times10^{-2}\sim1.1149\times10^{-2}$。

(3)3 步,位移变化范围:$-1.4076\times10^{-2}\sim3.9159\times10^{-3}$。

(4)4－1 步,位移变化范围:$-2.3469\times10^{-2}\sim2.2737\times10^{-3}$。

(5)4－2 步,位移变化范围:$-2.3515\times10^{-2}\sim2.1826\times10^{-3}$。

(6)5－1 步,位移变化范围:$-3.0104\times10^{-2}\sim1.5045\times10^{-5}$。

(7)5－2 步,位移变化范围:$-3.2342\times10^{-2}\sim1.3339\times10^{-5}$。

(8)6 - 1 步,位移变化范围: $-6.0389 \times 10^{-2} \sim 0$。

(9)6 - 2 步,位移变化范围: $-9.1134 \times 10^{-2} \sim 0$。

7.5.4 历史记录及剖面分析

分析中设定 18 个位移监测点进行历史记录分析,并针对各条监测线开展剖面分析。

1)侧壁水平变形分析

(1)无论是基坑长边还是短边,基坑侧壁水平变形的分布规律是一致的。

(2)从图 7-21 和图 7-23 可见,靠近基坑中部的监测点变形较大,而两边的变形相对较小。其中:基坑东侧 1 ~4 测点由中部向侧边布设,南侧 5 ~8 测点由侧边向中部布设。东侧监测点最大水平位移值 -82.4mm,南侧监测点最大水平位移值 -58.3mm。

(3)从图 7-22 和图 7-24 可见,基坑各侧壁的水平变形规律均为桩顶地表冠梁处为最大,而向深部逐渐减小。说明基坑最终呈现悬臂变形特征。

2)周边沉降位移分析

(1)无论是基坑长边还是短边,基坑周边沉降变形的分布规律是一致的。

(2)从图 7-25 和图 7-27 可见,11 ~14 监测点(东侧)和 15 ~18 监测点(南侧)的沉降变形值基本相等。其中,东侧周边沉降位移最大值约为 305.9mm,南侧周边沉降位移最大值约为 304.2mm。

(3)从图 7-26 和图 7-28 可见,基坑各周边各剖面的竖向沉降变化规律是:越靠近基坑内部竖向位移越大,而向坑外呈现有规律减小的特征。

3)坑底隆起位移分析

(1)从图 7-29 可见,坑底中心的 9、10 监测点的隆起变化规律基本一致,均随着基坑开挖及支护工序推进而逐渐增大。(9 监测点坐标为(0,0,26.5),即位于放坡开挖后的基坑中心点,第 4 - 1 步之后该点被挖掉不存在位移)。

(2)基坑第 2 步放坡开挖后,坑底中心点隆起位移最大值约为 67.46mm;基坑全部开挖并支护完成后,坑底中心点隆起位移最大值约为 114.7mm。

4)水平剖面的竖向位移分析

(1)从图 7-30 可见,坑底处作水平切面后,竖向位移由坑周沉降(方向向下)逐渐变化为坑底隆起(方向向上),z 向位移变化范围: -47.10 ~112.90mm,反映出基坑开挖底面处的竖向位移变化规律。

(2)从图 7-31 可见,地表处作水平切面后,地表位移均为沉降,地表最大沉降值为: -66.89mm。

5)对称垂直剖面的变形规律

(1)从图 7-33a)和图 7-33b)可见,两方向基坑对称剖面的位移矢量和变形规律是一致的。

(2)支护桩变形:支护桩水平变形为顶部位移最大,沿深度逐渐变小,其方向为水平向,呈倒三角形分布;由于土中应力释放,支护桩产生向上位移,这给基坑稳定、地表沉降及桩体自身稳定都会带来一定危害,在软土地层显得更为明显。

(3)坑底隆起:坑内土体的变形为中间隆起最大,向两侧逐渐减小。

(4)地表沉降:距离桩体一定范围内的土体沉降呈现先增大再减小趋于平缓的趋势。

7.5.5 支护结构分析

(1)从图7-34a)前排支护桩弯矩图可见,桩身弯矩在方程22~23m处出现反弯点,且随着支护桩接近阴角,反弯点位置逐渐下移。反弯点的产生是由于锚索综合作用的结果,说明锚索起到了有效的支护效果,改变了支护桩的弯矩特征。

(2)从图7-34b)后排支护桩弯矩图可见,南侧支护桩没有反弯点出现,东侧支护桩在高程25m左右出现反弯点,说明基坑南北向长边的后排桩受开挖影响较大,产生较复杂的结构受力特征。

(3)后排桩弯矩较前排桩小一倍左右,说明前排支护桩在双排桩支护结构中起主导作用,受基坑变形和施加锚索的影响更大。

(4)从图7-35a)和图7-35b)的锚索轴应力图可见,3排锚索中,第一排锚索轴向力最大,支护效果最明显,锚索从第一排到第三排的轴向力呈递减趋势。单根预应力锚索轴向力在锚固段头部集中并形成峰值,然后逐渐向末端减小并最终趋近于零,这反映出拉力型锚索的轴向力分布特征。

7.6 小结

本章采用三维非线性弹塑性分析程序FLAC^{3D},模拟营口红运广场软土深基坑开挖及支护过程,可满足基坑工程稳定性分析的需要,具有重要理论意义和实用价值。

就基坑应力状态来看,仅采用双排桩支护难以满足稳定性要求,将导致基坑整体变形过大,从而引起基坑坍塌,丧失整体稳定,危及施工安全,因此设计中给出的双排桩+冠(拉)梁+3排锚索支护措施必须予以严格执行。

就基坑位移分布来看,坑周水平变形和沉降位移基本满足或略超过规范要求。由于模拟中难以考虑到坑周水泥搅拌帷幕桩、桩间土挂网喷混凝土二次护壁、放坡处挂网喷混凝土支护、坑底截排水等有益基坑稳定和提高安全系数的其他措施,因此认为设计方案可基本满足水平和沉降位移的要求。另外,基坑坑底隆起变形超过100mm,已高出规范预警值约一倍,因此在现场开挖时要格外注意坑底的隆起效应,及时施工坑底抗拔桩和基础垫层,并加快上部主体建筑的施工进度。

模拟分析结果证实了软土地区采用双排桩+锚索施工的可行性和合理性。本章的三维数值模拟结果对于预测和指导现场施工有重要参考价值,研究方法和结论对类似软土地区基坑工程的设计和分析也具有较大借鉴意义。基坑模拟监测点位移分析结果可为进一步开展反分析和二维分析提供依据。

分析中,地表按水平面考虑,未涉及其起伏状况;基坑平面被简化为矩形;基坑四面的各排锚索被认为均处于相同高程;地层沿垂直方向被划为5层;部分支护桩和锚索的结构参数依据经验选取;三维网格未进行更复杂的细化;程序循环终止标准定得较低。这些,不可避免造成计算误差。因此建议选用更高级计算机,从以上几方面入手开展更加复杂的运算,提高分析结果的精确性。

第8章 深基坑帷幕止水对开挖过程影响研究

8.1 引言

据统计,80%以上基坑的破坏是与水有关的,这充分说明地下水是导致深基坑工程事故的重要因素之一。地下水不仅直接影响土的物理性质和强度指标,还会引起土中应力状态的变化。当采取一定的截、降、排水措施时,地下水在基坑内部的流动将产生渗透动水压力,进而引起基坑边坡失稳、流土、管涌,产生地面沉降等危害;在沿海地区,还可能出现海水入侵甚至倒灌。因此,只有在对基坑渗流场进行分析,对地下水的特征和变化有清楚了解的基础上,才能为基坑开挖提供更加可靠的计算前提和理论依据,以便在工程设计中考虑水对工程的不良影响,从而采取合理的方法措施,防止工程事故的发生。

为尽可能消除水位下降产生的环境地质问题,在沿海软土地区,可在基坑外围设置止水帷幕,降低开挖对周围环境的影响。止水帷幕是用于阻止地下水流入基坑而采取的连续止水体。常用止水帷幕形式有:连续搅拌桩,单管、三管旋喷桩形成的止水墙等。通过设置止水帷幕,保持基坑基本干燥,使开挖得以顺利进行,并保证周边土不因渗流而产生过大的位移变形。止水帷幕是否可靠、有效,直接关系到整个基坑工程的安全。目前,尽管不少文献研究了不同水力条件下边坡或基坑内部的渗流场特征,但很少详细讨论止水帷幕下的渗流流速及水力梯度等重要渗透特征参数的变化规律,并在此基础上,研究基坑开挖过程中的应力和变形规律。

营口红运广场(家乐福)基坑工程施工场区属软土地层,现场开挖时岩土体强度低、变形大,基坑止水采用了双排搅拌桩止水帷幕+坑内集水明排措施。本章采用 $FLAC^{3D}$ 软件,开展软土基坑止水帷幕+双排桩锚索支护下的渗流及变形规律数值模拟研究。

8.2 基坑止水及支护计算模型

8.2.1 现场基坑止水措施

止水帷幕采用双排水泥土搅拌桩,设计桩径 500mm,排距 303mm,桩长 17.0m(嵌固深5m),桩中心距 350mm,呈正三角形相互咬合 150mm。止水帷幕位于支护桩和锚桩的外侧,固化剂采用 32.5 级水泥,水泥掺量为 15%,要求全程复搅一次,桩位偏差不大于 50mm,垂直度偏差不大于 0.5%。在基坑开挖过程中,在基坑四周设排水沟对基坑内少量渗水进行明排,保证地下水位低于坑底 1m 左右。

图 8-1 为基坑典型剖面止水及支护立面图。

8.2.2 基坑渗流模型

地下水影响到土颗粒之间的平衡状态,水流影响到应力状态,应力状态的变化又使孔隙介质中水的渗透空间变化,导致其水力特征的改变。地下水渗流对孔隙介质产生的渗透体积力反映出地下水渗流与开挖应力状态的相互影响,即渗流场与应力场的相互耦合。可以把这种力学作用反映到模拟土力学性质的模型中去。基坑渗流场很复杂,很难求得解析解,主要可用数值方法。其中,有限差分法因为能够适应复杂的边界条件和多种介质的情况,适用于基坑工程的渗流分析。三维非稳定渗流连续微分方程为:

$$\frac{\partial}{\partial x}\left(k_x\frac{\partial h}{\partial x}\right)+\frac{\partial}{\partial y}\left(k_y\frac{\partial h}{\partial y}\right)+\frac{\partial}{\partial z}\left(k_z\frac{\partial h}{\partial z}\right)=S_S\frac{\partial h}{\partial t} \tag{8-1}$$

式中:$S_S=\rho g(\alpha+n\beta)$,为单位贮水量或贮水率;

k_x、k_y、k_z——x、y、z 方向的渗透系数。

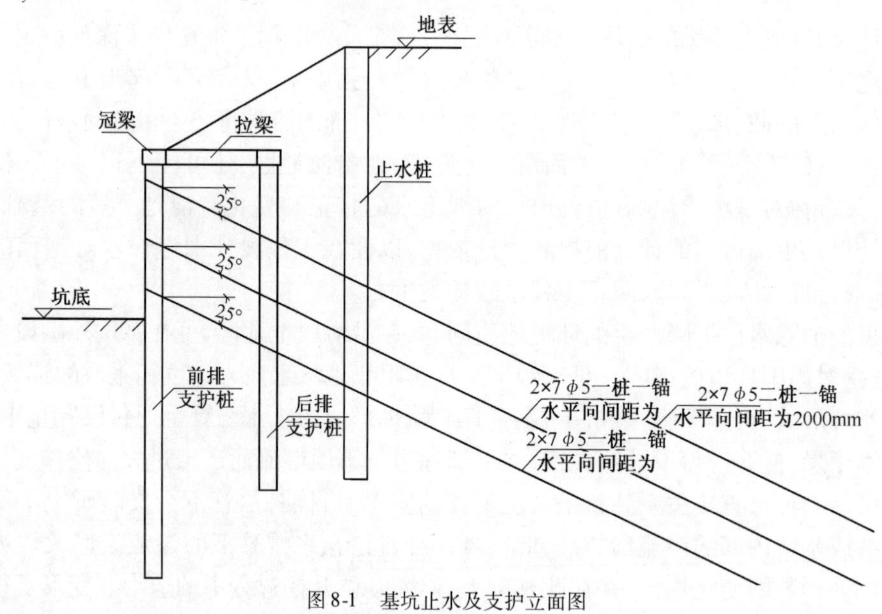

图 8-1　基坑止水及支护立面图

若渗流场水头变化较小,即 $\frac{\partial h}{\partial t}=0$,可作为稳定流来研究。

初值条件为:$h(x,y,z,0)=h_0(x,y,z)$

边界条件:

(1)水头边界　$h|_{\Gamma_1}=h(x,y,z,t)$　(8-2)

(2)流量边界　$k\frac{\partial h}{\partial n}|_{\Gamma_2}=-q(h,x,y,z)$　(8-3)

n 为边界 Γ_2 的单位外法向量,流量 q 以流入边界为正,稳定流时自由面流量边界为:$\frac{\partial h^*}{\partial n}=0$;非稳定流时自由面为补给面,$q=\mu\frac{\partial h^*}{\partial t}\cos\theta$。

当 $k_x=k_y=k_z$ 时,稳定渗流微分方程简化为 Laplace 方程,$\frac{\partial^2 h}{\partial x^2}+\frac{\partial^2 h}{\partial y^2}+\frac{\partial^2 h}{\partial z^2}=0$。

对于基坑渗流问题,一般只需要知道两种类型边界,就可以求解整个渗流场。第 1 类边界是已知水头边界 Γ_1,第 2 类边界是未知水头边界 Γ_2。考虑基坑工程中存在非稳定渗流过程,以及降水补给和不同边界条件等,可取多种类型进行分析。

水泥搅拌止水帷幕采用不透水材料渗流模型(fl_null)和弹性力学模型(elastic,brick 网格)。

8.2.3　岩土及结构模型

岩土地层采用 Mohr－Coulomb 弹塑性模型，采用弹塑性理论进行计算。

中心基坑开挖区采用 8 节点六面块体网格(brick)，周围区域采用 14 节点六面体外围渐变放射网格(radtunnel)；桩、梁、锚索采用不同结构单元模拟：前后排支护桩采用桩单元(pile)，前后排桩顶冠梁及拉梁采用梁单元(beam)，锚索采用预应力锚索单元(cable)。

8.2.4　渗流及力学参数

岩土地层、止水桩、支护桩、锚索、冠梁、拉梁等材料的计算参数，依据实验室试验和地质报告提供的数据取值。

8.2.5　模拟区域及边界条件

1)模拟区域

考虑到边界效应的影响，剖析深基坑的具体形态特征和客观的工程水文地质条件，确定模型的计算范围。本基坑模拟计算区域取为：基坑南北方向(x 方向)模拟长度 360m，东西方向模拟宽度 200m(y 方向)，高度方向模拟至地表以下 30m(z 方向)。基坑开挖区范围为：南北方向模拟长度 180m，东西方向模拟宽度 90m。

考虑到基坑几何模型和受力条件的对称性，确定整体的 1/4 区域作为分析对象(取东南部区域)。整个基坑区域中心点设为坐标原点(坐标：0，0，0)。

2)渗流边界条件

渗流边界条件设定为：北、西边界为不透水边界；南、东边界为常水头入渗边界(地下水埋深 2m)；模拟区底边界为不透水边界；基坑开挖坑底标高下 1m 为常水头透水边界。

3)位移边界条件

位移边界条件设定为：南、北边界 x 方向固定；东、西边界 y 方向固定；底边界 z 方向固定；顶边界为位移自由边界。

8.2.6　模拟网格剖分

图 8-2～图 8-4 分别为基坑开挖前和开挖后的模拟区地层网格、支护结构和止水帷幕。

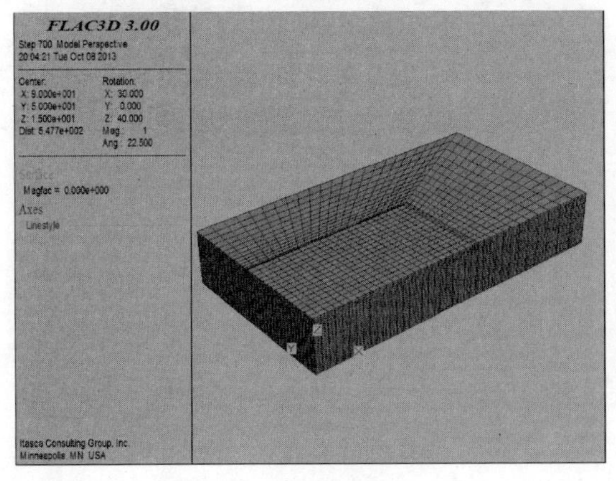

图 8-2　初始地层网格剖分

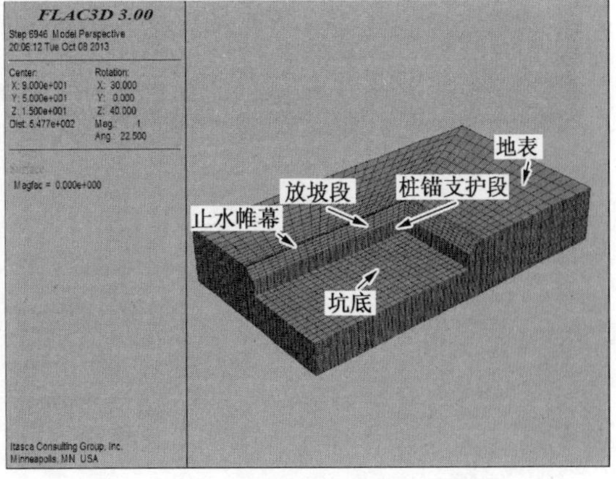

图 8-3　开挖后地层网格

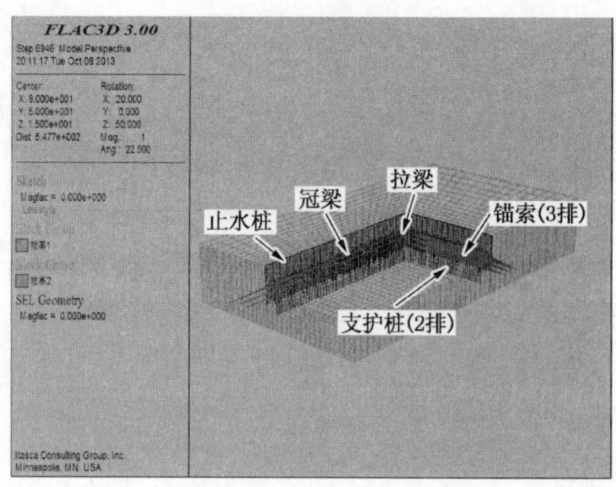

图 8-4　开挖后支护及止水结构

8.3　程序模拟结果

利用 FISH 语言编制模拟程序,将岩土渗流参数、物理力学参数和支护参数输入程序,采用上述求解方法进行数值模拟分析,得到现场基坑开挖的渗流场分布、岩土体应力和变形、监测点位移等,并利用后处理模块绘出相应图形。

8.3.1　不平衡力

图 8-5 为最大不平衡力变化图。

8.3.2　渗流场分布

图 8-6 为基坑帷幕止水和坑内降排水后的孔隙水压力等值线云图。

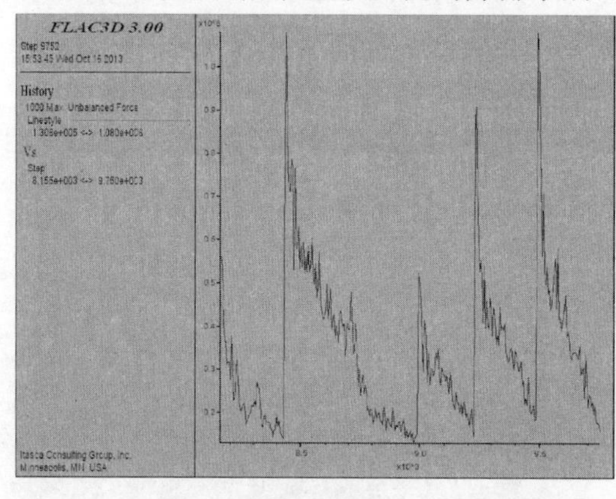

图 8-5　最大不平衡力变化图

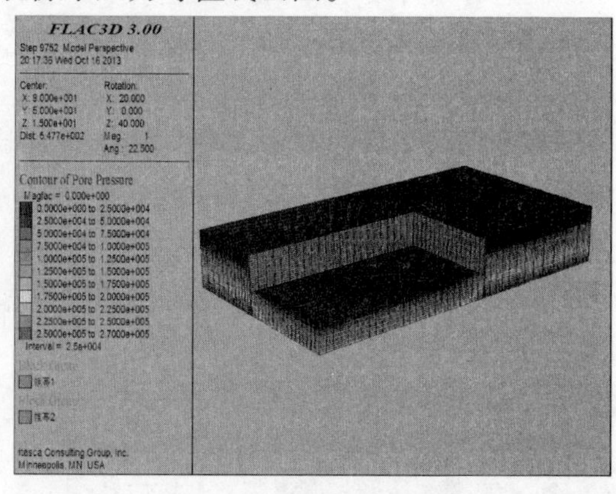

图 8-6　PP 云图

8.3.3　应力分布

图 8-7a)、b)为开挖结束时的最大主应力(σ_1)和最小主应力(σ_3)云图。

8.3.4　塑性区分布

图 8-8 为基坑开挖步单元弹塑性状态图。图中显示出弹性、现剪切破坏、现拉伸破坏、曾剪切破坏、曾拉伸破坏等不同的单元状态。

8.3.5　位移分布

图 8-9 为各开挖步结束时的竖向位移 z 向单元位移云图。

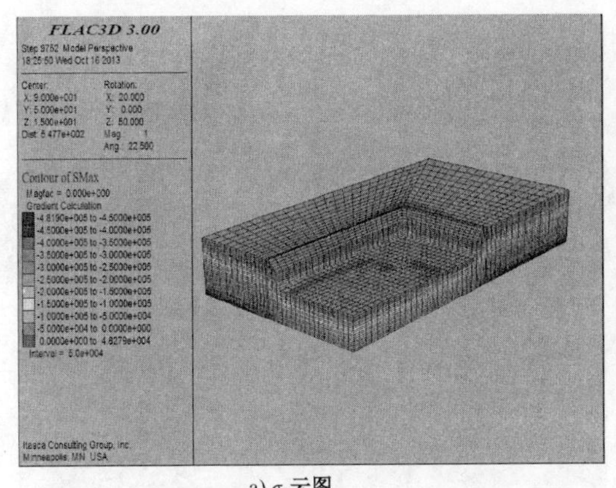

a) σ_1云图

b) σ_3云图

图 8-7　σ_1 和 σ_3 云图

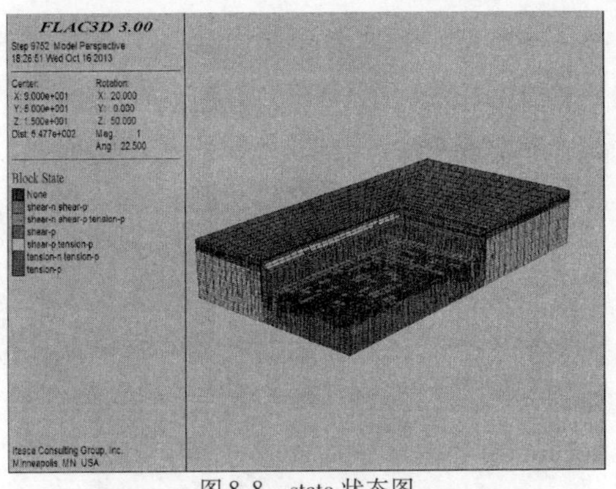

图 8-8　state 状态图

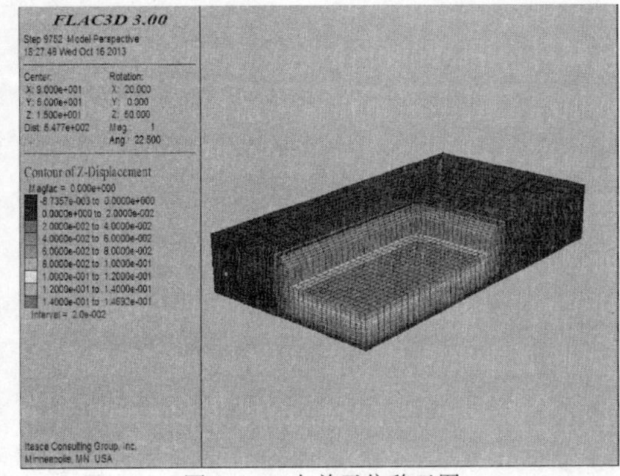

图 8-9　z 向单元位移云图

图 8-10 为各开挖步结束时的南北向位移云图。

图 8-11 为各开挖步结束时的东西向位移云图。

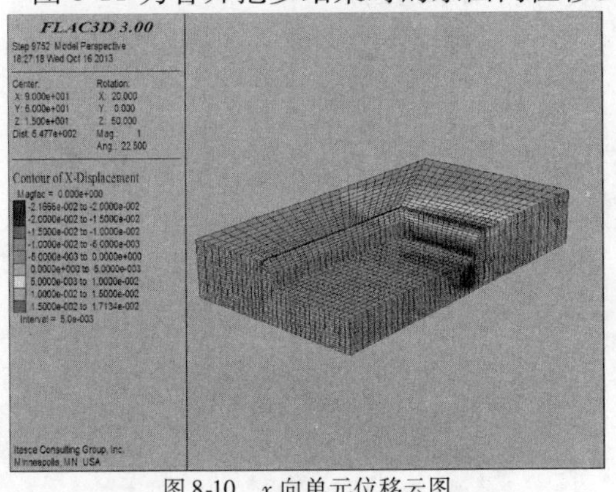

图 8-10　x 向单元位移云图

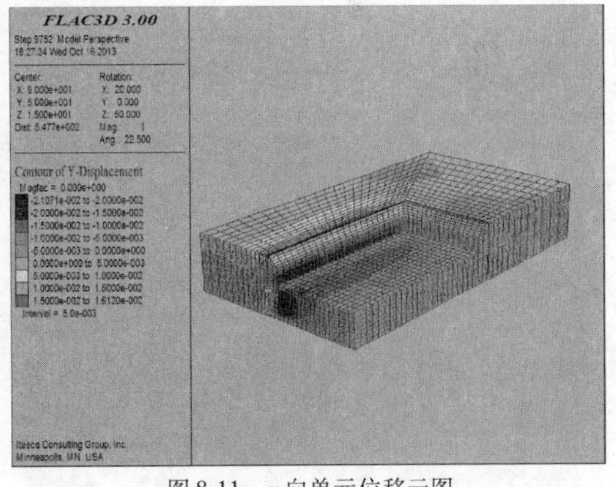

图 8-11　y 向单元位移云图

8.3.6　模拟监测及剖面分析

1）孔隙水压力和流速

图 8-12 为帷幕止水和坑内降排水后的孔隙水压力和流速矢量图（$y=0$ 竖向剖面）。

图 8-13 为帷幕止水和坑内降排水后的孔隙水压力和流速矢量图（$x=0$ 竖向剖面）。

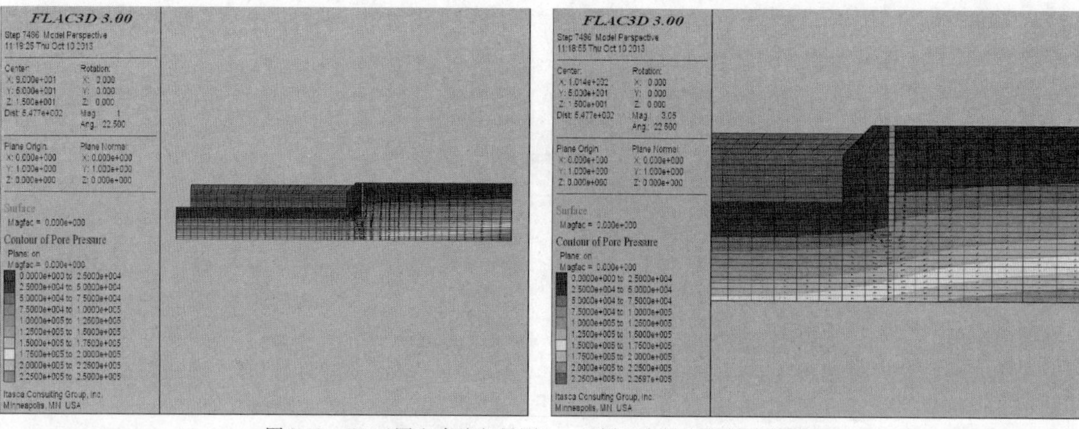

图 8-12　PP 云图和水流矢量图（$y=0$ 剖面全部和局部放大图）

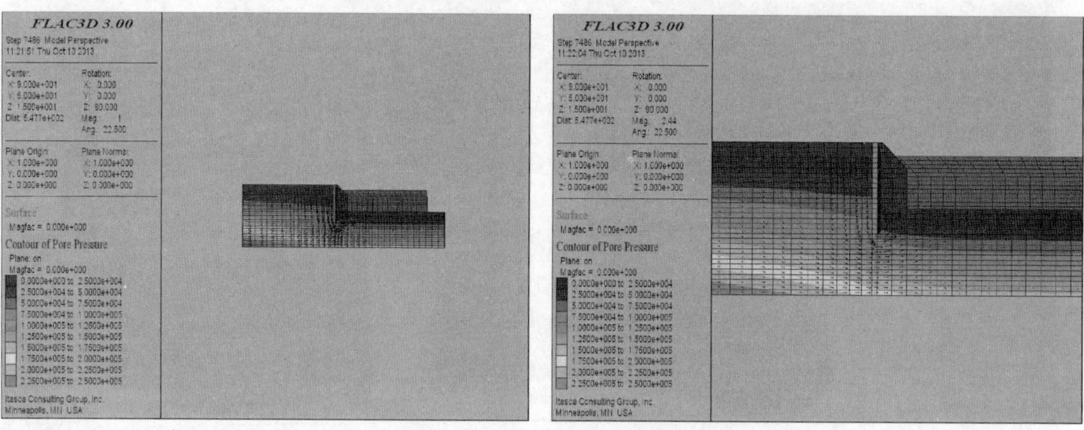

图 8-13　PP 云图和水流矢量图（$x=0$ 剖面全部和局部放大图）

图 8-14 为帷幕止水后的孔隙水压力和流速矢量图（水平剖面）。

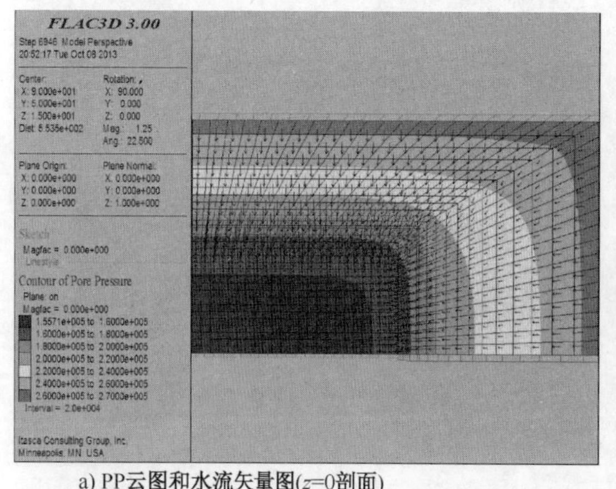

a) PP云图和水流矢量图(z=0剖面)

b) PP云图和水流矢量图(z=16剖面)

图 8-14　PP 云图和水流矢量图

2）侧壁水平位移

（1）基坑东侧坑壁。图 8-15 为基坑东侧桩顶 1 ~ 4 监测点（对应现场实际测点）的 y 向单元位移变化图。

图 8-16 为基坑东侧坑壁垂直面的 y 向单元位移切片图。

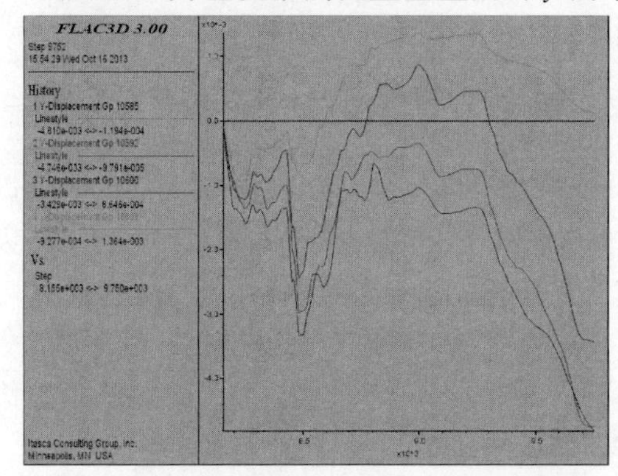

图 8-15 基坑东侧桩顶冠梁 4 个监测点 y 向单元位移变化图

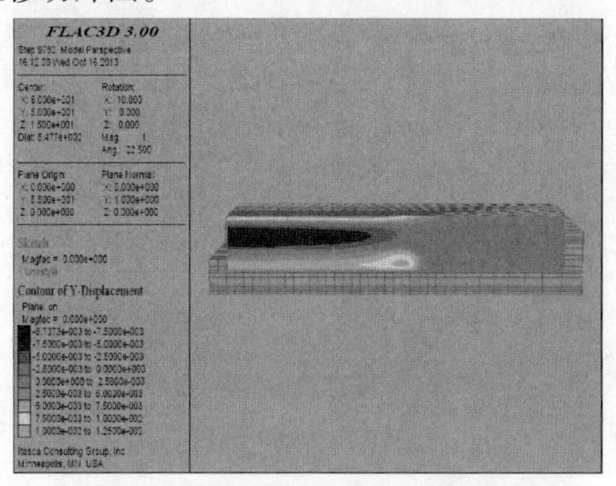

图 8-16 基坑东侧坑壁 y 向单元位移切片图

(2)基坑南侧坑壁。图 8-17 为基坑南侧桩顶 5 ~ 8 监测点(对应现场实际测点)的 x 向单元位移变化图。图 8-18 为基坑南侧坑壁垂直面的 x 向单元位移切片图。

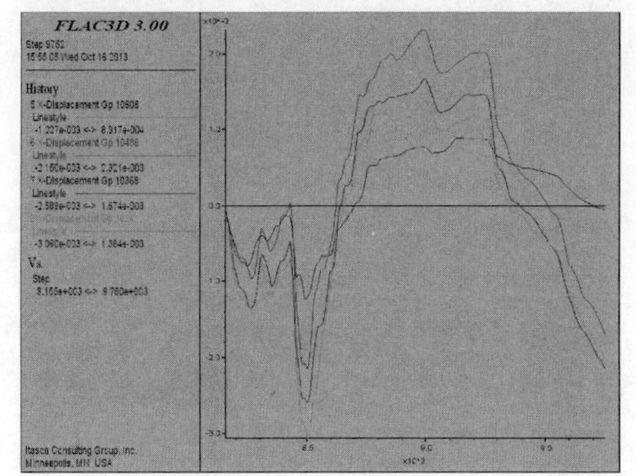

图 8-17 基坑南侧桩顶冠梁 4 个监测点 x 向单元位移变化图

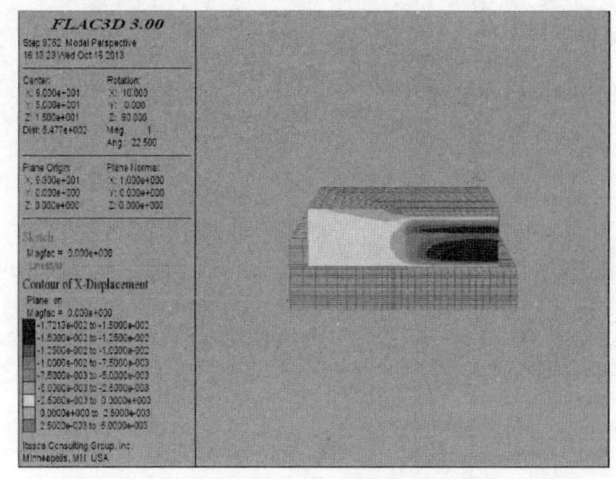

图 8-18 基坑南侧坑壁 x 向单元位移切片图

3)周边沉降

(1)基坑东部。图 8-19 为基坑东部周边地表土体 11 ~ 14 沉降监测点(对应现场实际测点)的 z 向单元位移变化图。图 8-20 为基坑东部沉降监测点所在垂直面的 z 向单元位移切片图。

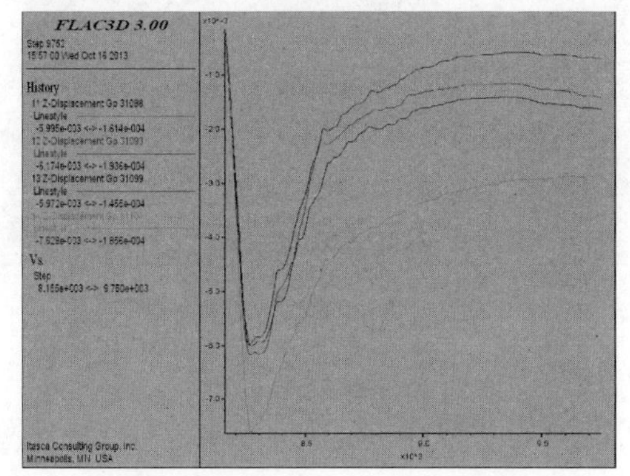

图 8-19 基坑东部周边土体 4 个监测点 z 向单元位移变化图

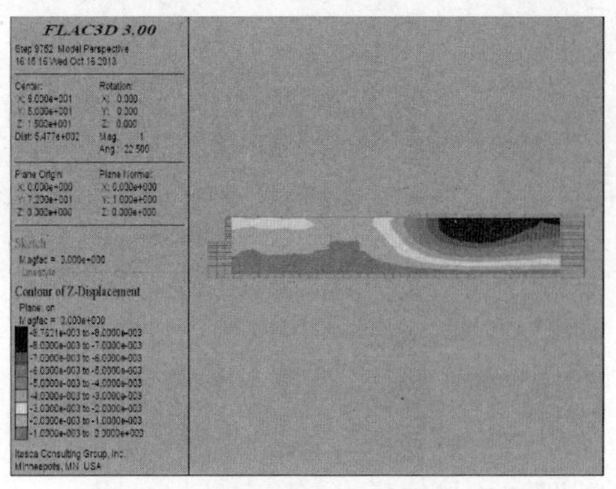

图 8-20 基坑东部 z 向单元位移切片图

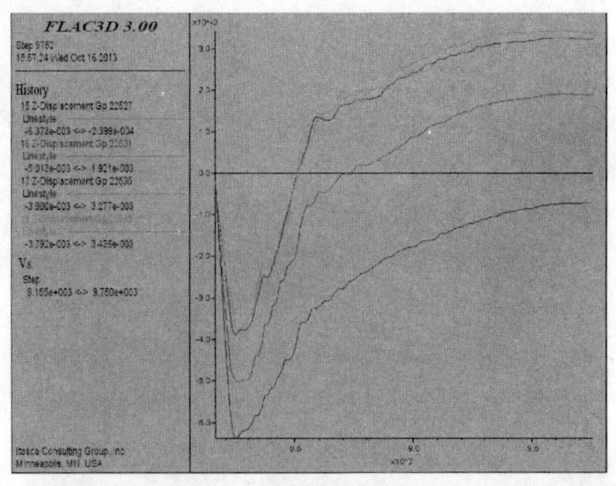

图8-21 基坑南部周边土体4个监测点z向单元位移变化图

(2)基坑南部。图8-21为基坑南部周边地表土体15~18沉降监测点(对应现场实际测点)的z向单元位移变化图。图8-22为基坑南部沉降监测点所在垂直面的zdis位移切片图。

4)坑底隆起

图8-23为基坑中心点9、10竖向位移监测点的z向单元位移(坑底隆起)变化图。图8-24为基坑开挖后坑底水平面的z向单元位移切片图。

5)地表沉降

图8-25为基坑地表水平面的z向单元位移(地表沉降)切片图。

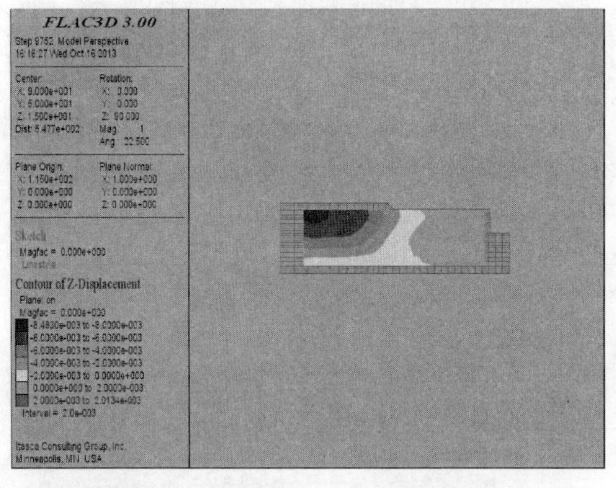

图8-22 基坑南部z向单元位移切片图

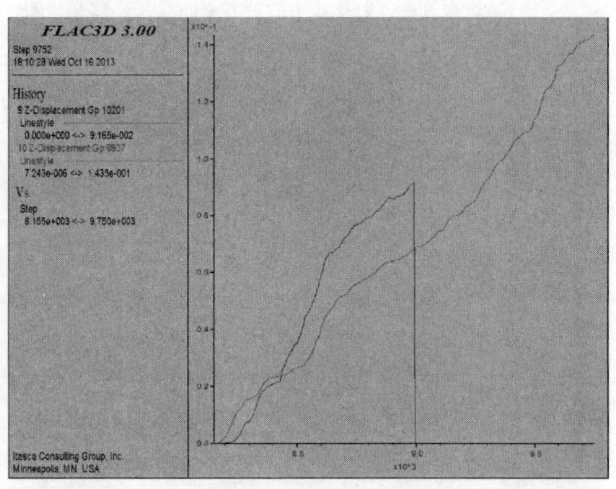

图8-23 基坑坑底2个监测点z向单元位移变化图

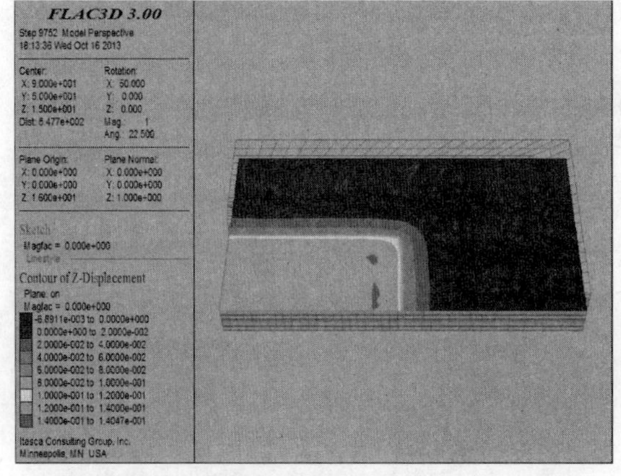

图8-24 基坑坑底水平面的z向单元位移切片图

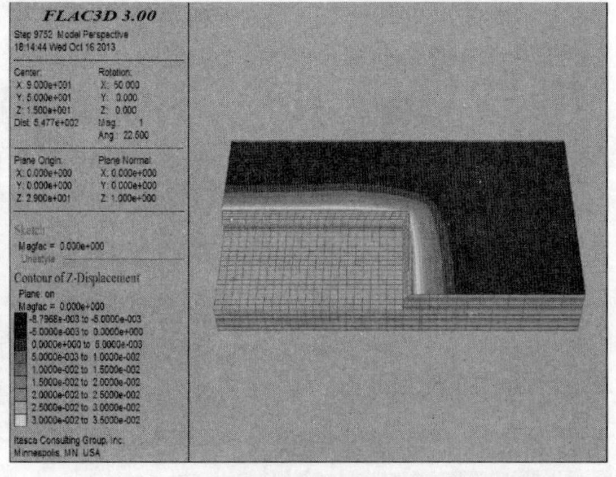

图8-25 基坑地表水平面的z向单元位移切片图

6)位移矢量及总变形

图8-26a)为基坑南北对称剖面($y=0$)位移矢量图及总变形云图,图8-26b)为基坑东西对称剖面($x=0$)位移矢量图及变形云图。

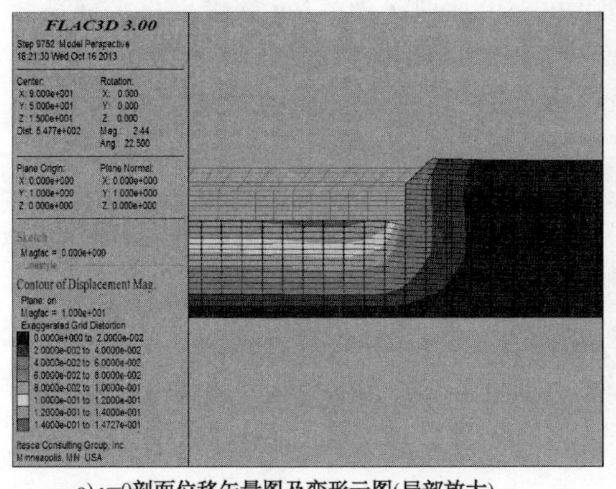

a) y=0剖面位移矢量图及变形云图(局部放大)

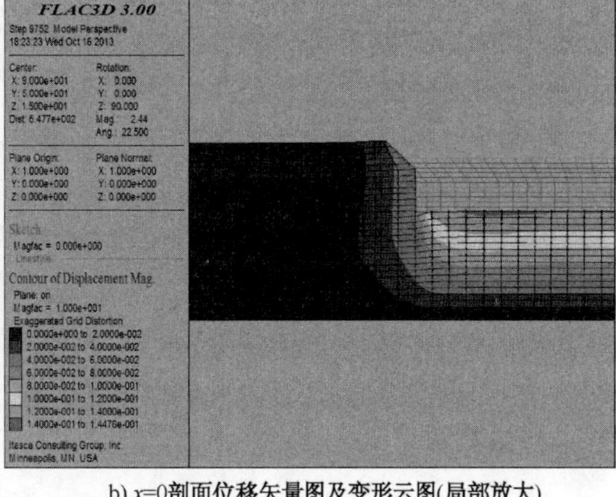

b) x=0剖面位移矢量图及变形云图(局部放大)

图 8-26　基坑两剖面位移矢量图和变形云图

8.4　计算结果分析

8.4.1　不平衡力分析

观察基坑自止水桩施工结束到开挖和支护完成的不平衡力变化,可以体现出基坑开挖及支护过程对稳定性的影响。从最大不平衡力的变化图 8-7 中,显示出由于基坑止水、开挖和支护循环的不断进行,一再打破围岩自身的平衡状态,并在最后趋于稳定的过程。可见,开挖步对平衡的影响更大,在放坡开挖(3 步)、第 1 次开挖(5-1 步)、第 2 次开挖(6-1 步)和第 3 次开挖(7-1 步)中,不平衡力产生的波动最大,运算步骤与机时也较多;而支护步对不平衡力产生的影响较小。

8.4.2　渗流分析

观察基坑止水、开挖和支护结束后孔隙水压力及流速矢量图的变化图 8-6,可以看出:基坑内同一高程上各点的孔隙水压力相近,在止水帷幕外孔隙水压力形成一定的变化曲线。由图 8-12 和图 8-13 可见,由于基坑开挖卸荷和止水帷幕作用,使得基坑内外形成水头差、地下水产生渗流、地下水绕过止水帷幕底部向坑底流动,这是基坑底部产生隆起的主要原因之一。

止水帷幕对基坑渗流场的影响比较明显,改变了地下水的渗流路径。同时止水帷幕附近地下水渗流速度变化较大,主要是因为止水帷幕将最大水力梯度降到止水帷幕底部,这样能够防止基坑的渗流破坏。

从水平剖面的渗流分析结果图 8-14 可见:等势线从入水边界到出水边界逐渐变密集,在基底的角点附近分布最密。流速矢量也呈现同样的趋势,并且在整个基坑范围内,流速矢量从基坑中部向坑壁逐渐变大,在溢出点处为流速最大。水力梯度最大值分布在角点和溢出点之间的区域,所以在基坑的角点和溢出点附近的土体最容易达到临界水力梯度。当期达到临界梯度时,基坑将产生破坏,所以在基坑施工过程中应采取措施降低此处的水力梯度值和加固坑壁,防止工程事故的发生。

当支护结构深入基坑底部以下太浅时,可能在宽度为 0.5 倍入土深度范围内发生土体渗透破坏。为保持基坑的渗透稳定，入土深度不能太小，设计埋深为 5.0m 的帷幕止水桩是合理的。

8.4.3 应力分析

从应力云图（图 8-7）和塑性区分布图（图 8-8）可以看出：

基坑开挖完毕后，经统计：σ_1 变化范围为 $-4.8190\times10^5\sim4.8279\times10^4$Pa，$\sigma_3$ 变化范围为 $-7.5659\times10^5\sim-3.5777\times10^3$Pa。与不考虑基坑降水的分析结果相比，$\sigma_1$ 值略有增大，σ_3 值略有减小，但变化均不大，分析是由于土体固结导致有效应力增大所致。从屈服状态可见，基坑止水后开挖将产生新的坑底受拉屈服区，这是与主应力的变化趋势相对应的（压应力和拉应力绝对值均有所增大）。至此，基坑全部开挖完毕，基坑已达稳定应力状态。

8.4.4 位移分析

1）竖向位移（z 向单元）

z 向单元位移反映出基坑开挖引起的垂直沉降（或隆起）情况。从位移云图（图 8-9）可以看出：

基坑开挖完毕后，z 向单元位移变化范围：$-8.7357\times10^{-2}\sim1.4692\times10^{-1}$m。

z 向单元位移变化规律显示：基坑止水帷幕以内产生隆起，开挖止水帷幕以外产生沉降。由于基坑止水，孔隙水压力消散，必然产生土体沉降。因为孔隙水压力在止水帷幕处变化较大，所以止水帷幕上部的地表沉降值最大。在工程实际中，可以通过适当加大止水帷幕的宽度和插入深度来降低基坑地表沉降量和坑底隆起量，防止工程事故的发生。

2）南北向水平位移（x 向单元位移）

x 向单元位移反映出基坑开挖引起的南北方向位移情况。从位移云图（图 8-10）可以看出：由于基坑止水帷幕同时起到支护桩作用，止水帷幕上部产生一定的正向水平位移，分析这是由于外部沉降造成的效应；基坑止水帷幕内部产生向基坑内部的水平位移，支护桩显示出悬臂的变形特征。

基坑开挖完毕后，x 向单元位移变化范围：$-2.1666\times10^{-2}\sim1.7134\times10^{-2}$m。

3）东西向水平位移（y 向单元位移）

y 向单元位移反映出基坑开挖引起的东西方向位移情况。从位移云图（图 8-11）可见，y 向与 x 向位移分布的变化规律一致，只是位移值略大一点。在此，仅给出 y 向单元位移在各开挖步的变化范围，不再进行具体分析。

基坑开挖完毕后，y 向单元位移变化范围：$-2.1071\times10^{-2}\sim1.6120\times10^{-2}$m。

8.4.5 历史记录及剖面分析

分析中设定 18 个位移监测点进行历史记录分析，并针对各条监测线开展剖面分析。

1）侧壁水平变形分析

（1）无论是基坑长边还是短边，基坑侧壁水平变形的分布规律是一致的。

（2）从图 8-15 和图 8-17 可见，靠近基坑中部的监测点变形较大，而两边的变形相对较小。其中：基坑东侧 1～4 测点由中部向侧边布设，南侧 5～8 测点由侧边向中部布设。东侧监测点最大水平位移值 -4.8mm，南侧监测点最大水平位移值 -3.1mm。可见，较之未考虑帷幕止水相比，最大位移值减小很多。

(3)从图 8-16 和图 8-18 可见,基坑各侧壁的水平变形规律均为桩顶地表冠梁处为最大,而向深部逐渐减小,说明基坑最终呈现悬臂变形特征。

2)周边沉降位移分析

(1)无论是基坑长边还是短边,基坑周边沉降变形的分布规律是一致的。

(2)从图 8-19 和图 8-21 可见,11 ~14 监测点(东侧)和 15 ~18 监测点(南侧)的沉降变形值基本相等。其中,东侧周边沉降位移最大值约为 -7.6mm,南侧周边沉降位移最大值约为 -6.4mm。可见,较之未考虑帷幕止水相比,最大沉降值有所减小。

(3)从图 8-20 和图 8-22 可见,基坑各周边各剖面的竖向沉降变化规律是:越靠近基坑内部竖向位移越大,而向坑外呈现有规律减小的特征。

3)坑底隆起位移分析

(1)从图 8-23 可见,坑底中心的 9、10 监测点的隆起变化规律基本一致,均随着基坑开挖及支护工序推进而逐渐增大。9 监测点坐标为(0,0,26.5),即位于放坡开挖后的基坑中心点,第 4 -1 步之后该点被挖掉不存在位移。

(2)基坑开挖完毕后,坑底中心点隆起位移最大值约为 146.92mm,较之不考虑基坑止水时略有增大。

(3)基坑最大隆起量发生在基坑中心。主要因为基坑开挖卸荷后应力释放,内外水头差导致地下水向基坑底部流动,同时止水帷幕对于基坑边角的约束作用,使得坑底隆起量最大值发生在基坑中心,越靠近止水帷幕隆起量越小。

4)水平剖面的竖向位移分析

(1)从图 8-24 可见,坑底处作水平切面后,竖向位移由坑周沉降(方向向下)逐渐变化为坑底隆起(方向向上),z 向位移变化范围:-6.89 ~146.92mm,反映出基坑开挖底面处的竖向位移变化规律。

(2)从图 8-25 可见,地表处作水平切面后,竖向位移由坑周沉降(方向向下)逐渐变化为坑底隆起(方向向上),z 向位移变化范围:-8.79 ~35mm,反映出基坑开挖时地表竖向位移变化规律。地表在基坑开挖中心点附近产生轻微回弹。

5)对称垂直剖面的变形规律

(1)从图 8-26a)、b)可见,两方向基坑对称剖面的位移矢量和变形规律是一致的。

(2)支护桩变形。支护桩水平变形为顶部位移最大,沿深度逐渐变小,其方向为水平向,呈倒三角形分布;由于土中应力释放,支护桩产生向上位移,这给基坑稳定、地表沉降及桩体自身稳定都会带来一定危害,在软土地层显得更为明显。

(3)坑底隆起。坑内土体的变形为中间隆起最大,向两侧逐渐减小。

(4)地表沉降:距离桩体一定范围内的土体沉降呈现先增大再减小趋于平缓的趋势。

8.5　小结

采用 FLAC^{3D}程序,模拟营口红运广场软土基坑止水、开挖及支护过程,可满足基坑渗流及稳定性分析的需要,具有重要理论意义和实用价值。

就基坑止水帷幕施工后的孔压和流速分布来看,采用嵌入坑底深度 5m 的基坑止水桩,可以保证渗流稳定性的要求,基坑不会出现管涌和流土等渗透破坏现象。

就基坑应力分布来看,不支护或仅采用双排桩支护难以满足稳定性要求,可能导致基坑整体变形过大,从而引起基坑坍塌,丧失整体稳定危及施工安全。因此设计中给出的双排桩 + 冠(拉)梁 +3 排锚索支护措施必须予以严格执行。

就基坑位移分布来看,坑周水平变形和沉降位移基本满足或略超过规范要求。由于模拟中难以考虑到桩间土挂网喷混凝土二次护壁、放坡处挂网喷混凝土支护、坑底截排水等有益基坑稳定和提高安全系数的其他措施,因此认为设计方案可基本满足水平和沉降位移的要求。另外,基坑坑底隆起变形高出规范预警值约一倍,因此在现场开挖时要格外注意坑底的隆起效应,及时施工坑底抗拔桩和基础垫层,并加快上部主体建筑的施工进度。

第 9 章　深基坑支护及降水方案优化研究

深基坑工程是涉及诸如场地环境因素、施工技术因素、岩土性状力学因素在内的复杂系统工程，工程的特点决定了深基坑工程在实施之前难以用较长的时间论证及进行物理模拟试验[100]。况且，设计理论尚不完善，往往是经验性的，比较粗糙，所以设计方案在实施时具有一定盲目性，可靠性较难掌握；设计也未必是最优的，会带来不必要的浪费。因此，开展深基坑方案优化研究，进行优化设计十分必要。通过优化研究，达到缩短设计周期、提高设计质量的目的。与传统设计方法相比，优化设计可节约大量投资，所提供的最优方案也可作为业主对基坑支护工程决策的依据。

深基坑工程按分项工程性质的不同，可划分为支护结构、降排水和土方开挖 3 个子系统。本章分别采用模糊综合评判法和技术经济对比法，开展深基坑支护方案和降排水方案的优化研究，提出合理的优化设计方案。

9.1　基于模糊综合评判法的深基坑支护方案优化研究

9.1.1　引言

深基坑支护方案的优选，受许多因素的影响，其中有许多因素是模糊性的，很难用费用最低的单目标优化准则做出评价。在实际工程中，对于初选出的多个方案往往很难判断哪一个方案更优越。因为每一种方案都有其特点，有的较省钱，有的施工速度快，有的环境影响小，有的安全性好，而这些方面又很难直接进行定量化比较，因而给方案的确定带来了一定的难度。如在地质条件较好的地区，土钉墙与桩锚支护体系是经常采用的形式。单从造价而言，土钉墙要好些，因为它较经济、施工简便；但从安全稳定及对周围环境的影响上来看，土钉墙的优越性不如桩锚结构，因为土钉墙为柔性支护，它允许坡顶有一定的位移，而对于那些坡顶地表位移有严格要求的基坑而言，桩锚支护体系更可靠，可满足坡顶位移要求。

评价一个方案优劣的主要依据是安全性、可行性、施工便捷程度、造价以及环境影响等几个方面。因此，深基坑工程支护方案往往需要多个属性来描述，其方案的优劣评价也相应地需要从多个方面来进行。传统的评价支护方案优劣的定性方法，如专家问卷调查法、加权平均法等，由于包含的主观因素多，评价误差大，可信度不高，因而不能科学、客观、真实地反映深基坑支护方案的优劣程度。我们进行方案优选的实质是实现上述多重目标的最优，由于这些属性中往往具有模糊性，因此，可以用模糊综合评判的方法去评价一个方案的好坏。

9.1.2　深基坑支护方案优选的模糊综合评判法

1）建立因素集

将影响评判对象的各因素组成因素集 $\boldsymbol{U}$，即

$$\boldsymbol{U}=\{u_1,u_2,\cdots,u_m\} \tag{9-1}$$

若每个因素按其性质和程度细分为 n 个等级，可表示为如下的因素等级集：

$$u_i = \{u_{i1}, u_{i2}, \cdots, u_{in}\} \tag{9-2}$$

各因素与各等级之间的关系可视为等级邻域上的模糊子集,即

$$\widehat{\boldsymbol{u}}_i = \frac{\mu_{i1}}{u_{i1}} + \frac{\mu_{i2}}{u_{i2}} + \cdots + \frac{\mu_{in}}{u_{in}} \tag{9-3}$$

其中 $0 \leqslant \mu_{ij} \leqslant 1 (i = 1, 2, \cdots, m; \quad j = 1, 2, \cdots, n)$ 为第 i 个因素的第 j 个等级对该因素的隶属度。

2)建立备择集

因为评判的目的是弄清桥梁修建位置的合理性。为了描述合理的程度取备择集为

$$v = \{\text{很合理,合理,一般,不合理,很不合理}\} \tag{9-4}$$

其数值用百分制表示为: $v = \{95, 80, 70, 55, 40\}$ (9-5)

3)一级模糊综合评判

设第 i 个因素的第 j 个等级的评判为 u_{ij},对备择集中第 k 个方案的隶属度为 $\gamma_{ijR}(i = 1, 2, \cdots, m; j = 1, 2, \cdots, n, k = 1, 2, \cdots, p)$,则第 i 个因素的等级评判矩阵为:

$$\widehat{\boldsymbol{k}}_i = \begin{bmatrix} \gamma_{i11} & \gamma_{i12} & \cdots & \gamma_{i1p} \\ \gamma_{i21} & \gamma_{i22} & \cdots & \gamma_{i2p} \\ \vdots & \vdots & \vdots & \vdots \\ \gamma_{in1} & \gamma_{in2} & \cdots & \gamma_{inp} \end{bmatrix} \tag{9-6}$$

把第 2 个因素的第 j 个等级对该因素的隶属度 $\mu_{ij}(i = 1, 2, \cdots, m; j = 1, 2, \cdots, n)$ 归一化后的值

$$w_{ij} = \frac{\mu_{ij}}{\sum_{j=1}^{n} \mu_{ij}} \quad (i = 1, 2, \cdots, m; j = 1, 2, \cdots, n) \tag{9-7}$$

作为该因素的等级权重。

第 i 个因素的等级权重集为: $w_i = \{w_{i1}, w_{i2}, \cdots, w_{in}\} \qquad (i = 1, 2, \cdots, m)$ (9-8)

按第 i 个因素的各个等级模糊子集进行综合评判得一级模糊评判集为

$$\widehat{\boldsymbol{A}}_i = \widehat{\boldsymbol{w}}_i \widehat{\boldsymbol{k}}_i = (w_{i1}, w_{i2}, \cdots, w_{in}) \cdot \begin{bmatrix} \gamma_{i11} & \gamma_{i12} & \cdots & \gamma_{i1p} \\ \gamma_{i21} & \gamma_{i22} & \cdots & \gamma_{i2p} \\ \vdots & \vdots & \vdots & \vdots \\ \gamma_{in1} & \gamma_{in2} & \cdots & \gamma_{inp} \end{bmatrix} = (a_{i1}, a_{i2}, \cdots, a_{in}) \tag{9-9}$$

以 $a_{ik}(i = 1, 2, \cdots, m; k = 1, 2, \cdots, p)$ 为元素,即得一级模糊综合评判矩阵

$$\widehat{\boldsymbol{A}} = \begin{bmatrix} a_{11} & a_{12} & \cdots & a_{1p} \\ a_{21} & a_{22} & \cdots & a_{2p} \\ \vdots & \vdots & \vdots & \vdots \\ a_{m1} & a_{m2} & \cdots & a_{mp} \end{bmatrix} \tag{9-10}$$

4)二级模糊综合评判

一级模糊综合评判反映了一个因素对评判对象的影响,因此进行二级模糊综合评判时,一级模糊综合评判矩阵 $\widehat{\boldsymbol{A}}$ 为二级模糊综合评判的评判矩阵 $\widehat{\boldsymbol{k}}$,即 $\widehat{\boldsymbol{k}} = \widehat{\boldsymbol{A}}$。为反映各因素影响评判对象的重要程度而建立因素权重,专家根据工程所在地区类别及其作用和影响来

综合决定权重。例如城市桥梁对景观协调性要求比重大，故其权重相应要大于其他因素的权重；再如，高等级公路桥梁对道路线形要求高，权重也大于其他因素的权重，等等。各因素权重组成因素权重集：

$$\widehat{\boldsymbol{w}} = (w_1, w_2, \cdots, w_m) \tag{9-11}$$

各权数应满足归一性条件和非负条件，即

$$\sum_{i=1}^{m} w_i = 1, \quad w_i \geqslant 0 (i = 1, 2, \cdots, m) \tag{9-12}$$

按所有影响因素进行综合评判，便得二级模糊评判集：

$$\widehat{\boldsymbol{B}} = \boldsymbol{wk} = (w_1, w_2, \cdots, w_n) \cdot \begin{bmatrix} a_{11} & a_{12} & \cdots & a_{1p} \\ a_{21} & a_{22} & \cdots & a_{2p} \\ \vdots & \vdots & \vdots & \vdots \\ a_{m1} & a_{m2} & \cdots & a_{imp} \end{bmatrix} = (b_1, b_2, \cdots, b_p) \tag{9-13}$$

以 $b_k(k=1,2,\cdots,p)$ 综合考虑所有因素时，评判对象对备择集中第 k 个方案的隶属度，即为评判对象的评判指标。

5）综合指标体系的确定

为使深基坑支护方案满足最优，选择方案最优为总目标，所在层为目标层 $\boldsymbol{A}$；按安全可行、经济合理、环境保护、施工便捷等基本准则，选取安全性指标 u_1、工程造价指标 u_2、对环境影响指标 u_3、施工工期指标 u_4 这 4 个指标因素，构成准则层 $\boldsymbol{B}$；根据权重合理分配的需要，又将准则层的 4 个指标细分为各个子指标构成指标层 $\boldsymbol{C}$。

（1）安全性指标 u_1。确保工程安全可靠是进行支护方案优化选择的首要前提，不能保证工程安全可靠性的方案是不能作为备选方案的，在方案初选时就应该加以剔除。然而，对于那些能满足安全性基本条件的方案，还需了解该方案对安全性的满足程度。和上部结构相同，深基坑工程设计应满足强度、变形和稳定性验算等基本原则，经过分析，确定影响安全性的因素。

强度 u_{11} 包括支护结构和支撑体系的强度，只有满足强度要求，安全性才有可能得到满足。

变形 u_{12} 包括支护结构和支撑的变形以及土体变形等，过大的变形不仅损害支护结构安全性，严重时还可能引起周围地表沉降、建筑物裂缝、地下管线破坏等。变形主要有三种情况：基坑降水引起周围地面沉降；渗流或桩体倾斜引起墙后土体过大变形；基底土体隆起。三者既有联系，又有区别。

稳定性是针对桩、墙式支护结构的基坑。稳定性验算一般包括基坑边坡整体稳定性 u_{13}、渗流管涌稳定性 u_{14}、隆起稳定性 u_{15}。对有支撑的支护结构，一般入土深度可以满足要求，可不考虑。

（2）工程造价指标 u_2。任何工程设计最终目的都是在满足安全要求的基础上，追求最合理的造价，因此造价就构成了基坑支护方案优选时另一个重要指标。

①支护体系施工费用 u_{21}：支护体系施工费用在整个工程造价中占有很大份额，它包括支护结构及设置支撑（锚）的费用，主要表现为材料费。

②土方开挖费 u_{22}：包括土方开挖及搬运费用，主要表现为人工费及机械台班费。

③施工监测及检测费 u_{23}：施工监测及检测是很重要的项目，对施工的安全顺利进行和基

坑理论研究有重要意义，然而其实施程度一直较差。以前的许多基坑工程都不做或少做监测，其费用目前投入相对较少。

④环保费用及文明施工 u_{24}：包括为达到环境保护目的所采取的措施费、调查费用以及工地安全文明施工费用等。

(3)对环境影响程度 u_3。

①施工对周围居民生活的影响 u_{31}：施工产生的噪声影响居民休息和工作；引起的尘土污染居民生活环境；运输车辆干扰交通路线等。

②施工对周围建筑物和地下管线的影响 u_{32}：包括施工引起的周边建筑物的振动；降水可能引起的建筑物沉降、倾斜甚至开裂倒塌；土体过大变形可能引起的地下管线的挤压变形甚至破坏等影响。

③施工产生的次生灾害影响 u_{33}：如施工可能产生的水土流失，大面积区域性滑坡，降水可能引起的整个地区地表的下沉等。这是个长久的问题，一般人容易忽略。

(4)施工工期 u_4。按施工对象和步骤的不同，施工工期一般可划分为三部分：土方开挖、挡墙、支撑（锚杆）。但许多支护方法，如土钉墙和桩锚支护，其挖土和设置支撑或锚杆同步进行，进行专家评判时很难确定其挖土或设置锚杆的时间长短，给打分带来了不便。因此可以只考虑施工总工期并将之作为评价支护方案的一项指标。

6)指标因素集权重的确定

采用层次分析法计算评价指标体系中的最低层 C（各指标因素）相对于最高层 A（即最优方案）的相对重要性总排序权重。相对于上一层次某元素，作出同层次各因素的相对重要性判断，建立同层次各因素的判断矩阵。

将同层因素之间对于上层某因素的重要性进行评价，构成判断矩阵。具体操作是将层次分析模型确定后，让有经验的专家对各因素的重要性两两比较评分。例如将某一层次的 n 个因素对于上一层的某个因素 A_k 的重要性进行比较，设定两因素 B_i 与 B_j 进行比较，比较结果为 b_{ij}，则 b_{ij}的分值可采用 1－9 标度法，其计算方法如表 9-1 所示。由决策者得出两两因素之间重要程度的比较值 b_{ij}，并构成判断矩阵 $\boldsymbol{A}=[b]_{n\times n}$，其形式如表 9-2 所示。

1－9 标度法 表 9-1

分　值	含　义
1	i 因素与 j 因素同样重要
3	i 因素比 j 因素稍微重要
5	i 因素比 j 因素明显重要
7	i 因素比 j 因素强烈重要
8	i 因素比 j 因素绝对重要
2,4,6,8	i 与 j 两因素比较结果处于以上结果的中间
倒数	若因素 i 与因素 j 的重要性之比为 a_{ij}，那么因素 j 与因素 i 重要性之比为其倒数

判断矩阵 A 的形成 表9-2

A	B_1	B_2	…	B_n
B_1	b_{11}	b_{12}	…	b_{1n}
B_2	b_{21}	b_{22}	…	b_{2n}
⋮	⋮	⋮	⋮	⋮
B_n	b_{n1}	b_{n2}	…	b_{nn}

9.1.3 深基坑支护优化的简化处理

深基坑支护方案优化的关键是支护结构形式的选择。虽然在选取支护结构形式时考虑因素多,方法相对成熟,但其任务量大,过程繁琐,难以满足工程实践所需的操作简便易行的要求。为此,对深基坑支护优选的模糊综合评判方法进行简化处理。

1)优化指标和其权重值的确定

权重的确定方法按隶属度确定方法进行。首先认真对比4个优化指标,利用二元排序方法找出其中最重要的一个指标,即安全性指标,并定义其非归一化权重值为1(即隶属度1)。然后以此为标准,分别与其他指标进行重要性对比。自然语言与文字中形容词的本质特点是模糊性,它是人们运用自己的经验知识对事物进行二元比较的重要手段。为此可以给出关于模糊概念—重要性的10个形容词级差,即11个形容词级别:同样、稍稍、略为、较为、明显、显著、十分、非常、极端、无可比拟地重要,在比较中是逐步加强的。按比较结果的语气算子来确定另3个指标的权重。语气算子与模糊标度、隶属度对应关系见表9-3。

语气算子与模糊标度、隶属度对应关系 表9-3

语气算子	同样		稍稍		略为		较为	
模糊标度值	0.50	0.525	0.55	0.575	0.60	0.625	0.65	0.675
隶属度	1.0	0.905	0.818	0.769	0.667	0.60	0.538	0.481
语气算子	明显		显著		十分		非常	
模糊标度值	0.70	0.725	0.75	0.775	0.80	0.825	0.85	0.875
隶属度	0.429	0.379	0.333	0.29	0.25	0.212	0.176	0.143
语气算子	极其		极端		无可比拟			
模糊标度值	0.90	0.925	0.95	0.975	1.0			
隶属度	0.111	0.081	0.053	0.026	0			

2)指标相对优属度矩阵R的确定

对具体的工程,根据现场的基坑岩土性质、地下水位、基坑深度、周边环境特点等考虑安全性指标对支护结构选型的影响。对于安全性指标 u_1,与确定权重值的方法相同,相对于该指标做出 n 个方案的对基坑支护结构形式影响的重要性排序。定义排序最先的方案的隶属度为1,其他各方案与之对比,按重要性对比评语,根据语气算子与定量标度之间的相对隶属度,确定各个方案对安全性指标的相对优属度向量 γ_1。同理可依次确定 γ_2、γ_3 和 γ_4,然后将之合成为相对优属度矩阵 $\widehat{\boldsymbol{k}}$:

$$\widehat{k}=\begin{bmatrix}\gamma_{11} & \gamma_{12} & \cdots & \gamma_{1p}\\ \gamma_{21} & \gamma_{22} & \cdots & \gamma_{2p}\\ \gamma_{31} & \gamma_{32} & \cdots & \gamma_{3p}\\ \gamma_{41} & \gamma_{42} & \cdots & \gamma_{4p}\end{bmatrix}=(\gamma_1,\gamma_1,\gamma_1,\gamma_1)^{\mathrm{T}}=\gamma_{ij}(\mathrm{i}=1,2,3,4;k=1,2,\cdots,n) \tag{9-14}$$

3）深基坑支护方案优选方程的确定

对于深基坑支护结构，不管采用何种支护形式，相对于安全性、造价、环境影响、工期等指标而言，都具有相同的权重，即 $\widehat{w}=(w_1,w_2,w_3,w_4,)$。因此有

$$w_{ij}=w_i \quad (i=1,2,3,4) \tag{9-15}$$

方案对优的相对隶属度为 μ_j，方案对劣的相对隶属度为 μ_j^c。由于模糊集合理论中的隶属度也可定义为权重，方案 j 以相对隶属度 μ_j 隶属于模糊概念——优，它的距优距离为 d_{jg}。为了完善地表达方案 j 与优等方案的距离，引入加权距优距离 D_{jg} 和加权距劣距离 D_{jb}：

$$D_{jg}=\mu_j d_{jg}=\mu_j\sqrt[p]{\sum(w_{ij}(g_i-\gamma_{ij}))^p} \tag{9-16}$$

$$D_{jb}=\mu_j^c d_{jb}=(1-\mu_j)\sqrt[p]{\sum(w_{ij}(\gamma_{ij}-b_i))^p} \tag{9-17}$$

建立目标函数 $\min F(\mu_j)$，方案 j 的加权距优距离 D_{jg} 与加权距劣距离 D_{jb} 的平方和为最小，即：

$$\min F(\mu_j)=\min(D_{jg}^2+D_{jb}^2) \tag{9-18}$$

令目标函数式的一阶倒数为零，令 $g_i=1,b_i=0,w_{ij}=w_i$，简化得优选方程：

$$\mu_j=\frac{1}{1+\left(\dfrac{\sum\limits_{i=1}^{4}(w_j(1-\gamma_{ij}))^p}{\sum\limits_{i=1}^{4}(w_j\gamma_{ij})^p}\right)^{\frac{2}{p}}} \tag{9-19}$$

其中 p 为距离参数，$p=1$ 为海明距离，$p=2$ 为欧氏距离。方案为最优时，$\mu_j=1$，即对优的相对隶属度为1；方案为最劣时，$\mu_j=0$，即对优的相对隶属度为0；μ_j 越接近于1，方案越优。

9.1.4 工程实例

沈阳东大国际中心基坑支护及降水工程，位于沈阳市和平区中山路与和平大街交汇处，东临九经街，西临和平大街，南临中山路，北临启玉巷。基坑支护周边长度约为380m，地上主楼45层，地下室4层，基底埋深平均为－23.0m。现对其支护方案进行模糊综合评判优选。

初选3种备选方案作为该基坑支护设计方案：

①桩锚支护；②地下连续墙；③土钉墙支护。

确定基坑支护因素集的权重，整理为：

$a_1'=(0.251,0.114,0.007,0.041,0.041)$

$a_2'=(0.158,0.104,0.032,0.016)$；

$a_3'=(0.023,0.087,0.01)$；

$a\ =(a_1,a_2,a_3,a_4)(0.517,0.31,0.12,0.053)$。

深基坑支护方案优选的模糊评判，按与基坑变形控制等级相同的方法。评语集为（优，良，中，差，劣），对应的等级矩阵（即评语量化分值）为 $C=(5,4,3,2,1)$。专家组评判结果经整理为：

$$\widehat{k}_{11}=\begin{bmatrix}0.8&0.2&0&0&0\\0.6&0.4&0&0&0\\0.4&0.6&0&0&0\\0&1&0&0&0\\0.4&0.6&0&0&0\end{bmatrix};\widehat{k}_{12}=\begin{bmatrix}0&0.8&0.2&0&0\\0.2&0.6&0.2&0&0\\0.2&0.6&0.2&0&0\\0.2&0.6&0.2&0&0\end{bmatrix};\widehat{k}_{13}=\begin{bmatrix}0&0&0.2&0.2&0\\0&0.8&0.2&0&0\\0&0.6&0.4&0&0\end{bmatrix};$$

$\widehat{k}_{14}=[0\quad 0.8\quad 0.2\quad 0\quad 0]$；

$$\widehat{k}_{21}=\begin{bmatrix}1&0&0&0&0\\1&0&0&0&0\\0.8&0.2&0&0&0\\0.8&0.2&0&0&0\\0.6&0.2&0.2&0&0\end{bmatrix};\widehat{k}_{22}=\begin{bmatrix}0&0&0&0.4&0.6\\0.2&0.2&0.4&0&0.2\\0.2&0.2&0.6&0&0\\0.2&0&0.8&0&0\end{bmatrix};\widehat{k}_{23}=\begin{bmatrix}0&0.4&0.4&0.2&0\\0.4&0.6&0&0&0\\0.4&0.4&0.2&0&0\end{bmatrix};$$

$\widehat{k}_{24}=[0.4\quad 0.4\quad 0.2\quad 0\quad 0]$；

$$\widehat{k}_{31}=\begin{bmatrix}0.2&0.2&0.6&0&0\\0&0.2&0.8&0&0\\0.2&0.2&0.6&0&0\\0&0.2&0.8&0&0\\0.2&0.4&0.4&0&0\end{bmatrix};\widehat{k}_{32}=\begin{bmatrix}0.6&0.2&0.2&0&0\\0&0.2&0.8&0&0\\0.2&0.4&0.4&0&0\\0.2&0.6&0.2&0&0\end{bmatrix};\widehat{k}_{33}=\begin{bmatrix}0.4&0.2&0.4&0&0\\0&0.2&0.6&0.2&0\\0&0.6&0.4&0&0\end{bmatrix};$$

$\widehat{k}_{14}=[0\quad 0.2\quad 0.8\quad 0\quad 0]$。

据 $k_{ij}=a'_j\cdot\widehat{k}_{ij}$，有：

$k_{11}=a'_1\cdot\widehat{k}_{11}=(0.3136,0.2034,0.0082,0.0082,0)$；

$k_{12}=a'_2\cdot\widehat{k}_{12}=(0.03.4,0.2176,0.0620,0,0)$；

$k_{13}=a'_3\cdot\widehat{k}_{13}=(0,0.0894,0.0260,0.0046,0)$；

$k_{14}=a'_4\cdot\widehat{k}_{14}=(0,0.80000,0.2000,0,0)$。

$$则:\widehat{k}_1=\begin{bmatrix}k_{11}\\k_{12}\\k_{13}\\k_{14}\end{bmatrix}=\begin{bmatrix}0.3136&0.2034&0.0082&0.0082&0\\0.0304&0.2176&0.0620&0&0\\0&0.0894&0.0260&0.0046&0\\0&0.8000&0.2000&0&0\end{bmatrix},$$

$b_1=a\cdot\widehat{k}_1=(0.1716,0.2257,0.0372,0.0048,0)$，$C=(5,4,3,2,1)$，$W_1=b_1C^{\mathrm{T}}=1.8820$

$$同理,\widehat{k}_2=\begin{bmatrix}k_{21}\\k_{22}\\k_{23}\\k_{24}\end{bmatrix}=\begin{bmatrix}0.4784&0.0304&0.0082&0&0\\0.0304&0.0272&0.0736&0.0632&0.1156\\0.0388&0.0654&0.0112&0.0046&0\\0.4000&0.6000&0&0&0\end{bmatrix}$$

$b_2=a\cdot\widehat{k}_2=(0.256,0.0638,0.0284,0.0201,0.0358)$，$W_2=b_2C^{\mathrm{T}}=1.6794$

$$\widehat{k}_3=\begin{bmatrix}k_{31}\\k_{32}\\k_{33}\\k_{34}\end{bmatrix}=\begin{bmatrix}0.0724&0.1116&0.3330&0&0\\0.1044&0.0748&0.1308&0&0\\0.0092&0.0280&0.0654&0.0176&0\\0&0.2000&0.8000&0&0\end{bmatrix}$$

$b_3 = a \cdot \hat{\boldsymbol{k}}_3 = (0.0709, 0.0948, 0.2630, 0.0201, 0)$，$W_3 = b_3 C^{\mathrm{T}} = 1.5269$

由于 $W_1 > W_2 > W_3$，则方案 1 为最优方案。

9.1.5 小结

本节建立了完整的深基坑支护方案优选模糊综合评判法。并通过现场工程的模糊评判实例分析，确定了桩锚支护的工程优化方案，达到了安全可行、经济合理、环境保护、施工便捷的目的。模糊综合评判优选是一种较科学的方法，用于具有极大模糊性的深基坑工程中是合理、有效的。

9.2 基于技术经济对比的深基坑降水方案优化研究

9.2.1 引言

在地铁深基坑开挖的过程中，如何控制好地下水是确保基坑安全施工的关键。地铁是对变形要求极严格的设施，在基坑开挖前选择合理的降水方案，预测开挖降水的不同阶段、考虑不同施工工况下地面沉降量及对基坑结构的影响，采取积极有效的防护措施是十分重要的。

沈阳市地铁一号线工程采用全地下、浅埋敷设线路的方式，基坑深度在 12 ~ 17m 之间。根据地质详勘资料，沈阳市地层基本为高渗透性的砾砂、粗砂地层，地下水位埋深位于地面下 8m 左右，因此全线所有地下工程底板均在地下水位以下，有的甚至达到水位下 10m。

因此，在沈阳这种地下水丰富、高渗透性地层中修建地铁，如何处理好施工期间地下水的影响，将是关系到地铁基坑工程建设成败的关键问题，这也是本次关于降水方案专题研究的首要任务。

降水方案涉及水位降深、布井方式、降水量、降水时间、排水方式、排水能力、降水效果、施工工期、施工风险等各种因素。但是在相同的地质条件和周边环境下，能够达到目的的技术方案不止一个。因此，必须对多种方案结合地质、场地条件，综合考虑安全、质量、工期、经济等因素进行分析，对比研究各方案的优劣，选择安全、适用、经济的方案。

本节根据沈阳地铁全线各段水文地质特征等情况，在线路西部、中部、东部分别选择了黄海路站、青年大街站、津桥路站作为代表性工点，开展降水方案优化研究。

9.2.2 地铁深基坑降水方法分类

随着我国经济建设的快速发展，城市建设和城市规模得到了迅速扩大，交通拥挤、出行困难的问题日渐突出。为了缓解日益增大的地面交通压力，北京、上海、广州、天津、南京、深圳等国内大城市均修建了地下铁道，对城市发展起到了很好的促进作用，也为其他城市修建地铁积累了较为丰富的建设经验。

从各城市修建地铁工程实践来看，关于深基坑降水方面，各城市根据各自不同的工程地质和水文地质条件，不同的地理和城区位置，选择了不同的降水方案。归纳起来主要有 3 种方案。

(1)坑内降水方案。基坑围护结构采用地下连续墙、钻孔咬合桩、挖孔咬合桩单层结构，挡土、截水功能合一。或基坑采用围护桩(钻、挖)与截水帷幕联合作用，帷幕截水，围护桩承载。降水井在基坑内梅花形均匀布置，采用管井群井降水。

这种方案适用于软土、黏土或富水砂层中明挖修建的车站和区间。上海地铁一号线工程最早成功使用,其后在广州、深圳、南京、天津均被采用,在控制坑外地表沉降、减少排水量等方面积累了较为成熟的应用经验。

(2)坑外降水方案。基坑围护结构采用钻孔桩、挖孔桩单层结构,降水井在基坑外沿围护结构布置,采用管井群井降水,必要情况下采用深井回灌技术。

这种方案适用于富水砂层采用浅埋暗挖法施工的车站和区间。以北京1号线地铁最早成功采用,其后在北京的各条地铁线建设中均采用这种降水方案,同样取得了较为理想的效果,也积累了成功的经验。

(3)堵水方案。堵水方案是采用注浆、冷冻、搅拌、旋喷等方法将基坑或洞体周边进行隔水封闭的方案。对明挖方案可以通过两侧垂直帷幕和基底水平帷幕的形式进行封闭;对于浅埋暗挖方案,可以采用洞体周围注浆形成隔水帷幕的形式进行封闭。

堵水方案在国内还没有作为主方案进行大范围采用的先例。只有局部降水效果不好或降水条件不具备时采用堵水方案。此种方案作为一种辅助措施在北京、广州等城市均有所采用。

9.2.3 黄海路站降水方案

1)工程概况

(1)车站概况。黄海路站位于太湖街与黄海路交叉口附近,沿太湖街呈南北向布置,车站跨路口设置。黄海路是于洪区的政治、经济、文化中心,该站地理位置较重要。车站西北面为于洪区公路巡回法院,东南面为于洪区人民检察院。在东北面的于洪区百货公司西侧是5层的办公建筑,西南方是两栋5层住宅及停产的沈阳建设机械总公司第一机床厂。

沿太湖街与黄海路尤其是黄海路地下管线较多,沿太湖街车站上方有1根6孔×1混凝土通信电缆和1根ϕ500mm混凝土污水管;沿黄海路主要有3根ϕ800mm、ϕ900mm、ϕ1000mm污水管、1根铁ϕ300mm给水管及电力和电信管线等。

本站为地下双层岛式站,站台宽度为10m。车站主体结构尺寸为:长179.8m,宽18.5m。车站底板埋深约16.8m,顶板覆土约4.0m。

车站设东北、东南、西南及西北等4个通道及出入口;车站设西南、西北2处风道及风井。

车站主体基坑采用ϕ1000mm@1200mm钻孔桩加截水帷幕。车站的通道及出入口、风道及风井结构可采用SMW工法作为基坑的围护结构。

(2)水文地质条件。本站区的地下水上部为孔隙潜水,下部为承压水,补给来源主要为大气降水与地表径流。水位随季节影响而有所变化,年变幅2.2m。地下水水温为10.5~16.0℃,潜水与承压水存在水力联系。

上部孔隙潜水主要含水层为中粗砂层,含水层厚1.0~4.2m,水位一般埋深在5.0~7.0m;下部为承压水,主要含水层为粉细砂、中粗砂、砾砂层,含水层最大厚度为24.5m,稳定水位埋深为12.14m,承压水头8.36m。两层水的综合渗透系数为57m/d。

地下水(潜水、承压水)对混凝土无腐蚀性,对钢筋混凝土结构中的钢筋具弱腐蚀性,对钢结构具弱腐蚀性。环境土对混凝土无腐蚀性,对钢筋混凝土结构中的钢筋无腐蚀性,对钢结构具弱~中等腐蚀性。

(3)地下水影响分析。根据勘察报告,场区有两层地下水,粉质黏土(⑤-1)层为两层水之间的隔水层。

第一层水赋存于第四系全新统(Q_4^2)冲积中粗砂(③-4)层中,属第四系松散岩类孔隙潜水,初见水位埋深4.86~7.80m,潜水稳定水位埋深一般为5.00~7.00m,含水层厚度一般为1.00~3.00m,最大厚度4.20m,水温10.5~16.0℃。地下水流向南偏西44°。施工时,这部分地下水需要进行封堵,然后进行疏干。

第二层水赋存于第四系上更新统(Q_3^2)冲洪积粉细砂、中粗砂、砾砂层及第四系中更新统(Q_2)冲洪积中粗砂、砾砂层中,属第四系松散岩类孔隙承压水,含水层层顶埋深一般为19.90~23.70m,揭示含水层最大厚度24.50m。据ZX-0118号孔实测稳定水位埋深12.14m(高程25.14m),承压水头8.36m,水温12℃。施工时,这部分地下水为承压水,对基槽地基影响很大,因此需要考虑减压降水。

地下水的补给来源主要为侧向径流及大气降水,以人工开采为主要排泄方式。

2)降水方案设计

(1)坑内降水方案。车站主体及附属工程均采用具有止水功能的围护结构形式,根据地质条件,车站主体基坑采用直径1000mm@1200mm的钻孔桩+止水帷幕。坑内设降水井进行降水。坑内降水方案可减少降水的总出水量,缩小降水的影响范围,减小坑外水位下降及相应地面沉降。

①基坑内降水排水量计算。黄海路站,车站主体结构底板16.86m,设计水位埋深16.86+1.0=17.86m,第二层承压水埋深12.14m,即设计降水降深值为17.86-12.14=5.72m。

车站土建设计参数:长179.8m,宽18.5m,面积4214.6m²。

根据本站水文地质条件及车站围护结构形式,第一层潜水四周设有竖向止水帷幕,施工期间仅疏干就行,疏干量为15633m³。第二层为承压水,基坑底部位于承压水顶面附近,基底以下为约3m厚的粉质黏土相对隔水层,根据计算不满足坑底突涌破坏条件,因此需要设置坑内降水井进行减压降水。根据达西定律,按以下公式进行计算:

$$Q_{总}=KabS/R=10892.6\text{m}^3/\text{d}$$

式中:a——基坑边长(179.8m);

b——基坑宽度(18.5m);

S——设计降深(6.13m);

K——地层渗透系数,$K=57$m/d;

R——降水影响半径,按抽水试验值106.7m计算。

②单井出水量计算。设单位长度过滤器时单井出水量为q_0,降水井井径为ϕ600mm,井管管径为ϕ400mm,计算$q_0=290\text{m}^3/\text{d}$。

考虑单井出水能力和控制井间距,设计方案如下:

车站主体基坑:额定单井出水量$q=390\text{m}^3/\text{d}$,所需降水井数量$n=1.2Q/q\approx35$眼。

③降水设计参数。根据以上理论计算初步确定的设计参数为基础,以车站主体地下结构施工范围内的槽底任意点处水位降深大于设计降深为约束条件,利用群井抽水计算模型,经计算比较,降水方案为:

车站主体基坑内设35孔大口井进行降水,降水井间距10m,降水井深度约22m,梅花形布置,单井出水量390m³/d。

车站附属工程(风道及风井、通道及出入口)的坑内降水设计原理与车站相同。黄海路站降水设计参数见表 9-4。

黄海路站降水设计参数表　　表 9-4

位　置	井类型	井径(mm)	管井(mm)	井管类型	井深(m)	井间距(m)	滤料(mm)	井数
车站主体	非完整井	600	400/50	无砂水泥管	22	≤10	3～15	35
1 号风亭	非完整井	600	400/50	无砂水泥管	22	≤8	3～15	3
2 号风亭	非完整井	600	400/50	无砂水泥管	15.5	≤8	3～15	4
通道及出入口	非完整井	600	400/50	无砂水泥管	15.5	≤8	3～15	12

④排水设计方案。由于本站采用明挖法施工，车站主体、风道及风井、通道及出入口等均可采用明排。设计排水管主管(集水管)采用 ϕ219mm×4mm 的钢管，支管采用 ϕ89mm 的钢管。出水管和主管用单向阀连接，防止停泵时水倒流。本站布置 6 个排水口，保证站内的水同时排放。

(2)堵水方案

①竖向止水帷幕设计。根据环境条件，车站主体基坑围护结构外采用 950mm 厚水泥搅拌桩作为竖向止水帷幕，竖向止水帷幕设置在第一层潜水和第二层承压水到围护结构底部。

根据本站的工程和水文地质条件，车站基坑底部约 3m 以下为第二层承压水，根据承压水水头，基底以下 3m 粉质黏土隔水层不满足坑底突涌破坏条件，因此，需要在坑底以下一定深度处设置水平止水帷幕，并与竖向止水帷幕组成封闭式止水帷幕。

②水平止水帷幕设计。水平止水帷幕按照坑底突涌破坏条件进行设计，根据计算水平止水帷幕底板埋深为 21.86m，水平止水帷幕厚 2.0m。水平止水帷幕的施工采用压力灌浆法。

封闭式止水帷幕方案仅需在基坑内设置较少的降水井进行基坑内疏干排水，本站疏干排水量 15633m^3。坑内设置 18 眼降水井，疏干时间 10 天。

(3)坑外降水方案

①基坑排水量预测

a. 上层潜水排水量预测。排水目的是降低地下水位，保证基坑无水作业。设计排水水位在工程底板下 1.0m，降水深度 = 工程底板埋深(16.678m) + 1.0m − 潜水位埋深 = 10.05m。潜水含水层底板埋深为 8.0m，说明对上部潜水含水层进行全部疏干，降深值为含水厚度，即 8.0m − 6.0m = 2.0m。

$$Q_{断}\frac{6\cdot K\cdot(a+b)\cdot S}{R}=2809.95\text{m}^3/\text{d}\text{(井壁进水计算公式)}$$

$$Q_{疏}=\frac{\pi(H^2-h^2)[(R/3)^2-r^2]}{4\cdot\lambda\cdot H(\lg(R/3)-\lg r)}\cdot\mu\text{(疏干量计算公式)}$$

λ 取 0.8，μ 取 0.3，水量为 1214.56m^3，按 10 天疏干，则每天疏干量为 121.5m^3/d。

上层潜水排水量为：

初期　2809.95m^3/d + 121.5m^3/d = 2931.45m^3/d

后期　2809.95m^3/d

b. 下层承压水排水量预测。

降深值的确定：工程底板埋深(16.678m + 1.0m) − 承压水水位埋深 11.89m = 5.78m

则下层承压水排水量为：$Q_{断}=\frac{6\cdot K\cdot S[(a+b)S+a\cdot b]}{R}=19583.74\text{m}^3/\text{d}$

$$Q_{断(井壁)} = \frac{6 \cdot K \cdot (a+b)S^2}{R} = 3460.4\text{m}^3/\text{d}$$

基坑总涌水量：

初期　2931.45m^3/d + 19583.74m^3/d = 22515.19m^3/d

后期　3460.4m^3/d + 2809.95m^3/d = 6270.4m^3/d

②降、排水方案

a. 管井布设。

井间距：10～15m；

井数：(179.8 + 18.5) × 2 ÷ 10 + 1 = 40 眼，沿基坑周边布置；

凿井井径：800mm；

井管直径：426mm；

井深：30.0m；

设计出水量：562.7m^3/d；

扬程：25.0m；

泵型：150QJ(R)25 - 3916；

匹配电机：YQS(u)150 - 4(4KM)；

装机总容量：120kW。

b. 排水。根据建筑给水排水工程设计要求，城市污水管道、雨水管道的充满度、流速规定如下：金属管线最大充沛流速小于等于 10m/s；非金属管线最大充沛流速小于等于 5m/s。

最大设计充沛度：管径小于等于 300mm 时为 0.6，管径等于 400mm 时为 0.7，管径大于 400mm 时为 0.75；雨水管的充满度一般按满流计算。

根据上述原则，对黄海路站区及其周围、对排水管线进行了实地调查，调查结果表明：黄海路站区及其周围、排水主管线有两条，其一污水排线，其二雨水主排线，排水走向均由北向南。基坑降水排向选定雨水主排线，具体由 W69 排水入口，最后归入 W364 排水口，余排面积 0.578m^2，余排量 1.734m^3/s(149817.6m^3/d)。

前已述及该基坑最大排水量为 22515.19m^3/d，只占余排量的 15.0%，完全可满足要求。

9.2.4　青年大街站降水方案

1)工程概况

(1)车站概况。青年大街站位于十一纬路与青年大街交叉路口，沿十一纬路呈东西向布置，车站西北角为沈阳市委，西南角为 32 层高的上海浦东发展银行，东北角和东南角均为多栋 5～7 层住宅楼。该站处于本市繁华地带，路面交通繁忙。该站为一号线与二号线十字形换乘站，一号线在上，二号线在下。

车站范围地下管线密集，主要分布在青年大街和十一纬路下，沿十一纬路分布的管线有铁 ϕ300mm 燃气管、铁 ϕ300mm 给水管、混凝土 6 孔 × 2 通信管、塑料 16ϕ100mm 通信管、混凝土 4 孔 × 1 通信管、铁 ϕ200mm 给水管、混凝土 ϕ350mm 污水管、铁 ϕ400mm 给水管及 20ϕ150mm 电力管，沿青年大街分布的管线有铁 ϕ100mm 给水管、混凝土 2.1m × 1.9m 污水渠、2ϕ30mm 通信缆、铁 ϕ500mm 给水管、混凝土 6 孔 × 2 通信管、12ϕ150mm 电力管、混凝土 2.0m × 1.65m 污水渠、钢 ϕ300mm 燃气管、铁 ϕ300mm 燃气管、混凝土 ϕ600mm 给水管及铁 ϕ300mm 给水管。

车站主体结构尺寸为：长 186.8m，宽 20.5m。车站底板埋深约 17.2m，顶板覆土约 4.48m。

车站设东北、东南、西南及西北 4 个通道，西南通道分别沿十一纬路和青年大街设 2 个出入口，其余通道各设 1 个出入口；车站设东南、西北 2 个风道及风井。

该站主体基坑深度约 17.2m，换乘节点处基坑深度约 25m，车站主体基坑采用 800mm 厚地下连续墙（换乘接点部分采用 1000mm 地下墙）。车站的通道及出入口、风道及风井结构的围护结构，由于基坑较浅为 10m 左右，可采用 SMW 工法施作基坑开挖的围护结构。

（2）水文地质条件。本站区的地下水主要为孔隙潜水，局部有上层滞水。补给来源主要为大气降水与地表径流。水位随季节影响而有所变化，年变幅 2.13m。地下水水温为 14.0 ~ 15.0℃。

潜水主要含水层为砂类土、碎石类土层，含水层揭示厚度较大，为 21.07 ~ 39.30m，水位一般埋深在 4.6 ~ 5.7m；含水层的渗透系数为 100m/d。

地下水对混凝土无腐蚀性，对钢筋混凝土结构中的钢筋具弱腐蚀性，对钢结构具弱腐蚀性。环境土对混凝土无腐蚀性，对钢筋混凝土结构中的钢筋具弱腐蚀性，对钢结构具弱腐蚀性。

（3）地下水影响分析。根据勘察报告，地下水类型为孔隙潜水，地下水位较高，施工时应注意对围护结构及基底的影响。

2）降水方案设计

（1）坑内降水方案

①基坑内降水排水量计算。青年大街站车站主体结构底板埋深 17.44m，设计水位埋深 17.44 + 1.0 = 18.44m，即设计降水降深值为 18.44 − 6.0 = 12.44m。

车站土建设计参数：长 186.8m，宽 20.5m。

车站主体基坑四周设置有阻水功能的支护结构，但因潜水层很厚，其插入深度达不到含水层底板，故基坑内涌水量为基坑外围绕过围护结构底端渗流入坑内的总水量，按以下公式进行计算：

$$Q_{总} = KBH(M - \mathrm{h})/\eta(b + M + T) = 16216\mathrm{m}^3/\mathrm{d}$$

式中：B——基坑边长（191.8m）；

H——静止水位与设计降低水位之差（12.44m）；

M——含水层厚度（非完整井时仅计算到降水有效带）（23.09m）；

h——静止水位至挡墙底端深度（18.94m）；

T——设计降低水位至挡墙底端深度（6.5m）；

b——支护挡墙厚度（0.8m）；

η——经验系数，暂取 2.0。

②单井出水量计算。考虑单井出水能力和控制井间距，设计方案如下：

车站主体基坑：额定单井出水量 $q = 500\mathrm{m}^3/\mathrm{d}$，所需降水井数量 $n = 1.2Q/q \approx 39$ 眼。

③降水设计参数。车站主体基坑内设 39 孔大口井进行降水，降水井间距 10m，降水井深度约 23m，梅花形布置。单井出水量 $500\mathrm{m}^3/\mathrm{d}$。青年大街站降水设计参数见表 9-5。

④排水设计方案。由于本站采用盖挖法施工，车站主体基坑采用暗排，风道及风井、通道及出入口可采用明排。设计排水管主管（集水管）采用 ϕ219mm × 4mm 的钢管，支管采用 ϕ89mm 的钢管。出水管和主管用单向阀连接，防止停泵时水倒流。本站布置 8 个排水口，保

证站内水同时排放。

青年大街站降水设计参数表　　表 9-5

位　置	井类型	井径(mm)	管井(mm)	井管类型	井深(m)	井间距(m)	滤料(mm)	井数
车站主体	非完整井	600	400/50	无砂水泥管	23	≤10	3～15	39
2 号风亭	非完整井	600	400/50	无砂水泥管	23	≤8	3～15	4
1 号风亭	非完整井	600	400/50	无砂水泥管	16.5	≤8	3～15	5
通道及出入口	非完整井	600	400/50	无砂水泥管	16.5	≤8	3～15	12

(2)堵水方案

①竖向止水帷幕设计。根据环境条件,车站主体基坑围护结构采用 800mm 厚地下连续墙,同时可以作为竖向止水帷幕。

根据本站的工程和水文地质条件,基坑位于透水性较大的砾砂、圆砾、中粗砂的地层中,地下水位较高,止水帷幕(地下连续墙)的深度远小于透水层的延伸深度,不能达到止水的目的。因此,需要在坑底以下一定深度处设置水平止水帷幕,并与竖向止水帷幕组成封闭式止水屏障。

②水平止水帷幕设计。水平止水帷幕按照坑底突涌破坏条件进行设计。根据计算,水平止水帷幕底板埋深为 28.8m,水平止水帷幕厚 6.35m,地下连续墙(竖向止水帷幕)嵌入水平止水帷幕 2.5m。

水平止水帷幕的施工采用压力灌浆法。

封闭式止水帷幕方案仅需在基坑内设置较少的降水井进行基坑内疏干排水,本站疏干排水量 67433m^3。坑内设置 19 眼降水井,疏干时间 10 天。

(3)坑外降水方案

①基坑涌水量预测。用全断面和侧壁断面进水进行计算:

$$Q_{全断面} = \frac{6 \cdot K \cdot S[(a+b) \cdot s + a \cdot b]}{R} = 29266.2\text{m}^3/\text{d}$$

$$Q_{井壁} = \frac{6 \cdot K \cdot (a+b) \cdot S^2}{R} = 12120.4\text{m}^3/\text{d}$$

②降、排水方案

a. 管井布设。

井间距:10～15m;井数:40 眼,沿基坑围边布设;

井径:800mm;井管直径:426mm;井深:30m;

设计单井出水量:732m^3/h,扬程:30.0m;

泵型:150QJ ® 25－39/6;匹配电机:YQS(U)150－4(4KW);装机容量:4×40＝160kW。

b. 排水。据对青年大街站区及其周围现有市政排水设施的调查结果,主要是有条暗渠,呈南北向,沿青年大街展布,最后流入南运河。主要是接纳雨水,是本次降水工程的理想排放处。

除此之外,还有雨污水排水管道可供使用,完全可以保证降水排水量的顺利排除。

9.2.5　津桥路站降水方案

1)工程概况

(1)车站概况。津桥路站位于津桥路与小东路交叉路口,沿小东路呈东西向布置,与津桥路交汇后的小东路(珠林路)拓宽为双向8车道,是沈阳市东北—西南向干道,现状地面交通繁忙,车流密度较大。站址范围小东路两侧的建筑比较密集,车站西南端未经拓宽的道路红线之间的距离仅有22m,车站北侧及东南端基本为新建(或改建)建筑,道路没有成规模的绿化区。车站北侧为大东电影院及4栋多层建筑,东南面为沈阳市艺术幼儿教育学院、天阔商城写字楼,西北面是大东区小东第四小学、沈阳市群众艺术馆、锦龙大厦,周围除原有住宅区外,部分废旧厂区正改建为住宅小区。

车站范围地下管线主要分布在小东路及津桥路下,主要有塑料9ϕ100mm通信管、2根铁ϕ300mm燃气管、塑料6ϕ100mm通信管、铁ϕ400mm给水管、混凝土6孔×1加塑料6ϕ100mm通信管、混凝土ϕ600mm污水管、2根钢ϕ720mm热力管、铁ϕ300mm燃气管、16ϕ200mm电力管沟、预应力混凝土ϕ1200mm给水管、塑料12ϕ100mm通信管、铁ϕ300mm燃气管及塑料12ϕ100mm通信管。

本站为地下双层岛式站,站台宽度为10m。车站主体结构尺寸为:长181.1m,宽度18.5m。车站底板埋深约16.85m,顶板覆土约4.1m。

车站共设东北、东南及西北等3个通道、4个地面出入口。东北出入口沿珠林路方向设置,西北通道沿津桥路两侧设2个出入口,并预留西南通道接口条件。车站设置了东北、西南2处风道及风井。

该站主体基坑深度约16.85m,车站主体基坑采用ϕ1000mm@1200mm钻孔桩加止水帷幕或800mm厚地下连续墙。车站的通道及出入口、风道及风井结构位于道路两侧,基坑深约10m,围护结构采用SMW工法。

(2)水文地质条件。本站区的地下水主要为孔隙潜水,局部有上层滞水,补给来源主要为大气降水与地表径流。水位随季节影响而有所变化,年变幅2.13m。地下水水温为14.0~15.0℃。

潜水主要含水层为砂类土、碎石类土层。含水层揭示厚度较大,为21.07~39.30m,水位一般埋深在6.0~6.8m;含水层的渗透系数为116m/d。

地下水对混凝土无腐蚀性,对钢筋混凝土结构中的钢筋具弱腐蚀性,对钢结构具弱腐蚀性。环境土对混凝土无腐蚀性,对钢筋混凝土结构中的钢筋具弱腐蚀性,对钢结构具弱腐蚀性。

(3)地下水影响分析。根据勘察报告,地下水类型为孔隙潜水,地下水位较高,施工时应注意对围护结构及基底的影响。

2)降水方案设计

(1)坑内降水方案

①基坑内降水排水量计算。津桥路站,车站主体结构底板高程17.06m,设计水位埋深17.06+1.0=18.06m,即设计降水降深值为18.06-6.0=12.06m。

车站土建设计参数:长181.1m,宽18.5m,面积4050m^2。

基坑内涌水量按以下公式进行计算:

$Q_{总}=KBH(M-h)/\eta(b+M+T)=14708\text{m}^3/\text{d}$

②单井出水量计算。设计方案如下:

车站主体基坑:额定单井出水量$q=500\text{m}^3/\text{d}$,所需降水井数量$n=1.2Q/q\approx36$眼。

③降水设计参数。车站主体基坑内设36眼大口井进行降水,降水井间距10m,降水井深度约23m,梅花形布置,单井出水量500m^3/d。津桥路站降水设计参数见表9-6。

津桥路站降水设计参数表　　表 9-6

位　置	井类型	井径(mm)	管井(mm)	井管类型	井深(m)	井间距(m)	滤料(mm)	井数
车站主体	非完整井	600	400/50	无砂水泥管	22	≤10	3～15	36
1 号风亭	非完整井	600	400/50	无砂水泥管	22	≤8	3～15	4
通道及出入口	非完整井	600	400/50	无砂水泥管	15.5	≤8	3～15	16

④排水设计方案。由于本站采用明挖法施工，车站主体、风道及风井、通道及出入口等均可采用明排。设计排水管主管(集水管)采用 ϕ219mm×4mm 的钢管，支管采用 ϕ89mm 的钢管。出水管和主管用单向阀连接，防止停泵时水倒流。本站布置 6 个排水口，保证本站的水同时排放。

(2)堵水方案

①竖向止水帷幕设计。根据环境条件，车站主体基坑围护结构采用 800mm 厚地下连续墙，同时可以作为竖向止水帷幕。

根据本站的工程和水文地质条件，基坑位于透水性较大的砾砂、圆砾、中粗砂的地层中，地下水位较高。止水帷幕(地下连续墙)的深度远小于透水层的延伸深度，不能达到止水的目的，因此，需要在坑底以下一定深度处设置水平止水帷幕，并与竖向止水帷幕组成封闭式止水帷幕。

②水平止水帷幕设计。水平止水帷幕按照坑底突涌破坏条件进行设计。根据计算，水平止水帷幕底板埋深为 28.06m，水平止水帷幕厚 6.2m，地下连续墙(竖向止水帷幕)嵌入水平止水帷幕 2.5m。

水平止水帷幕的施工采用压力灌浆法。

封闭式止水帷幕方案仅需在基坑内设置较少的降水井进行基坑内疏干排水。本站疏干排水量 54918m^3，坑内设置 18 眼降水井，疏干时间 10 天。

(3)坑外降水方案

①基坑涌水量预测。用全断面和侧壁断面进水进行计算：

$$Q_{\text{全断面}} = \frac{6 \cdot K \cdot S[(a+b) \cdot S + a \cdot b}{R} = 35933.5\text{m}^3/\text{d}$$

$$Q_{\text{井壁}} = \frac{6 \cdot K \cdot (a+b) \cdot S^2}{R} = 14473.0\text{m}^3/\text{d}$$

②降、排水方案

a. 管井布设。

井间距：10～15m；井数：40 眼，沿基坑周边布置。

井径：800mm；井管直径：426mm；井深：32.0m。

设计单井出水量：900m^3/d；扬程：30.0m。

泵型：150QJ(R)25－39/6；匹配电机：YQS(u)150－4(KKW)；装机总容量：4×40＝160kW。

b. 排水。对津桥路站区及其周围排水管线进行实地调查。调查结果表明，津桥路站区及其周围有较好的排水系统，排放口(雨水、污水接纳口)有 8 处。据基坑位置及排水干管排布，初步选定 W105 和 W350 两个排水口，其中 W105 余排面积 0.378m^2，余排量 9.38×10^{4}m^3/d；

W350余排面积0.196m^2,余排量5.0×10^{4}m^3/d。总计可用于排水总量为14.8×10^{4}m^3/d,而基坑最大排水量为35933.5m^3/d,仅占余排量的为24%,可以适应排水需要。

9.2.6　降水方案经济比较

分坑内降水、堵水、坑外降水3个方案,按黄海路站、青年大街站、津桥路站分别编制降水方案投资估算,见表9-7。

降水方案投资估算汇总表　　表9-7

工点＼方案	坑内降水方案	坑外降水方案	堵水方案
黄海路站	3 834.43	4 076.7	3 526.1
差值	0	242.27	-308.3
青年大街站	4 430.1	4 823.9	4 492.0
差值	0	387.7	55.8
津桥路站	3 111.1	3 469.0	3 196.8
差值	0	457.9	24.9

降水方案经济比较分别见表9-8～表9-10。

黄海路站各降水方案工程量及费用比较表　　表9-8

序号	项　目	单位	数　量			费　用　(元)		
			坑内降水	堵水	坑外降水	坑内降水	堵水	坑外降水
一	围护结构					33 324 666	33 324 666	31 862 380
	土方开挖	m^3	62 058	62 058	62 058	3 689 522	3 689 522	3 689 522
	土方回填	m^3	14 988	14 988	14 988	617 068	617 068	617 068
	横撑	t	1 250.10	1 250.10	1 250.10	3 607 189	3 607 189	3 607 189
	搅拌桩混凝土	m^3	7 243.23	7 243.23	7 243.23	1 447 067	1 447 067	1 447 067
	型钢	t	1 181.06	1 181.06	1 181.06	4 006 628	4 006 628	4 006 628
	注水泥浆	m^3	161.86	161.86	161.86	68 274	68 274	68 274
	截水帷幕混凝土	m^3	7 319.41	7 319.41		1 462 285	1 462 285	
	喷射混凝土支护	m^3	1 384.70	1 384.70	1 384.70	1 098 857	1 098 857	1 098 857
	钢筋网	t	40.89	40.89	40.89	181 423	181 423	181 423
	桩混凝土	m^3	9 499.80	9 499.80	9 499.80	10 407 981	10 407 981	10 407 981
	桩钢筋	t	1 140.00	1 140.00	1 140.00	5 334 516	5 334 516	5 334 516
	桩间混凝土	m^3	768.34	768.34	768.34	741 387	741 387	741 387
	腰梁	t	408.43	408.43	408.43	662 469	662 469	662 469
二	降水井					2 599 586	128 615	4 311 549
	降水井30m安拆	眼			40			243 989
	降水井25m安拆	眼	44	18		223 608	91 476	
	降水井15m安拆	眼	12			80 789		

续上表

序号	项目	单位	数量			费用（元）		
			坑内降水	堵水	坑外降水	坑内降水	堵水	坑外降水
	降水井30m使用	套天			9 600			4 067 560
	降水井25m使用	套天	8 400			2 166 418		
	降水井25使用	套天	240			64 108		
	降水井25m使用	套天	180	180		49 518	37 139	
	降水井15m使用	套天	60			15 144		
三	水平止水帷幕	m^3		7 529			1 794 615	
	以上合计					35 924 252	35 247 895	36 173 929
	水资源费	m^3	2 940 000	15 633	5 403 600	1 470 000	7 817	2 701 800
	排污费	m^3	2 940 000	15 633	5 403 600	1 029 000	5 472	1 891 260
	合计					38 423 252	35 261 183	40 766 989
	差值						−3 162 068	2 343 737

青年大街站各降水方案工程量及费用比较表 表9-9

序号	项目	单位	数量			费用（元）		
			坑内降水	堵水	坑外降水	坑内降水	堵水	坑外降水
一	围护结构					36 948 727	36 948 727	36 948 727
	土方开挖	m^3	109 196	109 196	109 196	6 492 008	6 492 008	6 492 008
	土方回填	m^3	34 531	34 531	34 531	1 421 669	1 421 669	1 421 669
	横撑	t	1 047.02	1 047.02	1 047.02	3 021 197	3 021 197	3 021 197
	连续墙混凝土	m^3	8 207.35	8 207.35	8 207.35	18 417 293	18 417 293	18 417 293
	连续墙钢筋	t	1 313.92	1 313.92	1 313.92	7 596 560	7 596 560	7 596 560
二	降水井					3 435 227	138 560	5 372 651
	降水井30m安拆	眼			40			243 989
	降水井25m安拆	眼	45	19		228 690	96 558	
	降水井15m安拆	眼	17			62 428		
	降水井30m使用	套天			9 600			5 128 663
	降水井25m使用	套天	9 360			2 873 820		
	降水井25m使用	套天	240			73 688		
	降水井25m使用	套天		190			42 002	
	降水井15m使用	套天	1 020			196 601		
三	水平止水帷幕	m^3		32 621			7 775 552	
	以上合计					40 383 954	44 862 839	42 321 379
	水资源费	m^3	4 680 000	67 433	6 962 400	2 340 000	33 717	3 481 200
	排污费	m^3	4 680 000	67 433	6 962 400	1 638 000	23 602	2 436 840
	合计					44 361 954	44 920 157	48 239 419
	差值						558 203	3 877 465

津桥路站各降水方案工程量及费用比较表　　表9-10

序号	项　目	单位	数　量			费　用（元）		
			坑内降水	堵水	坑外降水	坑内降水	堵水	坑外降水
一	围护结构					23 341 588	23 341 588	21 485 241
	土方开挖	m^3	82 770	82 770	82 770	4 920 908	4 920 908	4 920 908
	土方回填	m^3	25 337	25 337	25 337	1 043 145	1 043 145	1 043 145
	横撑	t	1 269.57	1 269.57	1 269.57	3 663 370	3 663 370	3 663 370
	截水帷幕混凝土	m^3	9 291.86	9 291.86		1 856 346	1 856 346	
	桩混凝土	m^3	6 233.05	6 233.05	6 233.05	6 828 930	6 828 930	6 828 930
	桩钢筋	t	747.99	747.99	747.99	3 500 144	3 500 144	3 500 144
	桩间混凝土	m^3	533.86	533.86	533.86	515 132	515 132	515 132
	腰梁	t	387.73	387.73	387.73	628 894	628 894	628 894
	冠梁混凝土	m^3	327.2	327.2	327.2	204 507	204 507	204 507
	冠梁钢筋	t	40.9	40.9	40.9	180 212	180 212	180 212
二	降水井					3 097 331	146 742	6 256 903
	降水井30m安拆	眼			40			243 989
	降水井25m安拆	眼	40	18		203 280	91 476	
	降水井15m安拆	眼	11			40 395		
	降水井30m使用	套天			9 600			6 012 915
	降水井25m使用	套天	8 640			2 652 756		
	降水井25使用	套天	240			73 688		
	降水井25m使用	套天		180			55 266	
	降水井15m使用	套天	660			127 213		
三	水平止水帷幕	m^3		28 632			6 824 733	
	以上合计					26 438 919	30 313 062	27 742 145
	水资源费	m^3	4 320 000	54 918	8 174 400	2 160 000	27 459	4 087 200
	排污费	m^3	4 320 000	54 918	8 174 400	1 512 000	19 221	2 861 040
	合计					30 110 919	30 359 742	34 690 385
							248 823	4 579 466

9.2.7　深基坑降水方案对比优化

坑内降水、坑外降水及堵水方案在不同的条件下各有优缺点，现作综合比较。

1）坑内降水方案

基坑围护结构采用桩与截水帷幕联合围护或采用地下连续墙单一围护。

优点：

①由于有截水帷幕的存在，并且深度与围护结构相同，使基坑四周降水范围得到一定程度

的控制，基坑浅层地下水的疏干量减少，基底地下水渗透补给量减少，比坑外降水减少30%左右。

②坑内降水方案由于降水井群在基坑内，降水漏斗最低点在坑内，直接效果明显。同时降水井深度比坑外降水方案浅7 ~8m，可节省部分成井费用和台班运转费用，平均每站可节省约300万元。

③由于降水范围较小，排水量少，相应对基坑周边地下管线、建筑物影响略少。

④该方案能够保证基坑的施工安全，施工安全风险比堵水方案小。

缺点：

①该方案需施做基坑外侧截水帷幕，需要一定的场地条件，增加一道工序的工作量，对缩短工期不利。

②该方案需在基坑内设置降水井，对基坑土方开挖、封底及结构施工有一定的影响，对缩短工期不利。

③由于地下水浮力影响及群井效应作用，降水井不能在施作底板时封闭，结构底板需在封井后二次封闭，对结构底板的整体性有一定影响。

2）坑外降水方案

无论采用何种围护结构，均可以采用基坑外降水方案。

优点：

①在基坑外布设降水井点，基坑内干扰少，对基坑土方开挖、封底及结构底板施工没有影响，有利于加快施工进度。

②结构底板一次施工完毕，整体性好，有利于防水。

③由于降水井在基坑外，基坑底处于降水曲线的上凸部位，对短时设备故障或断电的排水中断适应性较好。

④不需要施作截水帷幕，减少工序和工作量。

缺点：

①降水井较深，降水范围大，降水量大，降水井成井费用和运转台班费均较高，平均每站比坑内降水方案高300万元左右。

②对周围地下管线、建筑物沉降影响稍大。

3）堵水方案

堵水方案一般在局部工点采用。

优点：

①对于明挖施工基坑，该方案仅进行基坑内上层水疏干，排水量少，排水费用低。

②基坑内井点在底板施工时可以先行封闭，对基坑施工影响较少。

③结构整体性比坑内排水方案好。

④对基坑周边地下管线及建筑物沉降影响小。

缺点：

①基底封闭（注浆或搅拌桩）施工困难、堵水效果难以保证，无论搅拌桩和地层注浆对浆液的扩散范围、搭接程度、结石强度等方面，由于是地下深层作业，施工精度很难把握。一旦某个环节工艺效果失败，将造成整个方案的失败。施工安全风险较大。

②基底封闭以后,整个基坑底下的潜水将带有承压水的性质,一旦基底封闭不密实,将发生涌水现象,给工程造成不可估量损失。

③该方案对工艺要求较高,对于注浆压力、注浆量控制要求严格。由于技术水平不同,浪费的工程数量差别较大,费用很难估算准确。

综合以上分析,将各方案优缺点主要内容汇总见表9-11。

降水方案比较表 表9-11

名称	降水方案	优点	缺点	备注
坑内降水	两种围护结构: 1. 桩+两侧止水帷幕。 2. 地下连续墙。 基坑内管井降水	1. 降水量较小,比坑外布井方案平均减少30%左右。 2. 降水井深度较浅,节省运转台班费用。 3. 可保证基坑施工安全。 4. 对基坑周边管线、建筑物影响较小。 5. 降水综合费用低,平均每站比坑外降水方案减少约300万元	1. 对于围护桩结构需施做侧向止水帷幕。 2. 坑内布井,对施工有一定影响。 3. 结构底板需进行二次封堵降水井孔,对结构整体性稍有影响	根据计算围护结构参数基本一致
坑外降水	两种围护结构: 1. 桩。 2. 地下连续墙。 基坑外管井降水	1. 不需施做侧向止水帷幕。 2. 坑外布井,对施工没有影响,有利于加快施工进度。 3. 结构整体性好。 4. 能够保证基坑安全。 5. 对于抵御降水过程中的断电、设备故障的能力略强	1. 降水量较大,比坑内布井方案高30%左右。 2. 降水井深度较深。 3. 对基坑周边管线、建筑物影响略大。 4. 降水综合费用较高,平均每站比坑内降水方案增加约300万元	
堵水	1. 桩+两侧止水帷幕+基底水平帷幕堵水。 2. 地下连续墙。 基坑内管井降水	1. 基坑降水量最小。 2. 对基坑周边管线、建筑物影响小。 3. 对基坑施工影响小。 4. 结构整体性好	1. 需施做基坑两侧及底部止水帷幕。 2. 基坑底部止水帷幕施工质量控制困难。 3. 对于基底堵水效果风险较大	

9.2.8 小结

研究表明,坑内降水、坑外降水及堵水方案均是可行的降水方案,针对不同地段应因地制宜采取不同的降水方案。

(1)对于有黏性土隔水层的地段宜采用坑内管井降水方案。

(2)对于只有一层地下水的高渗透性地层,应对工期、造价进行综合分析,可采用坑外管井降水方案。

(3)对于坑内外降水条件均不具备条件的个别困难工点,在充分采取辅助措施的前提下,可考虑采用堵水方案形成隔水帷幕。

(4)地铁车站深基坑设计时,应考虑利用地下连续墙作为主体的承重结构,使用井点降水后不可避免地造成周围地下水位下降的趋势,可考虑设置适度的回灌水系统。

(5)对基坑灾害的防治对策应加强理论和原型试验研究,优化设计、精心施工,加强现场监测及重视智能监测研究,建立预警和抢险救灾系统,合理控制地下空间的过分利用等。

第10章 结 束 语

随着城市建设的快速发展,超高层建筑和地下工程建设逐年增加,相应深基坑工程也越来越多,对其分析、设计与施工技术提出了更高的要求。深基坑工程问题是典型的三维问题,它的几何模型和受力特征与平面应变条件并不相符;基坑及其周边岩土体的稳定性不仅与最终状态相关,还与过程相关,因此,深入研究深基坑工程的稳定特征必须按动态空间体来考虑。

深基坑开挖及支护要解决一系列复杂的理论与技术问题。本书以沈阳中铝科技大厦深基坑、营口红运广场深基坑、沈阳东大国际中心深基坑、沈阳地铁车站深基坑等为工程背景,综合采用理论分析、工程勘察、数值模拟、现场监测、模糊评判、优化设计、非线性预测等多种研究方法,在深基坑开挖及支护方面开展了较全面的研究工作,具有较大的理论价值和现实意义。

主要研究内容包括:①深基坑工程历史发展及现状综述;②深基坑变形机理及时空效应分析;③深基坑工程勘察、设计、施工和监测实践;④深基坑引发环境地质灾害问题及沉降预测研究;⑤深基坑开挖过程之三维有限元分析;⑥深基坑支护结构变形影响因素分析;⑦深基坑开挖过程之 $FLAC^{3D}$ 分析;⑧深基坑帷幕止水对开挖稳定性影响研究;⑨深基坑支护及降水方案优化研究。现将主要研究成果总结如下:

(1)对深基坑工程的历史发展进行了回顾;对深基坑工程的内容、特点和支护类型等进行阐述;对深基坑开挖及支护、深基坑周边建筑物沉降预测、深基坑数值计算方法的研究现状进行综述;阐述本书的研究背景和研究内容。

(2)阐述了深基坑的变形特征;探讨了深基坑的变形机理;制定了建(构)筑物的变形控制标准;开展了深基坑变形的时间和空间效应分析。

(3)以砂土地区的沈阳中铝大厦基坑工程和软土地区的营口红运广场深基坑工程为例,对深基坑工程的勘察、设计、施工和监测过程进行阐述,为研究提供现场平台。

(4)剖析深基坑环境地质灾害的主要形式和特点、地质灾害产生原因、不同基坑地质灾害特点、防治措施及对策等;建立深基坑周边沉降灾害预测的人工神经网络方法;通过网络训练进行了现场沉降预测,对实测值和神经网络预测值进行了比较分析。

(5)利用 ADINA 软件,建立砂土地区深基坑开挖过程的三维有限元模型,给出相应的变形规律,并开展空间效应分析。所建立的求解方法和结论对砂土地区深基坑开挖有较大的参考价值。

(6)开展砂土地区深基坑支护结构变形影响因素的三维数值模拟分析,包括:土体参数的影响,灌注桩几何性状的影响,锚杆参数的影响等;根据因素数目,选取适当水平,进行正交数值模拟试验,给出影响支护结构位移各因素的敏感性排序,得出影响支护结构变形诸因素的显著性规律。

(7)采用 $FLAC^{3D}$ 软件,对软土地区深基坑开挖全过程进行了三维模拟,给出基坑开挖不同阶段的应力、变形、塑性区的分布状态;剖析了监测点的位移和应力变化特征,据此对基坑稳定性进行评价。

(8)采用FLAC^{3D}软件模拟软土基坑止水、开挖及支护过程，得出基坑止水帷幕施工后水的孔压和流速分布规律，给出坑周水平变形和沉降位移的分布特征，证实了软土地区采用止水帷幕+双排桩+锚索施工的可行性和合理性。

(9)建立深基坑支护方案优选的模糊综合评判系统，并对沈阳东大国际中心深基坑工程开展基于模糊评判的支护结构优化，提出合理的支护设计方案；对沈阳地铁黄海路站、青年大街站、津桥路站的地铁深基坑进行了降水方案的技术经济比较分析，提出地铁深基坑降水优化设计方案。

研究涵盖深基坑开挖及支护工程的诸多方面，工作系统而全面，可为现场深基坑工程的设计与施工提供更可靠的保证，在理论上和实践中具有重要意义。所建立的研究思路和方法，对迅速发展的深基坑工程技术具有重要参考价值，带来较大经济效益和环境效益。

本书只是起个抛砖引玉的作用，还有很多工作和问题亟待今后加强研究和解决。由于笔者学识和水平有限，文中错误和不妥之处在所难免，热切期望有关专家学者批评指正。

参考文献

[1] 蒋国盛,李红民．基坑工程[M]．武汉:中国地质大学出版社,2000.

[2] 高大钊．岩土工程勘察与设计——岩土工程疑难问题答疑笔记整理之二[M]．北京:人民交通出版社,2011.

[3] 黄翔．深基坑支护工程实例集[M]．北京:机械工业出版社,1998.

[4] 龚晓南．基坑工程实例[M]．北京:中国建筑工业出版社,2008.

[5] 赵志谱,应惠清．简明深基坑工程设计施工手册[M]．北京:中国建筑工业出版社,2000.

[6] 侯学渊,杨敏．软土地基变形控制设计理论和工程实践[M]．上海:同济大学出版社,1996.

[7] 冯玉宝．深基坑工程问题与进展[J]．中国地质灾害与防治学报,1998,(9).

[8] 廖瑛．基坑支护结构的稳定可靠度研究[J]．工业建筑,2004,34(1).

[9] 周东,吴恒,王业田．基坑支护优化设计的数学模型研究[J]．桂林工学院学报,2004,24(3).

[10] 吴恒,周东,李陶深,等．深基坑桩锚支护协同演化优化设计[J]．岩土工程学报,2002,24(4).

[11] 孙海涛,吴限．深基坑工程变形预报神经网络法的初步研究[J]．岩土力学,1998,19(4).

[12] 王元湘．深基坑挡土结构的受力分析[J]．土木工程学报,1998,31(2).

[13] 焦里成．神经网络系统理论[M]．西安:西安交通大学出版社,1990.

[14] 夏才初,李永盛．地下工程测试理论与监测技术[M]．上海:同济大学出版社,1999.

[15] 史佩栋,高大钊,桂业馄．高层建筑基础工程手册[M]．北京:中国建筑工业出版社,2000.

[16] 崔宏环,吕李青,王小合．有限元原理在基坑开挖中的应用[J]．河北建筑工程学院学报,2004,22(4).

[17] 宋二祥,娄鹏,陆新征,等．某特深基坑支护的非线性三维有限元分析[J]．岩土力学,2004,25(4).

[18] 陆新征,宋二祥,吉林．某特深基坑考虑支护结构与土体共同作用的三维有限元分析[J]．岩土工程学报,2003,25(4).

[19] 赵海燕,黄金枝．深基坑支护结构变形的三维有限元分析与模拟[J]．上海交通大学学报,2001,35(4).

[20] 张尚根,华瑞平,刘新宇,等．基坑支护结构内力及变形动态分析[J]．工程勘察,2000(2).

[21] 朱建新,袁良蓉,周良银,等．用仿真技术动态模拟深基坑开挖支护变形[J]．土工基础,2004,18(2).

[22] 张崇文,何广民,王牲．三维空间桩与土作用的有限层－有限元混合法[J]．天津大学学报,1994,27(5).

[23] 严驰,刘润,刘晓立．将断裂理论引进基坑开挖的有限元分析中[J]．中国港湾建设,2000,(1).

[24] 刘长文,陈怿凡,李旭东．考虑空间效应的深基坑周围地表沉降分析[J]．辽宁工程技术大学学报,2000,19(2).

[25] 高文华,杨林德．软土深基坑围护结构变形的三维有限元分析[J]．工程力学,2000,17(2).

[26] 邹冰．深基坑支护体系的空间变形性状分析[J]．科技通报,2000,16(6).
[27] 张欣,蔡伟光,万健麟,等．利用人工神经网络实现预测[J]．建模预测,1997,(4).
[28] Itasca Consulting Group, Inc. FLAC User Manuals, Version 5.0[M]. Minneapolis, Minnesota,2005,5.
[29] 黄卿．建筑工程软土基坑破坏机理分析研究[J]．中外建筑,2008,(6).
[30] 曾攀．有限元分析及应用[M]．北京:清华大学出版社,2004.
[31] 刘国彬,王卫东．基坑工程手册[M]2 版．北京:中国建筑工业出版社,2009.
[32] 陈忠汉,黄书秩,程丽萍．深基坑工程[M]2 版．北京:机械工业出版社,2002.
[33] 方开泰,马长兴．正交与均匀试验设计[M]．北京:科学出版社,2001.
[34] 刘文卿．实验设计[M]．北京:清华大学出版社,2005.
[35] 潘林有．基坑开挖地质灾害分析及智能监测系统研究[J]．自然灾害学报．2005,14(3).
[36] 李云安,葛修润．基坑变形影响因素与有限元数值模拟[J]．岩土工程技术,2001,(2).
[37] 李琳．工程降水对深基坑性状及周围环境影响的研究[D]．同济大学博士学位论文,2007.
[38] 胡琦,凌道盛,陈仁鹏,等．粉砂地基深基坑工程土体渗透破坏机理及其影响研究[J]．岩土力学,2008,29(11).
[39] 秦四清,等．深基坑工程优化设计[M]．北京:地震出版社,1998.
[40] 陈育民,徐鼎平．FLAC/FLAC^{3D}基础与工程实例[M]．北京:中国水利水电出版社,2013.
[41] 刘波,韩彦辉．FLAC 原理、实例与应用指南[M]．北京:人民交通出版社,2005.
[42] 唐业清,李启民．基坑工程事故分析与处理[M]．北京:建筑工业出版社,1999.
[43] 李国维,刘汉东,朱普生．深基坑开挖引发的环境工程地质问题及其防治措施[J]．华北水利水电学院学报,1998,19(4).
[44] 王荣彦．复杂环境条件下高水位深基坑变形控制设计探讨[J]．探矿工程(岩土钻掘工程),2012,39(4).
[45] Desai CS. Zaman MM. Thin Layer Element for Interfaces and Joints[J]. Int Journ For Num & Analy Meth in Geomech,1984,8(1).
[46] 俞建霖．基坑性状的三维数值分析研究[J]．建筑结构学报,2002,22(4).
[47] Ou C Y,Chiou D C,Wu T S. Three-dimensional Finite Element Analysis of Deep Excavation [J]. Journal of Geotechnical Engineering,ASCE,122(5).
[48] 邓子胜．深基坑空间效应分析方法研究与应用进展[J]．岩土工程界,8(2).
[49] 中华人民共和国住房和城乡建设部．JGJ 120—2012　建筑基坑支护技术规程[S]．北京:中国建筑工业出版社,2012.
[50] 高谦,乔兰,吴顺川．地下工程系统分析与设计[M]．北京:中国建材工业出版社,2005.
[51] 杨雪强,刘祖德．论深基坑支护的空间效应[J]．岩土工程学报,1998,20(2).
[52] 李云安,钟玉芳,张鸿昌．影响基坑变形实质性状态分析[J]．地质与勘探,2000,6(2).
[53] 王小军,米维军,熊治文．郑西客运专线黄土地基湿陷性现场浸水试验研究[J]．铁道学报,2012(1).

[54] 高大钊．软土深基坑支护技术中的若干土力学问题[J]．岩土力学,1995,16(3).
[55] 钱家欢,殷宗泽．土工原理与计算[M]2 版．北京:中国水利工业出版社,1996.
[56] 蒋洪胜,刘国彬．软土深基坑支撑轴力的时空效应变化规律研究[J]．岩土工程学报,1998,13(2).
[57] 杨林德,仇圣华．基坑围护结构位移量预测与稳定性预测[J]．岩土力学,2001,22(3).
[58] 刘涛,杨国伟,刘国彬．上海软土深基坑有支撑暴露变形研究[J]．岩土工程学报,2006,28(增).
[59] 耿化军．地铁车站基坑施工模拟计算和支撑方案优化[J]．国防交通技术,2003,(1).
[60] 冉龙,胡琦．粉砂地基深基坑渗透破坏研究[J]．岩土力学,2009,30(1).
[61] 张维正．深基坑周边建筑物沉降预测与支护结构变形研究[D]．辽宁工程技术大学博士学位论文,2007.
[62] 李志业,曾艳华．地下结构设计原理[M]．成都:西南交通大学出版社,2003.
[63] Mechael Long. Database for Retaining Wall and Ground Movement due to Deep Excavations [M]. Journal of Geotechnical and Geonbiromental Engineering,2001.
[64] Aiguo Yao,Smith I. M. ,Fenglin Tang. A Comprehensive Method for Designing Support Structure of Excavation[J]. Geo Eng,2000.
[65] 中华人民共和国住房和城乡建设部．GB50497—2009　建筑基坑工程监测技术规范[S]．北京:中国计划出版社,2009.
[66] 中华人民共和国住房和城乡建设部．GB50011—2010　建筑抗震设计规范[S]．北京:中国建筑工业出版社,2010.
[67] 徐杨青．深基坑工程设计的优化原理与途径[J]．岩土力学与工程学报．2001,20(2).
[68] 徐杨青．深基坑工程优化设计理论与动态变形控制研究[D]．武汉理工大学硕士论文,1995.
[69] 郭嗣琮,等．信息科学中的软件计算方法[M]．东北大学出版社,2001.
[70] 从爽．面向 Matlab 工具箱的神经网络理论与应用[M]．合肥:中国科学技术大学出版社,1998.
[71] 闻新．Matlab 神经网络仿真与应用[M]．北京:科学出版社,2003.
[72] 刘祖德．土钉墙支护——深基坑工程技术的若干问题[A]．湖北省土工基础学术委员会论文集[C],1999,12.
[73] 陈环．基坑开挖支护设计[J]．港工技术,1993,(1).
[74] 司明强,等．人工神经网络在高速公路沉降预测中的应用[D]．上海:同济大学,2002.
[75] 赵利益,蔡伟铭．深基坑开挖三维弹塑性有限元分析[J]．上海铁道大学学报,1997,18(4).
[76] 蔡淑钊．沙性土地基超深基坑支护技术研究[D]．浙江大学硕士学位论文,2013.
[77] 焦里成．神经网络系统理论[M]．西安:西安交通大学出版社,1990.
[78] 孙海涛,吴限．深基坑工程变形预测神经网络法的初步研究[J]．岩土力学,1998,(4).
[79] 郑君里,扬行峻．人工神经网络[M]．北京:高等教育出版社,1992. 9.
[80] 李相然,苗延威,王笃国．基坑开挖中的环境岩土工程问题研究[J]．中国地质灾害与防治学报,2001,12(2).

[81] Peck R B. Deep Excavations and Tunneling in Soft Ground[A]. 7th ICSMFE, Stare-of-the-Art[C],1969.

[82] Tschebotorrioff G. P. Foundations, Retaining and Earth Structures[A]. 2nd ed., McGraw Hill Book Company[C],New York, 1973.

[83] Askin Sarlbal, Fuat Erbatur. Optimization and Sensitivity of Retaining Structures[J]. Journal of geotechnical engineering,1996,122(8).

[84] Alshawi F. A. N.,Mohammed A. L,Farid B. J. Optimum Design of Tied back Retaining Walls [J]. The Structure Engineering,l988,66(6).

[85] Milliqam. Soil Deformations near Anchored Sheet Pile Wall[J]. Geotechnique, 1983,33(1).

[86] Robert W. Day, Fellow. Behavior of Cantilever Retaining Wall[J]. Journal of geotechnical engineering,1995,121(2).

[87] Bjerrum L,Eide O. Stability of Strutted Excavations in Clay[J]. Geotechnique, 1956,6(1).

[88] Terzaghi K, Peck R B. Soil Mechanics in Engineering Practice [A]. 2nd ed, John Wiley&Sons,Inc. [C]. New York,1967.

[89] Thomas. Ground Movement Caused by Braced – Excavation[J], ASCE, 1981,107(9).

[90] 夏才初,李永盛. 地下工程测试理论与监测技术[M]. 上海:同济大学出版社,1999,8.

[91] 周健华. 深基坑开挖卸荷回弹、隆起的影响因素及防治措施[J]. 中国水运,2011,11(9).

[92] 侯学渊,刘国彬,黄院雄. 城市基坑工程发展的几点看法[J]. 施工技术,2000,29(1).

[93] 王吉望. 今日深基坑工程施工技术[M]. 北京:中国建筑工业出版社,1995,28(1).

[94] 余永强,刘微,唐冬雪. 止水帷幕作用下基坑渗流场特性分析[J]. 洛阳理工学院学报,2011,21(3).

[95] 张燕凯,桂国庆,赵抚民. 深基坑工程中考虑开挖深度和时间效应的土压力计算公式的探讨[J]. 南昌大学学报,2002,26(1).

[96] 刘红岩,戎涛. 采用止水挡墙的基坑渗流场模拟[J]. 水力水运工程学报,2008,(2).

[97] 裴桂红,吴军,刘建军,等. 深基坑开挖过程中渗流—应力耦合数值模拟[J]. 岩石力学与工程学报,2004,23(增).

[98] 位俊俊,张利伟,孔德志. 基坑渗流稳定分析[J]. 水利与建筑工程学报,2012,10(3).

[99] 王晓晖. 软土深基坑支护结构内力与变形的影响因素分析[D]. 河海大学硕士论文,2003.

[100] 黄贵珍,杨予,蓝日彦. 深基坑支护的系统分析及优化设计[J]. 广西科学,2000,7(3).

[101] 姜沂良,宗金辉. 不同土质条件下基坑渗流场渗透特性分析[J]. 天津大学学报,2006,39(11).

[102] 俞洪良,陆杰峰,李守德. 深基坑工程渗流场特性分析[J]. 浙江大学学报,2002,29(5).